安徽省仿古建筑工程计价定额

主编部门：安徽省建设工程造价管理总站

批准部门：安徽省住房和城乡建设厅

施行日期：２０１８ 年 １ 月 １ 日

U0283794

中国建材工业出版社

图书在版编目（CIP）数据

安徽省仿古建筑工程计价定额/安徽省建设工程造价
管理总站编．—北京：中国建材工业出版社，2018.1
（2018 版安徽省建设工程计价依据）（2018.1 重印）
ISBN 978-7-5160-2080-7

Ⅰ．①安…　Ⅱ．①安…　Ⅲ．①仿古建筑—建筑工程—
工程造价—安徽　Ⅳ．①TU723.34

中国版本图书馆 CIP 数据核字（2017）第 264854 号

安徽省仿古建筑工程计价定额
安徽省建设工程造价管理总站　编

出版发行：中国建材工业出版社
地　　址：北京市海淀区三里河路 1 号
邮　　编：100044
经　　销：全国各地新华书店
印　　刷：北京鑫正大印刷有限公司
开　　本：787mm×1092mm　1/16
印　　张：41
字　　数：1010 千字
版　　次：2018 年 1 月第 1 版
印　　次：2018 年 1 月第 2 次
定　　价：**168.00 元**

本社网址：www.jccbs.com　　微信公众号：zgjcgycbs
本书如出现印装质量问题，由我社市场营销部负责调换。联系电话：(010)88386906

安徽省住房和城乡建设厅发布

建标〔2017〕191 号

安徽省住房和城乡建设厅关于发布 2018 版安徽省
建设工程计价依据的通知

各市住房城乡建设委（城乡建设委、城乡规划建设委），广德、宿松县住房城乡建设委（局），省直有关单位：

为适应安徽省建筑市场发展需要，规范建设工程造价计价行为，合理确定工程造价，根据国家有关规范、标准，结合我省实际，我厅组织编制了 2018 版安徽省建设工程计价依据（以下简称 2018 版计价依据），现予以发布，并将有关事项通知如下：

一、2018 版计价依据包括：《安徽省建设工程工程量清单计价办法》《安徽省建设工程费用定额》《安徽省建设工程施工机械台班费用编制规则》《安徽省建设工程计价定额（共用册）》《安徽省建筑工程计价定额》《安徽省装饰装修工程计价定额》《安徽省安装工程计价定额》《安徽省市政工程计价定额》《安徽省园林绿化工程计价定额》《安徽省仿古建筑工程计价定额》。

二、2018 版计价依据自 2018 年 1 月 1 日起施行。凡 2018 年 1 月 1 日前已签订施工合同的工程，其计价依据仍按原合同执行。

三、原省建设厅建定〔2005〕101 号、建定〔2005〕102 号、建定〔2008〕259 号文件发布的计价依据，自 2018 年 1 月 1 日起同时废止。

四、2018 版计价依据由安徽省建设工程造价管理总站负责管理与解释。在执行过程中，如有问题和意见，请及时向安徽省建设工程造价管理总站反馈。

安徽省住房和城乡建设厅

2017 年 9 月 26 日

编制委员会

主　　任　宋直刚
成　　员　王晓魁　王胜波　王成球　杨　博
　　　　　江　冰　李　萍　史劲松

主　　审　王成球
主　　编　李　萍
副主编　王　瑞
参　　编（排名不分先后）
　　　　　高鼎承　陈生才　潘坤红　李本元
　　　　　胡晓云　汪　进　郭雪芳
参　　审　方雪峰　齐文清

总 说 明

一、《安徽省仿古建筑工程计价定额》以下简称"本仿古定额",是依据国家现行有关工程建设标准、规范及相关定额,并结合近几年我省出现的新工艺、新技术、新材料的应用情况,及仿古建筑工程设计与施工特点编制的。

二、本仿古定额包括营造法源和徽派做法两部分内容。

三、本仿古定额适用于安徽省境内的新建、扩建的仿古建筑物和构筑物等。

四、本仿古定额的作用:

1. 是编审设计概算、最高投标限价、施工图预算的依据。

2. 是调解处理工程造价纠纷的依据。

3. 是工程成本评审、工程造价鉴定的依据。

4. 是施工企业投标报价、拨付工程价款、竣工结算的参考依据。

五、本仿古定额是按照正常的施工条件,依据目前本省多数施工企业机械装备水平、合理的施工工艺、施工工期和劳动组织为基础编制的,反映当前社会平均消耗量水平。

六、本仿古定额中人工工日以"综合工日"表示,不分工种、技术等级。内容包括:基本用工、辅助用工、超运距用工及人工幅度差。

七、本仿古定额中的砖细工程、石作工程、木作工程均按传统工艺施工编列,若实际采用非传统工艺施工,相应"制作"定额子目的人工消耗量应乘以 0.6 系数。

八、本仿古定额中的材料:

1. 本仿古定额中材料包括主要材料、辅助材料、周转材料和其他材料。

2. 本仿古定额中的材料消耗量包括净用量和损耗量,损耗量包括:从工地仓库、现场集中堆放点或现场加工地点至操作或安装地点的现场运输损耗、施工操作损耗、施工现场堆放损耗。凡能计量的材料、成品、半成品均逐一列出消耗量,难以计量的材料以"其他材料费占材料费"百分比形式表示。

3. 混凝土、沥青混凝土、砌筑砂浆、抹灰砂浆及各种胶泥等均按半成品消耗量体积以"m³"表示,设计强度(配合比)与定额不同时,可以调整。本仿古定额中现拌混凝土、预拌混凝土、预制混凝土的养护,均按自然养护考虑,如有特殊要求,可在措施费中考虑。

4. 混凝土、砌筑砂浆、抹灰砂浆等配合比,执行《安徽省建设工程计价定额(共用册)》的规定。

5. 本仿古定额中所列砂浆均为现拌砂浆,若实际使用预拌砂浆时,每立方米砂浆人工扣除 0.17 工日,搅拌机扣减 0.167 台班。

九、本仿古定额中的机械:

1. 本仿古定额中除机械台班消耗量除部分机械台班消耗列出了机械选用型号和消耗量以外,其他均合并成"其他机械费",并以占人工费的百分比形式表示。

2. 大型机械的进(退)场及安装、拆卸,执行《安徽省建设工程计价定额(共用册)》的规定。

十、本仿古建筑计价定额均包括材料成品、半成品从现场堆放地点、工地仓库或集中加工到施工地点的水平运输和垂直高度（或檐高）在 20m 以内的垂直运输。执行时除另有规定外，均不得调整场内水平运输，如遇上山或过河等特殊情况，运输费可以调整。成品构件现场以外的水平运输应另计运费。垂直运输高度（或檐高）超过 20m 时，参照《安徽省建筑工程计价定额》执行。

十一、本仿古定额与建筑工程、装饰装修工程、安装工程、市政工程相同或相近的分项工程未编列的，执行时可套用相应专业工程的定额子目。

十二、本仿古建筑计价定额中注明"×××"以内或"×××"以下者，均包括"×××"本身；"×××"以外或"×××"以上者，则不包括"×××"本身。

十三、本仿古定额授权安徽省工程建设工程造价总站负责和管理。

十四、著作权所有，未经授权，严禁使用本书内容及数据制作各类出版物和软件，违者必究。

目 录

第四章 木作工程

第五章 油漆和彩绘工程

第二部分　徽派做法工程

第一章　木作工程

第二章 钢筋及混凝土工程

第三章 徽派马头墙

第一部分　营造法源工程

第一章 砖细工程

说　　明

一、砖细制作按现场手工制作考虑。

二、望砖刨平面、弧面均包括两侧刨缝、补磨，工程量按成品计算，砖的损耗包括在定额内。

三、砖细制作，包括刨面、刨缝、起线、做榫槽、雕刻、补磨在内。

四、砖细工程，除望砖外均按制作、安装计算，工程量按成品计算，砖的损耗包括在定额内。

五、设计图示砖的规格与定额不同时，可按砖细加工相应定额项目进行换算，人工按比例换算。

六、其他说明：

1．砖细加工：

(1)砖细加工作为一道施工工序，不计算原材料，仅计算人工及辅助材料费。

(2)方砖刨边厚度以 4.5cm 以内为准，厚度在 4.5cm 以上者，人工可进行换算。

2．砖浮雕：

(1)砖雕作为一道施工工序，不计算原材料，仅计算人工及辅助材料费。

(2)凡是做砖雕工序者，方砖预先按砖细加工相应定额进行加工。

(3)砖透雕不在定额范围内，如发生可按实计算。

3．做细望砖：望砖规格 21cm×10.5cm×1.7cm，规格不同时人工按比例换算。

4．砖细铺地：八角砖规格为 31cm×31cm×3.5cm，如设计规格大于此规格时，人工乘以系数 1.05，方砖用量可按实换算，其他材料不变。

5．砖细抛方台口：

(1)平面带枭混线脚抛方以一道线为准，如设计超过一道线脚者，按砖细加相应子目另行计算。

(2)铁件用量不同时应调整。

6．挂落三飞砖，砖细墙门：

(1)兜肚以起线不雕刻为准，如设计需雕花卉图案者，按相应的雕刻定额另行计算。

(2)字碑镌字按相应的镌字定额另行计算。

(3)上枋、下枋定额中已包括两头的线脚在内，其中上枋定额包括安装挂落的燕尾槽在内。

7．砖细漏窗：

（1）漏窗边框如为曲弧形者，按相应定额人工乘以系数 1.25。

（2）漏窗芯子如为异形弧者，按相应定额人工乘以系数1.05。

（3）普通窗芯子为六角景、宫万式。

（4）复杂窗芯子为六角菱、乱纹式。

8．一般漏窗

（1）漏窗以矩形为准，如异形者人工乘以系数1.15。

（2）软景式平直式混合砌筑者，每樘软景工程在20%者，套用平直条式，在80%以上者用软景条式定额，在20%以上80%以下者，按工程量分别计算。

（3）预制混凝土漏窗见相应定额。

9．砖细镶边、月洞、地穴及门窗樘套：

（1）洞、地穴、门窗樘套，宽超过35cm以上者，人工材料可进行换算。

（2）地穴门樘如用门景或纹脚头者，脚头部分的人工材料按相应子目另行计算。

10．砖细半墙坐槛面：线脚以双面一道线为准。

11．砖细坐槛栏杆：坐槛栏杆定额按下图编制，实际不同可调整计算。

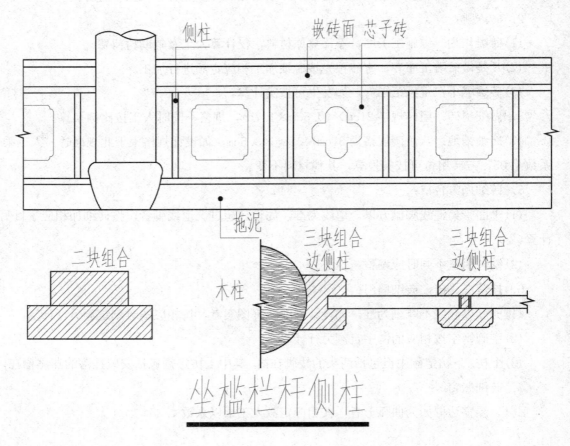

坐槛栏杆侧柱

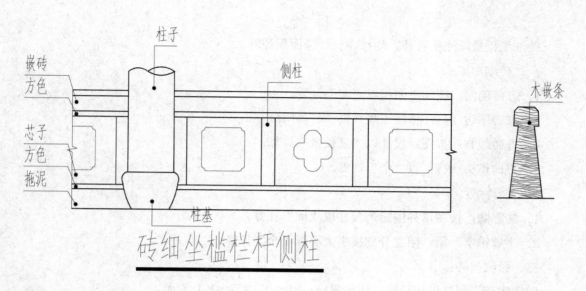

砖细坐槛栏杆侧柱

12. 砖细及其小配件：

（1）砖细垛头的兜肚以不雕刻为准，如需要雕刻者按相应雕刻定额另行计算。

（2）砖细垛头工程量以兜肚以上为准，如设计下部全部做砖者，下部的工程量套用相应的墙面、勒脚定额，人工乘以系数1.05。

（3）砖细牌科以四、六式为准，斗拱规格15.68cm×15.68cm×11.2cm。

（4）风拱板规格11.2cm×36.8cm为准。

工程量计算规则

砖细工程量除注明者外，均按净长、净面积计算。

一、砖细加工：

1. 方砖刨面：按加工面积以"m²"计算。

2. 方砖刨边(缝)：按加工尺寸以"m"计算。

3. 方砖线脚：按图示尺寸以"延长米"计算。

4. 方砖榫头(眼)：以"个"计算。

二、砖浮雕：

1. 砖浮雕：按图示外围矩形尺寸以"m²"计算。

2. 字碑镌字：阴、阳文分别按字大小以"个"计算。

三、做细望砖：

做细望砖工程量以块计算，望砖规格：21cm×10.5cm×1.7cm。

四、砖细方砖铺地：

砖细方砖、八角砖铺地，按材料不同规格和图示尺寸，分别以"m²"计算，柱磉石所占面积均不扣除。

五、砖细贴墙面：

砖细贴墙面，按材料不同规格，均按图示尺寸，分别以"m²"计算；四周如有镶边者，镶边工程量按相应的镶边定额另行计算；计算工程量时应扣除门窗洞口和空洞所占的面积，但不扣除 0.3 m²以内的空洞面积。

六、砖细抛方、台口，高度按图示尺寸和水平长度，分别以"m"计算。

七、挂落三飞砖砖墙门：

1. 砖细勒脚，墙身按图示尺寸，以"m²"计算。

2. 拖泥、锁口、线脚、上下枋、台盘浑、斗盘坊、五寸堂、字碑、飞砖、晓色、挂落、托浑、宿塞、荷花柱头、将板砖、挂芽、靴头砖，分别以"延长米"计算。

3. 大镶边、字镶边工程量按外围周长，以"延长米"计算。

4. 兜肚以"只"计算。

八、砖细漏窗：

1. 漏窗边框，按外围周长分别以"延长米"计算。

2. 漏窗芯子，按边框内净尺寸以计算。

九、一般漏窗：

一般漏窗按洞口外围面积以"m²"计算。

十、月洞、地穴、门窗套、镶边宽度，按图示尺寸和外围周长，分别以"延长米"计算。

十一、砖细半墙坐槛面：砖细半墙坐槛面，按图示尺寸以"延长米"计算。

十二、砖细坐槛栏杆：

1. 坐槛面砖、拖泥、芯子砖按水平长度，以"延长米"计算。

2. 坐槛栏杆侧柱，按高度以"延长米"计算。

十三、砖细其他小配件：

1. 砖细包檐，按三道线或增减一道线的水平长度，分别以"延长米"计算。

2. 屋脊头、垛头、梁垫，分别以"只"计算。

3. 博风、板头、戗头板、风拱板分别以"块(套)"计算。

4. 桁条、梓桁、椽子、飞椽按长度分别以"延长米"计算，椽子、飞椽伸入墙内部分的工程量并入椽子、飞椽的工程量计算。

5. 牌科以"座"计算。

第一节 砖细加工

工作内容：选料、开砖、刨边、起线、补磨。

计量单位：m²

定 额 编 号			F1-1-1	F1-1-2	F1-1-3	F1-1-4
项 目 名 称			刨望砖，刨面		刨方砖，刨面	
			平面	弧面	平面	弧面
基 价（元）			174.58	196.28	238.70	357.98
其中		人 工 费（元）	174.58	196.28	238.70	357.98
		材 料 费（元）	—	—	—	—
		机 械 费（元）	—	—	—	—
名 称	单位	单价（元）	消　　　耗　　　量			
人　工 综合工日	工日	140.00	1.247	1.402	1.705	2.557

11

工作内容：选料、开砖、刨边、起线、补磨。 计量单位：m

定　额　编　号				F1-1-5	F1-1-6	F1-1-7
项　目　名　称				望砖刨边(缝)		
				平口	斜口	圆口
基　　　　价（元）				3.64	4.06	4.90
其中	人　工　费（元）			3.64	4.06	4.90
	材　料　费（元）			—	—	—
	机　械　费（元）			—	—	—
名　　称		单位	单价（元）	消	耗	量
人 工	综合工日	工日	140.00	0.026	0.029	0.035

工作内容：选料、开砖、刨边、起线、补磨。   计量单位：m

定 额 编 号				F1-1-8	F1-1-9	F1-1-10
项 目 名 称				方砖刨边(缝)		
				平口	斜口	圆口
基 价（元）				30.80	34.86	51.52
其中	人 工 费（元）			30.80	34.86	51.52
	材 料 费（元）			—	—	—
	机 械 费（元）			—	—	—
名 称	单位	单价(元)	消	耗	量	
人工 综合工日	工日	140.00	0.220	0.249	0.368	

工作内容：选料、开砖、刨边、起线、补磨。

計量单位：m

定　额　编　号			F1-1-11	F1-1-12	F1-1-13
项　目　名　称			方砖刨线角(直折线角)		
			一道线	二道线	三道线
基　　　　　价（元）			58.80	107.38	154.42
其中	人　工　费（元）		58.80	107.38	154.42
	材　料　费（元）		—	—	—
	机　械　费（元）		—	—	—
名　　　称		单位	单价(元)	消　　耗　　量		
人 工	综合工日	工日	140.00	0.420	0.767	1.103

14

工作内容：选料、开砖、刨边、起线、补磨。

计量单位：m

定 额 编 号				F1-1-14	F1-1-15	F1-1-16
项 目 名 称				方砖刨线角（曲弧形线角）		
				一道线	二道线	三道线
基 价（元）				70.56	128.94	185.36
其中	人 工 费（元）			70.56	128.94	185.36
	材 料 费（元）			—	—	—
	机 械 费（元）			—	—	—
名 称		单位	单价（元）	消	耗	量
人 工	综合工日	工日	140.00	0.504	0.921	1.324

15

工作内容：选料、开砖、刨边、起线、补磨。 计量单位：个

定 额 编 号					F1-1-17	F1-1-18
项 目 名 称					方砖做榫眼	
					燕尾榫头	燕尾卯眼
基 价（元）					54.88	15.68
其中	人 工 费（元）				54.88	15.68
	材 料 费（元）				—	—
	机 械 费（元）				—	—
名 称		单位	单价（元）	消 耗		量
人 工	综合工日	工日	140.00	0.392		0.112

第二节 砖浮雕

工作内容：构图、放样、雕琢洗练、修补清理。　　　　　　　　　　　　　　　　　计量单位：m²

定　额　编　号				F1-1-19	F1-1-20
项　目　名　称				\方砖雕刻	
				素平(阴刻线)简单	素平(阴刻线)复杂
基　　　价（元）				3348.80	4400.20
其中	人　工　费（元）			3348.80	4400.20
	材　料　费（元）			—	—
	机　械　费（元）			—	—
名　　称		单位	单价（元）	消　　耗　　量	
人 工	综合工日	工日	140.00	23.920	31.430

17

工作内容：构图、放样、雕琢洗练、修补清理。

计量单位：㎡

定　额　编　号					F1-1-21	F1-1-22
项　目　名　称					\multicolumn{2}{c}{方砖雕刻}
					减地平钑(平浮雕)简单	减地平钑(平浮雕)复杂
基　　　价（元）					6283.20	8215.20
其中	人　工　费（元）				6283.20	8215.20
	材　料　费（元）				—	—
	机　械　费（元）				—	—
名　　　称		单位	单价(元)		\multicolumn{2}{c}{消　　耗　　量}
人工	综合工日	工日	140.00		44.880	58.680

18

工作内容：构图、放样、雕琢洗练、修补清理。 计量单位：m²

定 额 编 号					F1-1-23	F1-1-24
项 目 名 称					方砖雕刻	
					压地隐起(浅浮雕)简单	压地隐起(浅浮雕)复杂
基 价（元）					9255.40	12079.20
其中	人 工 费（元）				9255.40	12079.20
	材 料 费（元）				—	—
	机 械 费（元）				—	—
名 称		单位	单价(元)	消 耗		量
人 工	综合工日		工日	140.00	66.110	86.280

工作内容：构图、放样、雕琢洗练、修补清理。计量单位：m²

定 额 编 号				F1-1-25	F1-1-26
项 目 名 称				方砖雕刻	
				剔地起突(高浮雕)简单	剔地起突(高浮雕)复杂
基 价 （元）				12189.80	15600.20
其中	人 工 费（元）			12189.80	15600.20
	材 料 费（元）			—	—
	机 械 费（元）			—	—
名 称		单位	单价(元)	消 耗	量
人 工	综合工日	工日	140.00	87.070	111.430

20

工作内容：放字样、镌字、洗练、修补清理。 计量单位：个

定 额 编 号				F1-1-27	F1-1-28
项 目 名 称				字碑镌字阴(凹)文，每个字在	
				50cm×50cm以内	30cm×30cm以内
基 价 （元）				182.00	145.60
其中	人 工 费（元）			182.00	145.60
	材 料 费（元）			—	—
	机 械 费（元）			—	—
名 称		单位	单价(元)	消 耗 量	
人 工	综合工日	工日	140.00	1.300	1.040

工作内容：放字样、镌字、洗练、修补清理。   计量单位：个

定　额　编　号	F1-1-29
项　目　名　称	字碑镌字阴(凹)文，每个字在
	10cm×10cm以内
基　　　　价（元）	80.92
其中　人　工　费（元）	80.92
材　料　费（元）	—
机　械　费（元）	—

名　　　称	单位	单价（元）	消　　耗　　量
人 工　综合工日	工日	140.00	0.578

22

工作内容：放字样、镌字、洗练、修补清理。 计量单位：个

定　额　编　号				F1-1-30	F1-1-31
项　目　名　称				字碑镌字阳(凸)文，每个字在	
				50cm×50cm以内	30cm×30cm以内
基　　　　价（元）				418.60	364.28
其中	人　工　费（元）			418.60	364.28
	材　料　费（元）			—	—
	机　械　费（元）			—	—
名　　　称		单位	单价（元）	消　　耗　　量	
人 工	综合工日	工日	140.00	2.990	2.602

工作内容：放字样、镌字、洗练、修补清理。 计量单位：个

定 额 编 号				F1-1-32		
项 目 名 称				字碑镌字阳(凸)文，每个字在		
				10cm×10cm以内		
基 价（元）				202.30		
其中	人 工 费（元）			202.30		
	材 料 费（元）			—		
	机 械 费（元）			—		
名 称		单位	单价（元）	消 耗 量		
人 工	综合工日	工日	140.00	1.445		

24

工作内容：放字样、镌字、洗练、修补清理。 计量单位：个

定 额 编 号				F1-1-33	F1-1-34
项 目 名 称				字碑镌字圆面阳文(凸)，每个字在	
				50cm×50cm以内	30cm×30cm以内
基 价（元）				439.60	380.80
其中	人 工 费（元）			439.60	380.80
	材 料 费（元）			—	—
	机 械 费（元）			—	—
名 称	单位	单价（元）	消 耗 量		
人 工	综合工日	工日	140.00	3.140	2.720

工作内容：放字样、镌字、洗练、修补清理。 计量单位：个

定 额 编 号				F1-1-35	
项 目 名 称				字碑镌字圆面阳文(凸)，每个字在	
				10cm×10cm以内	
基 价 (元)				212.52	
其中	人 工 费 (元)			212.52	
	材 料 费 (元)			—	
	机 械 费 (元)			—	
名 称		单位	单价(元)	消 耗 量	
人 工	综合工日	工日	140.00	1.518	

26

第三节 做细望砖

工作内容：选料、场内运输、开砖、刨面、刨边缝、补磨。　　　　　　　　　　　　计量单位：块

定　额　编　号			F1-1-36	F1-1-37	F1-1-38
项　目　名　称			做细望砖		
			糙直缝	平面望	茶壶档、圆口望
基　　　价（元）			2.25	6.17	6.31
其中	人　工　费（元）		1.82	5.74	5.88
	材　料　费（元）		0.43	0.43	0.43
	机　械　费（元）		—	—	—
名　　　称	单位	单价（元）	消　　耗　　量		
人工	综合工日	工日	140.00	0.013	0.041	0.042
材料	望砖 21cm×10.5cm×1.7cm	块	0.38	1.110	1.110	1.110
	其他材料费占材料费	%	—	2.000	2.000	2.000

工作内容：选料、场内运输、开砖、刨面、刨边缝、补磨。 计量单位：块

定 额 编 号				F1-1-39	F1-1-40
项 目 名 称				做细望砖	
				船篷轩、弯望	鹤径轩、弯望
基 价（元）				6.59	6.73
其中	人 工 费（元）			6.16	6.30
	材 料 费（元）			0.43	0.43
	机 械 费（元）			—	—
名 称		单位	单价（元）	消 耗 量	
人工	综合工日	工日	140.00	0.044	0.045
材料	望砖 21cm×10.5cm×1.7cm	块	0.38	1.110	1.110
	其他材料费占材料费	%	—	2.000	2.000

第四节 砖细方砖铺地

工作内容：选料、场内运输、刨面、刨缝、锯砖、补磨、油灰加工、铺砂、铺砖、清洗。　计量单位：m²

定　额　编　号			F1-1-41	F1-1-42
项　目　名　称			地面铺方砖	
			50cm×50cm以内	47cm×47cm以内
基　　　价（元）			828.27	782.14
其中	人　工　费（元）		538.44	555.24
	材　料　费（元）		289.83	226.90
	机　械　费（元）		—	—
名　　称	单位	单价（元）	消　耗　　　量	
人工	综合工日	工日	140.00	3.846	3.966
材料	方砖 50cm×50cm×7cm	块	40.00	—	5.400
	方砖 53cm×53cm×7cm	块	58.00	4.800	—
	桐油	kg	8.13	0.160	0.170
	细灰	kg	0.74	0.400	0.426
	中(粗)砂	t	87.00	0.080	0.080
	其他材料费占材料费	%	—	1.000	1.000

工作内容：选料、场内运输、刨面、刨缝、锯砖、补磨、油灰加工、铺砂、铺砖、清洗。 计量单位：m²

定　额　编　号				F1-1-43	F1-1-44
项　目　名　称				地面铺方砖	
				42cm×42cm以内	40cm×40cm以内
基　　　价（元）				817.42	759.59
其中	人　工　费（元）			588.70	556.22
	材　料　费（元）			228.72	203.37
	机　械　费（元）			—	—
名　　　称		单位	单价(元)	消　耗　　　量	
人工	综合工日	工日	140.00	4.205	3.973
材料	方砖 43cm×43cm×4.5cm	块	26.00	—	7.400
	方砖 45cm×45cm×6cm	块	32.00	6.800	—
	桐油	kg	8.13	0.190	0.200
	细灰	kg	0.74	0.476	0.500
	中(粗)砂	t	87.00	0.080	0.080
	其他材料费占材料费	%	—	1.000	1.000

30

工作内容：选料、场内运输、刨面、刨缝、锯砖、补磨、油灰加工、铺砂、铺砖、清洗。　计量单位：㎡

定　额　编　号				F1-1-45	F1-1-46
项　目　名　称				地面铺方砖	
				35cm×35cm以内	28cm×28cm以内
基　　价（元）				785.16	859.89
其中	人　工　费（元）			589.68	682.22
	材　料　费（元）			195.48	177.67
	机　械　费（元）			—	—
名　　称		单位	单价（元）	消　　耗　　量	
人工	综合工日	工日	140.00	4.212	4.873
材料	方砖 31cm×31cm×3.5cm	块	11.00	—	15.100
	方砖 38cm×38cm×4cm	块	19.00	9.700	—
	桐油	kg	8.13	0.229	0.286
	细灰	kg	0.74	0.571	0.714
	中(粗)砂	t	87.00	0.080	0.080
	其他材料费占材料费	%	—	1.000	1.000

31

工作内容：选料、场内运输、刨面、刨缝、锯砖、补磨、油灰加工、铺砂、铺砖、清洗。　计量单位：m²

定　额　编　号				F1-1-47		
项　目　名　称				地面铺八角砖		
基　　　　　价（元）				1181.76		
其中	人　工　费（元）			962.36		
	材　料　费（元）			219.40		
	机　械　费（元）			—		
名　　称		单位	单价（元）	消　　　耗　　　量		
人工	综合工日	工日	140.00	6.874		
材料	方砖 31cm×31cm×3.5cm	块	11.00	18.900		
	桐油	kg	8.13	0.237		
	细灰	kg	0.74	0.592		
	中(粗)砂	t	87.00	0.080		
	其他材料费占材料费	%	—	1.000		

第五节 砖细贴墙面

工作内容：选料、场内运输、锯砖、刨面、刨缝、做榫、补磨、油灰加工、安装、清洗。   计量单位：m²

定 额 编 号				F1-1-48	F1-1-49
项 目 名 称				砖细贴面	
				勒角	
				41cm×41cm以内	35cm×35cm以内
基 价 （元）				971.33	1055.37
其中	人 工 费（元）			781.90	864.78
	材 料 费（元）			189.43	190.59
	机 械 费（元）			—	—
名 称		单位	单价（元）	消 耗 量	
人工	综合工日	工日	140.00	5.585	6.177
材料	方砖 38cm×38cm×4cm	块	19.00	—	9.700
	方砖 43cm×43cm×4.5cm	块	26.00	7.100	—
	铁件	kg	4.19	0.704	1.050
	其他材料费占材料费	%	—	1.000	1.000

工作内容：选料、场内运输、锯砖、刨面、刨缝、做榫、补磨、油灰加工、安装、清洗。　计量单位：m²

定　额　编　号				F1-1-50	F1-1-51
项　目　名　称				砖细贴面	
				勒角	八角景
				30cm×30cm以内	
基　　　价（元）				1203.97	1634.70
其中	人　工　费（元）			1029.28	1415.40
	材　料　费（元）			174.69	219.30
	机　械　费（元）			—	—
	名　　　称	单位	单价（元）	消　　耗　　量	
人工	综合工日	工日	140.00	7.352	10.110
材料	方砖 31cm×31cm×3.5cm	块	11.00	15.100	18.900
	铁件	kg	4.19	1.638	1.638
	桐油	kg	8.13	—	0.237
	细灰	kg	0.74	—	0.592
	其他材料费占材料费	%	—	1.000	1.000

34

工作内容：选料、场内运输、锯砖、刨面、刨缝、做榫、补磨、油灰加工、安装、清洗。　计量单位：m²

定　额　编　号				F1-1-52	F1-1-53
项　目　名　称				砖细贴面	
				斜角景	
				40cm×40cm以内	30cm×30cm以内
基　　　价（元）				1091.41	1301.35
其中	人　工　费（元）			891.66	1123.78
	材　料　费（元）			199.75	177.57
	机　械　费（元）			—	—
名　　称		单位	单价（元）	消　　耗　　量	
人工	综合工日	工日	140.00	6.369	8.027
材料	方砖 31cm×31cm×3.5cm	块	11.00	—	15.100
	方砖 43cm×43cm×4.5cm	块	26.00	7.400	—
	铁件	kg	4.19	0.806	1.638
	桐油	kg	8.13	0.200	0.286
	细灰	kg	0.74	0.500	0.714
	其他材料费占材料费	%	—	1.000	1.000

工作内容：选料、场内运输、锯砖、刨面、刨缝、做榫、补磨、油灰加工、安装、清洗。 计量单位：m²

定　额　编　号				F1-1-54	
项　目　名　称				砖细贴面	
				六角景	
				30cm×30cm以内	
基　　　　价（元）				1757.87	
其中	人　工　费（元）			1456.56	
	材　料　费（元）			301.31	
	机　械　费（元）			—	
	名　　　　称	单位	单价（元）	消　　耗　　量	
人工	综合工日	工日	140.00	10.404	
材料	方砖 38cm×38cm×4cm	块	19.00	15.200	
	铁件	kg	4.19	1.638	
	桐油	kg	8.13	0.267	
	细灰	kg	0.74	0.667	
	其他材料费占材料费	%	—	1.000	

第六节 砖细抛方

工作内容：1.选料、场内运输、锯砖、刨面、刨缝、做榫、补磨、油灰加工、安装、清洗；
2.带枭混线脚者包括刨线脚。

计量单位：m

定 额 编 号				F1-1-55	F1-1-56
项 目 名 称				砖细平面抛方	
				平面抛方	
				高25cm以内	高40cm以内
基 价（元）				358.99	457.49
其中	人 工 费（元）			308.70	375.34
	材 料 费（元）			50.29	82.15
	机 械 费（元）			—	—
名 称	单位	单价（元）	消 耗 量		
人工	综合工日	工日	140.00	2.205	2.681
材料	方砖 31cm×31cm×3.5cm	块	11.00	4.200	—
	方砖 43cm×43cm×4.5cm	块	26.00	—	3.000
	铁件	kg	4.19	0.461	0.320
	桐油	kg	8.13	0.117	0.120
	细灰	kg	0.74	0.293	0.300
	其他材料费占材料费	%	—	2.000	2.000

工作内容：1.选料、场内运输、锯砖、刨面、刨缝、做榫、补磨、油灰加工、安装、清洗；
2.带枭混线脚者包括刨线脚。

计量单位：m

定 额 编 号				F1-1-57	F1-1-58
项 目 名 称				砖细平面抛方	
				平面带枭混线脚抛方	
				高25cm以内	高40cm以内
基 价（元）				409.11	507.61
其中	人 工 费（元）			358.82	425.46
	材 料 费（元）			50.29	82.15
	机 械 费（元）			—	—
名 称		单位	单价（元）	消 耗 量	
人工	综合工日	工日	140.00	2.563	3.039
材料	方砖 31cm×31cm×3.5cm	块	11.00	4.200	—
	方砖 43cm×43cm×4.5cm	块	26.00	—	3.000
	铁件	kg	4.19	0.461	0.320
	桐油	kg	8.13	0.117	0.120
	细灰	kg	0.74	0.293	0.300
	其他材料费占材料费	%	—	2.000	2.000

38

工作内容：1．选料、场内运输、锯砖、刨面、刨缝、做榫、补磨、油灰加工、安装、清洗；
　　　　　2．带枭混线脚者包括刨线脚。

计量单位：m

定　额　编　号				F1-1-59	F1-1-60
项　目　名　称				砖细台口抛方	
				台口抛方	
				高40cm以内	高30cm以内
基　　　　　价（元）				457.49	389.11
其中	人　工　费（元）			375.34	320.46
	材　料　费（元）			82.15	68.65
	机　械　费（元）			—	—
名　　称		单位	单价（元）	消　　耗　　量	
人工	综合工日	工日	140.00	2.681	2.289
材料	方砖　38cm×38cm×4cm	块	19.00	—	3.400
	方砖　43cm×43cm×4.5cm	块	26.00	3.000	—
	铁件	kg	4.19	0.320	0.371
	桐油	kg	8.13	0.120	0.115
	细灰	kg	0.74	0.300	0.287
	其他材料费占材料费	%	—	2.000	2.000

工作内容：1.选料、场内运输、锯砖、刨面、刨缝、做榫、补磨、油灰加工、安装、清洗；
2.带枭混线脚者包括刨线脚。　　　　　　　　　　　　　　　　　　计量单位：m

定　额　编　号				F1-1-61	F1-1-62
项　目　名　称				砖细台口抛方	
				圆线台口抛方	
				高40cm以内	高30cm以内
基　　　　价（元）				469.71	394.82
其中	人　工　费（元）			389.34	328.16
	材　料　费（元）			80.37	66.66
	机　械　费（元）			—	—
名　　　称		单位	单价（元）	消　　耗　　量	
人工	综合工日	工日	140.00	2.781	2.344
材料	方砖 38cm×38cm×4cm	块	19.00	—	3.400
	方砖 43cm×43cm×4.5cm	块	26.00	3.000	—
	桐油	kg	8.13	0.080	0.075
	细灰	kg	0.74	0.200	0.187
	其他材料费占材料费	%	—	2.000	2.000

第七节 挂落三飞砖

工作内容：选料、场内运输、放样、刨面、刨缝、起线、做榫、补磨、油灰加工、安装、清洗。

计量单位：见表

定　额　编　号				F1-1-63	F1-1-64
项　目　名　称				挂落三飞砖，砖细墙门	
				八字垛头	
				拖泥锁口	勒角墙身
单　　位				m	m²
基　　价（元）				200.87	1306.00
其中	人　工　费（元）			179.20	1088.08
	材　料　费（元）			21.67	217.92
	机　械　费（元）			—	—
名　　称		单位	单价（元）	消　　耗　　量	
人工	综合工日	工日	140.00	1.280	7.772
材料	方砖 43cm×43cm×4.5cm	块	26.00	0.800	7.800
	铁件	kg	4.19	—	1.693
	桐油	kg	8.13	0.045	0.376
	细灰	kg	0.74	0.113	0.941
	其他材料费占材料费	%	—	2.000	2.000

41

工作内容：选料、场内运输、放样、刨面、刨缝、起线、做榫、补磨、油灰加工、安装、清洗。

计量单位：m

定 额 编 号				F1-1-65	F1-1-66
项 目 名 称				挂落三飞砖，砖细墙门	
				上下托浑线脚	挂落
基 价（元）				240.98	2196.13
其中	人 工 费（元）			213.92	2168.60
	材 料 费（元）			27.06	27.53
	机 械 费（元）			—	—
	名 称	单位	单价（元）	消 耗 量	
人工	综合工日	工日	140.00	1.528	15.490
材料	方砖 31cm×31cm×3.5cm	块	11.00	—	2.400
	方砖 43cm×43cm×4.5cm	块	26.00	1.000	—
	桐油	kg	8.13	0.053	0.059
	细灰	kg	0.74	0.133	0.149
	其他材料费占材料费	%	—	2.000	2.000

工作内容：选料、场内运输、放样、刨面、刨缝、起线、做榫、补磨、油灰加工、安装、清洗。

计量单位：m

定 额 编 号				F1-1-67	F1-1-68
项 目 名 称				挂落三飞砖，砖细墙门	
				上枋高	下枋高
				在26cm以内	
基 价（元）				1187.18	860.14
其中	人 工 费（元）			1105.58	778.54
	材 料 费（元）			81.60	81.60
	机 械 费（元）			—	—
名 称		单位	单价（元）	消 耗 量	
人工	综合工日	工日	140.00	7.897	5.561
材料	方砖 43cm×43cm×4.5cm	块	26.00	3.000	3.000
	铁件	kg	4.19	0.320	0.320
	桐油	kg	8.13	0.066	0.066
	细灰	kg	0.74	0.165	0.165
	其他材料费占材料费	%	—	2.000	2.000

工作内容：选料、场内运输、放样、刨面、刨缝、起线、做榫、补磨、油灰加工、安装、清洗。

计量单位：m

定　额　编　号				F1-1-69	F1-1-70
项　目　名　称				挂落三飞砖，砖细墙门	
				木角小圆线台盘浑	大镶边
基　　　价（元）				290.89	429.25
其中	人　工　费（元）			250.46	398.86
	材　料　费（元）			40.43	30.39
	机　械　费（元）			—	—
名　　称		单位	单价（元）	消　　耗　　量	
人工	综合工日	工日	140.00	1.789	2.849
材料	方砖 43cm×43cm×4.5cm	块	26.00	1.500	—
	方砖 53cm×53cm×7cm	块	58.00	—	0.500
	桐油	kg	8.13	0.065	0.080
	细灰	kg	0.74	0.150	0.200
	其他材料费占材料费	%	—	2.000	2.000

44

工作内容：选料、场内运输、放样、刨面、刨缝、起线、做榫、补磨、油灰加工、安装、清洗。

计量单位：m

定 额 编 号				F1-1-71	F1-1-72
项 目 名 称				挂落三飞砖，砖细墙门	
				字碑镶边	字碑高在35cm以内
基 价（元）				289.55	454.30
其中	人 工 费（元）			270.48	383.60
	材 料 费（元）			19.07	70.70
	机 械 费（元）			—	—
名 称		单位	单价（元）	消 耗 量	
人工	综合工日	工日	140.00	1.932	2.740
材 料	方砖 38cm×38cm×4cm	块	19.00	—	3.500
	方砖 43cm×43cm×4.5cm	块	26.00	0.700	—
	铁件	kg	4.19	—	0.381
	桐油	kg	8.13	0.050	0.122
	细灰	kg	0.74	0.125	0.304
	其他材料费占材料费	%	—	2.000	2.000

工作内容：选料、场内运输、放样、刨面、刨缝、起线、做榫、补磨、油灰加工、安装、清洗。

计量单位：m

定　额　编　号					F1-1-73	F1-1-74
项　目　名　称					挂落三飞砖，砖细墙门	
					出线一路托浑木角单线	宿塞
基　　　价（元）					290.35	152.17
其中	人　工　费（元）				250.46	133.42
	材　料　费（元）				39.89	18.75
	机　械　费（元）				—	—
名　　　称		单位	单价（元）		消　耗　　　量	
人工	综合工日	工日	140.00		1.789	0.953
材　料	方砖 43cm×43cm×4.5cm	块	26.00		1.500	0.700
	细灰	kg	0.74		0.150	0.250
	其他材料费占材料费	%	—		2.000	2.000

46

工作内容：选料、场内运输、放样、刨面、刨缝、起线、做榫、补磨、油灰加工、安装、清洗。

计量单位：m

定 额 编 号				F1-1-75	F1-1-76	F1-1-77
项 目 名 称				挂落三飞砖，砖细墙门		
				斗盘枋宽在20cm以内	五寸堂高在15cm以内	荷花柱头
基 价（元）				376.73	212.11	557.05
其中	人 工 费（元）			336.84	179.06	532.56
	材 料 费（元）			39.89	33.05	24.49
	机 械 费（元）			—	—	—
名 称		单位	单价（元）	消 耗 量		
人工	综合工日	工日	140.00	2.406	1.279	3.804
材料	大金砖 65cm×65cm×9.2cm	块	120.00	—	—	0.200
	方砖 38cm×38cm×4cm	块	19.00	—	1.700	—
	方砖 43cm×43cm×4.5cm	块	26.00	1.500	—	—
	细灰	kg	0.74	0.150	0.140	0.015
	其他材料费占材料费	%	—	2.000	2.000	2.000

工作内容：选料、场内运输、放样、刨面、刨缝、起线、做榫、补磨、油灰加工、安装、清洗。

计量单位：块

定　额　编　号	F1-1-78
项　目　名　称	挂落三飞砖，砖细墙门
	兜肚每块面积在0.2m²以内
基　　　　价（元）	463.99

其中	人　工　费（元）	391.72
	材　料　费（元）	72.27
	机　械　费（元）	—

	名　　　称	单位	单价(元)	消　　耗　　量
人工	综合工日	工日	140.00	2.798
材料	方砖 50cm×54cm×7cm	块	58.00	1.200
	铁件	kg	4.19	0.128
	桐油	kg	8.13	0.072
	细灰	kg	0.74	0.180
	其他材料费占材料费	%	—	2.000

48

工作内容：选料、场内运输、放样、刨面、刨缝、起线、做榫、补磨、油灰加工、安装、清洗。

计量单位：m

定　额　编　号				F1-1-79	F1-1-80	F1-1-81
项　目　名　称				挂落三飞砖，砖细墙门		
				一飞砖木角线	二飞砖托浑	三飞砖晓色
基　　　价（元）				211.02	283.71	430.65
其中	人　工　费（元）			183.96	243.32	350.28
	材　料　费（元）			27.06	40.39	80.37
	机　械　费（元）			—	—	—
名　　称		单位	单价（元）	消　　耗　　量		
人工	综合工日	工日	140.00	1.314	1.738	2.502
材料	方砖 43cm×43cm×4.5cm	块	26.00	1.000	1.500	3.000
	桐油	kg	8.13	0.053	0.060	0.080
	细灰	kg	0.74	0.133	0.150	0.200
	其他材料费占材料费	%	—	2.000	2.000	2.000

工作内容：选料、场内运输、放样、刨面、刨缝、起线、做榫、补磨、油灰加工、安装、清洗。

计量单位：m

定　额　编　号				F1-1-82	F1-1-83	F1-1-84
项　目　名　称				挂落三飞砖，砖细墙门		
				将板砖	挂芽	靴头砖
基　　　价（元）				328.65	646.37	117.55
其中	人　工　费（元）			296.80	639.52	105.84
	材　料　费（元）			31.85	6.85	11.71
	机　械　费（元）			—	—	—
名　　称		单位	单价（元）	消	耗	量
人工	综合工日	工日	140.00	2.120	4.568	0.756
材　料	方砖 31cm×31cm×3.5cm	块	11.00	—	0.600	—
	方砖 38cm×38cm×4cm	块	19.00	—	—	0.600
	方砖 43cm×43cm×4.5cm	块	26.00	1.200	—	—
	桐油	kg	8.13	0.002	0.012	0.008
	细灰	kg	0.74	0.016	0.030	0.019
	其他材料费占材料费	%	—	2.000	2.000	2.000

第八节 砖细漏窗

工作内容：选料、场内运输、放样、锯砖、刨面、刨缝、起线、做榫、补磨、油灰加工、安砌、清洗。

计量单位：m

定 额 编 号				F1-1-85	F1-1-86
项 目 名 称				砖细矩形漏窗边框	
				单边双出口	单边单出口
基 价（元）				986.11	614.14
其中	人 工 费（元）			866.88	538.44
	材 料 费（元）			119.23	75.70
	机 械 费（元）			—	—
名 称		单位	单价（元）	消 耗 量	
人工	综合工日	工日	140.00	6.192	3.846
材料	方砖 43cm×43cm×4.5cm	块	26.00	4.400	2.800
	铁件	kg	4.19	0.836	0.498
	桐油	kg	8.13	0.074	0.044
	细灰	kg	0.74	0.185	0.110
	其他材料费占材料费	%	—	0.500	0.500

工作内容：选料、场内运输、放样、锯砖、刨面、刨缝、起线、做榫、补磨、油灰加工、安砌、清洗。

计量单位：m

定 额 编 号					F1-1-87	F1-1-88
项 目 名 称					砖细矩形漏窗边框	
					双边双出口	双边单出口
基 价（元）					1370.55	802.16
其中	人 工 费（元）				1219.68	710.64
	材 料 费（元）				150.87	91.52
	机 械 费（元）				—	—
名 称		单位	单价（元）		消 耗 量	
人工	综合工日	工日	140.00		8.712	5.076
材料	方砖 43cm×43cm×4.5cm	块	26.00		5.600	3.400
	铁件	kg	4.19		0.836	0.498
	桐油	kg	8.13		0.102	0.058
	细灰	kg	0.74		0.255	0.145
	其他材料费占材料费	%	—		0.500	0.500

工作内容：选料、场内运输、放样、锯砖、刨面、刨缝、起线、做榫、补磨、油灰加工、安砌、清洗。

计量单位：m²

定 额 编 号				F1-1-89	F1-1-90
项 目 名 称				砖细矩形漏窗芯子，平直线条	
				普通	复杂
基 价（元）				2343.86	3731.65
其中	人 工 费（元）			2262.40	3593.10
	材 料 费（元）			81.46	138.55
	机 械 费（元）			—	—
	名 称	单位	单价（元）	消 耗 量	
人工	综合工日	工日	140.00	16.160	25.665
材料	双开砖 24×11.5×3m	块	0.84	95.400	162.900
	粘结剂	kg	2.88	0.318	0.357
	其他材料费占材料费	%	—	0.500	0.500

第九节 一般漏窗

工作内容：放样、选料、加工、场内运输、调制砂浆、砌筑安装、抹面、刷水(包括边框)。

计量单位：m²

定 额 编 号				F1-1-91	F1-1-92	F1-1-93
项 目 名 称				矩形漏窗		
				全张瓦片	软景式条复杂	软景式条普通
基 价（元）				519.51	2035.81	1698.41
其中	人 工 费（元）			446.04	1889.72	1561.28
	材 料 费（元）			69.01	108.30	105.90
	机 械 费（元）			4.46	37.79	31.23
名 称		单位	单价（元）	消 耗		量
人工	综合工日	工日	140.00	3.186	13.498	11.152
材 料	5寸筒瓦 13cm×12cm	块	0.75	—	37.500	37.500
	镀锌铁丝 20号	kg	3.57	—	0.047	0.045
	蝴蝶瓦(盖) 16cm×16cm	块	0.45	87.100	61.700	58.800
	机砖 240×115×53	块	0.38	—	12.200	12.200
	石灰砂浆 1:3	m³	219.00	—	0.012	0.012
	铁钉	kg	3.56	—	0.008	0.007
	望砖 24cm×11.5cm×1.5cm	块	0.42	43.800	39.400	39.400
	纸筋石灰浆	m³	357.23	0.031	0.078	0.075
	其他材料费占材料费	%	—	0.500	0.500	0.500
机械	其他机械费占人工费	%	—	1.000	2.000	2.000

工作内容：放样、选料、加工、场内运输、调制砂浆、砌筑安装、抹面、刷水(包括边框)。

计量单位：m²

定 额 编 号				F1-1-94	F1-1-95
项 目 名 称				矩形漏窗	
				平直式条复杂	平直式条普通
基 价（元）				1486.68	1256.45
其中	人 工 费（元）			1382.22	1158.78
	材 料 费（元）			76.82	74.49
	机 械 费（元）			27.64	23.18
名 称		单位	单价（元）	消 耗 量	
人工	综合工日	工日	140.00	9.873	8.277
材料	机砖 240×115×53	块	0.38	12.200	12.200
	石灰砂浆 1：3	m³	219.00	0.012	0.012
	铁钉	kg	3.56	0.026	0.024
	望砖 24cm×11.5cm×1.5cm	块	0.42	107.500	103.700
	纸筋石灰浆	m³	357.23	0.067	0.065
	其他材料费占材料费	%	—	0.500	0.500
机械	其他机械费占人工费	%	—	2.000	2.000

第十节 砖细镶边、月洞、地穴及门窗樘套

工作内容：选料、场内运输、锯砖、刨面、刨缝、起线、做榫、开槽、过墙板、补磨、油灰加工、安装、清洗。

计量单位：m

定 额 编 号				F1-1-96	F1-1-97
项 目 名 称				直折线形单料月洞，地穴，门窗樘套	
				(侧壁)宽在35cm以内双线	
				双出口(侧壁)	单出口(侧壁)
基 价（元）				633.76	523.16
其中	人 工 费（元）			565.88	455.28
	材 料 费（元）			67.88	67.88
	机 械 费（元）			—	—
名 称		单位	单价（元）	消 耗 量	
人工	综合工日	工日	140.00	4.042	3.252
材料	方砖 38cm×38cm×4cm	块	19.00	3.400	3.400
	铁件	kg	4.19	0.371	0.371
	桐油	kg	8.13	0.040	0.040
	细灰	kg	0.74	0.100	0.100
	其他材料费占材料费	%	—	2.000	2.000

56

工作内容：选料、场内运输、锯砖、刨面、刨缝、起线、做榫、开槽、过墙板、补磨、油灰加工、安装、清洗。

计量单位：m

定　额　编　号					F1-1-98	F1-1-99
项　目　名　称					直折线形单料月洞，地穴，门窗樘套	
					(侧壁)宽在35cm以内单线	
					双出口(侧壁)	单出口(侧壁)
基　　　　　价（元）					533.80	473.04
其中	人　工　费（元）				465.92	405.16
	材　料　费（元）				67.88	67.88
	机　械　费（元）				—	—
名　　　称		单位	单价（元）		消　　耗　　量	
人工	综合工日	工日	140.00		3.328	2.894
材料	方砖 38cm×38cm×4cm	块	19.00		3.400	3.400
	铁件	kg	4.19		0.371	0.371
	桐油	kg	8.13		0.040	0.040
	细灰	kg	0.74		0.100	0.100
	其他材料费占材料费	%	—		2.000	2.000

57

工作内容：选料、场内运输、锯砖、刨面、刨缝、起线、做榫、开槽、过墙板、补磨、油灰加工、安装、清洗。

计量单位：m

定　额　编　号					F1-1-100	F1-1-101
项　目　名　称					直折线形单料月洞，地穴，门窗樘套	
					(侧壁)宽在35cm以内无线	
					双出口(侧壁)	单出口(侧壁)
基　　　　　价（元）					433.56	423.06
其中	人　工　费（元）				365.68	355.18
	材　料　费（元）				67.88	67.88
	机　械　费（元）				—	—
名　　　称		单位	单价（元）	消　　　　耗　　　　量		
人工	综合工日	工日	140.00	2.612		2.537
材料	方砖 38cm×38cm×4cm	块	19.00	3.400		3.400
	铁件	kg	4.19	0.371		0.371
	桐油	kg	8.13	0.040		0.040
	细灰	kg	0.74	0.100		0.100
	其他材料费占材料费	%	—	2.000		2.000

工作内容：选料、场内运输、锯砖、刨面、刨缝、起线、做榫、开槽、过墙板、补磨、油灰加工、安装、清洗。

计量单位：m

定 额 编 号				F1-1-102	F1-1-103
项 目 名 称				直折线形单料月洞，地穴，门窗橙套	
				(顶板)宽在35cm以内双线	
				双出口(顶板)	单出口(顶板)
基 价（元）				876.47	766.01
其中	人 工 费（元）			775.04	664.58
	材 料 费（元）			101.43	101.43
	机 械 费（元）			—	—
名 称		单位	单价（元）	消 耗 量	
人工	综合工日	工日	140.00	5.536	4.747
材料	方砖 38cm×38cm×4cm	块	19.00	3.400	3.400
	松木成材	m³	1435.27	0.024	0.024
	桐油	kg	8.13	0.040	0.040
	细灰	kg	0.74	0.100	0.100
	其他材料费占材料费	%	—	2.000	2.000

工作内容：选料、场内运输、锯砖、刨面、刨缝、起线、做榫、开槽、过墙板、补磨、油灰加工、安装、清洗。

计量单位：m

定 额 编 号				F1-1-104	F1-1-105
项 目 名 称				直折线形单料月洞，地穴，门窗樘套	
				(顶板)宽在35cm以内单线	
				双出口(顶板)	单出口(顶板)
基 价（元）				776.51	715.75
其中	人 工 费（元）			675.08	614.32
	材 料 费（元）			101.43	101.43
	机 械 费（元）			—	—
名 称		单位	单价（元）	消 耗 量	
人工	综合工日	工日	140.00	4.822	4.388
材料	方砖 38cm×38cm×4cm	块	19.00	3.400	3.400
	松木成材	m³	1435.27	0.024	0.024
	桐油	kg	8.13	0.040	0.040
	细灰	kg	0.74	0.100	0.100
	其他材料费占材料费	%	—	2.000	2.000

工作内容：选料、场内运输、锯砖、刨面、刨缝、起线、做榫、开槽、过墙板、补磨、油灰加工、安装、
清洗。

计量单位：m

定　额　编　号					F1-1-106	F1-1-107
项　目　名　称					直折线形单料月洞，地穴，门窗樘套	
					(顶板)宽在35cm以内无线	
					双出口(顶板)	单出口(顶板)
基　　　　　价（元）					697.27	665.77
其中	人　工　费（元）				595.84	564.34
	材　料　费（元）				101.43	101.43
	机　械　费（元）				—	—
名　　　称		单位	单价(元)	消　　耗　　量		
人工	综合工日	工日	140.00	4.256		4.031
材料	方砖 38cm×38cm×4cm	块	19.00	3.400		3.400
	松木成材	m³	1435.27	0.024		0.024
	桐油	kg	8.13	0.040		0.040
	细灰	kg	0.74	0.100		0.100
	其他材料费占材料费	%	—	2.000		2.000

工作内容：选料、场内运输、锯砖、刨面、刨缝、起线、做榫、开槽、过墙板、补磨、油灰加工、安装、清洗。

计量单位：m

定 额 编 号					F1-1-108	F1-1-109
项 目 名 称					曲弧线形单料月洞，地穴	
					宽在35cm以内双线	
					双出口	单出口
基 价 （元）					731.15	629.93
其中	人 工 费（元）				657.30	556.08
	材 料 费（元）				73.85	73.85
	机 械 费（元）				—	—
	名 称	单位	单价（元）	消	耗	量
人工	综合工日	工日	140.00	4.695		3.972
材料	方砖 38cm×38cm×4cm	块	19.00	3.700		3.700
	铁件	kg	4.19	0.397		0.397
	桐油	kg	8.13	0.044		0.044
	细灰	kg	0.74	0.109		0.109
	其他材料费占材料费	%	—	2.000		2.000

工作内容：选料、场内运输、锯砖、刨面、刨缝、起线、做榫、开槽、过墙板、补磨、油灰加工、安装、清洗。

计量单位：m

定　额　编　号					F1-1-110	F1-1-111
项　目　名　称					曲弧线形单料月洞，地穴	
					宽在35cm以内单线	
					双出口	单出口
基　　　　　价（元）					642.39	569.87
其中	人　工　费（元）				568.54	496.02
	材　料　费（元）				73.85	73.85
	机　械　费（元）				—	—
名　　称		单位	单价（元）		消　　耗　　量	
人工	综合工日	工日	140.00		4.061	3.543
材料	方砖 38cm×38cm×4cm	块	19.00		3.700	3.700
	铁件	kg	4.19		0.397	0.397
	桐油	kg	8.13		0.044	0.044
	细灰	kg	0.74		0.109	0.109
	其他材料费占材料费	%	—		2.000	2.000

工作内容：选料、场内运输、锯砖、刨面、刨缝、起线、做榫、开槽、过墙板、补磨、油灰加工、安装、清洗。

计量单位：m

定　额　编　号				F1-1-112	F1-1-113
项　目　名　称				曲弧线形单料月洞，地穴	
				宽在35cm以内无线	
				双出口	单出口
基　　　价（元）				518.07	507.57
其中	人　工　费（元）			444.22	433.72
	材　料　费（元）			73.85	73.85
	机　械　费（元）			—	—
名　　　称		单位	单价（元）	消　　耗　　量	
人工	综合工日	工日	140.00	3.173	3.098
材料	方砖　38cm×38cm×4cm	块	19.00	3.700	3.700
	铁件	kg	4.19	0.397	0.397
	桐油	kg	8.13	0.044	0.044
	细灰	kg	0.74	0.109	0.109
	其他材料费占材料费	%	—	2.000	2.000

工作内容：选料、场内运输、锯砖、刨面、刨缝、起线、做榫、开槽、过墙板、补磨、油灰加工、安装、清洗。

计量单位：m

定 额 编 号				F1-1-114	F1-1-115	F1-1-116
项 目 名 称				窗台板宽在35cm以内		
				双线单出口	单线单出口	无线单出口
基 价（元）				476.22	425.96	375.98
其中	人 工 费（元）			409.92	359.66	309.68
	材 料 费（元）			66.30	66.30	66.30
	机 械 费（元）			—	—	—
名 称		单位	单价（元）	消	耗	量
人工	综合工日	工日	140.00	2.928	2.569	2.212
材料	方砖 38cm×38cm×4cm	块	19.00	3.400	3.400	3.400
	桐油	kg	8.13	0.040	0.040	0.040
	细灰	kg	0.74	0.100	0.100	0.100
	其他材料费占材料费	%	—	2.000	2.000	2.000

工作内容：选料、场内运输、锯砖、刨面、刨缝、起线、做榫、开槽、过墙板、补磨、油灰加工、安装、
清洗。
计量单位：m

定 额 编 号					F1-1-117	F1-1-118
项 目 名 称					镶边一道枭混线脚宽在	
					15cm以内	10cm以内
基 价（元）					389.94	341.28
其中	人 工 费（元）				354.34	317.38
	材 料 费（元）				35.60	23.90
	机 械 费（元）				—	—
名 称		单位	单价（元）	消 耗 量		
人工	综合工日	工日	140.00		2.531	2.267
材料	方砖 38cm×38cm×4cm	块	19.00		1.700	1.100
	铁件	kg	4.19		0.380	0.384
	桐油	kg	8.13		0.101	0.092
	细灰	kg	0.74		0.252	0.230
	其他材料费占材料费	%	—		2.000	2.000

第十一节 砖细半墙坐槛面

定 额 编 号			F1-1-119	F1-1-120
项 目 名 称			半墙坐槛面有雀簧宽在40cm以内	
			有线脚	无线脚
基 价（元）			797.24	697.00
其中	人 工 费（元）		712.88	612.64
	材 料 费（元）		84.36	84.36
	机 械 费（元）		—	—
名 称	单位	单价（元）	消 耗	量
人工	综合工日	工日	140.00	5.092	4.376
材料	方砖 43cm×43cm×4.5cm	块	26.00	3.000	3.000
	松木成材	m³	1435.27	0.003	0.003
	桐油	kg	8.13	0.040	0.040
	细灰	kg	0.74	0.100	0.100
	其他材料费占材料费	%	—	2.000	2.000

定　额　编　号				F1-1-121	F1-1-122
项　目　名　称				半墙坐槛面无雀簧宽在40cm以内	
				有线脚	无线脚
基　　　价（元）				523.35	423.25
其中	人　工　费（元）			443.38	343.28
	材　料　费（元）			79.97	79.97
	机　械　费（元）			—	—
名　　称	单位	单价（元）		消　　耗　　量	
人工	综合工日	工日	140.00	3.167	2.452
材料	方砖 43cm×43cm×4.5cm	块	26.00	3.000	3.000
	桐油	kg	8.13	0.040	0.040
	细灰	kg	0.74	0.100	0.100
	其他材料费占材料费	%	—	2.000	2.000

第十二节 砖细坐槛栏杆

工作内容：选料、场内运输、锯砖、刨面、刨缝、起线、凿空、制木芯、补磨、油灰加工、安装、清洗。

计量单位：m

定　额　编　号				F1-1-123	F1-1-124
项　目　名　称				砖细坐槛栏杆	
				四角起木角线坐槛面砖	槛身侧柱(高)
基　　　　　价（元）				589.33	768.03
其中	人　工　费（元）			472.78	724.78
	材　料　费（元）			116.55	43.25
	机　械　费（元）			—	—
名　　称		单位	单价（元）	消　　耗　　量	
人工	综合工日	工日	140.00	3.377	5.177
材料	方砖 43cm×43cm×4.5cm	块	26.00	—	1.600
	嵌砖 36cm×19cm×19cm	块	30.00	3.600	—
	松木成材	m³	1435.27	0.004	—
	桐油	kg	8.13	0.052	0.080
	细灰	kg	0.74	0.130	0.200
	其他材料费占材料费	%	—	2.000	2.000

工作内容：选料、场内运输、锯砖、刨面、刨缝、起线、凿空、制木芯、补磨、油灰加工、安装、清洗。

计量单位：m

定 额 编 号					F1-1-125	F1-1-126
项 目 名 称					砖细坐槛栏杆	
					槛身芯子砖(长)	双面起木角线拖泥
基 价 （元）					640.40	577.19
其中	人 工 费 （元）				572.88	510.58
	材 料 费 （元）				67.52	66.61
	机 械 费 （元）				—	—
名 称		单位	单价（元）	消	耗	量
人工	综合工日	工日	140.00	4.092		3.647
材 料	方砖 38cm×38cm×4cm	块	19.00	3.400		—
	方砖 43cm×43cm×4.5cm	块	26.00	—		2.500
	桐油	kg	8.13	0.160		0.030
	细灰	kg	0.74	0.400		0.075
	其他材料费占材料费	%	—	2.000		2.000

第十三节 砖细及其他配件

工作内容：选料、场内运输、锯砖、刨面、刨缝、起线、雕刻、做榫、补磨、油灰加工、安装、清洗。

计量单位：m

定　额　编　号				F1-1-127	F1-1-128
项　目　名　称				砖细包檐	
				每道厚在4cm以内	
				三道	每增减一道线
基　　　　　价（元）				567.41	237.63
其中	人　工　费（元）			448.56	196.42
	材　料　费（元）			118.85	41.21
	机　械　费（元）			—	—
名　　称		单位	单价（元）	消　耗	量
人工	综合工日	工日	140.00	3.204	1.403
材料	方砖 43cm×43cm×4.5cm	块	26.00	4.400	1.500
	桐油	kg	8.13	0.212	0.140
	细灰	kg	0.74	0.530	0.350
	其他材料费占材料费	%	—	2.000	2.000

工作内容：选料、场内运输、锯砖、刨面、刨缝、起线、雕刻、做榫、补磨、油灰加工、安装、清洗。

计量单位：m

定　额　编　号				F1-1-129	F1-1-130
项　目　名　称				矩形桁条，梓桁	矩形椽子，飞椽
				截面在80cm²以内	截面在30cm²以内
基　　　　价（元）				385.09	240.91
其中	人　工　费（元）			344.54	224.70
	材　料　费（元）			40.55	16.21
	机　械　费（元）			—	—
名　　称	单位	单价（元）		消　　耗　　量	
人工	综合工日	工日	140.00	2.461	1.605
材料	方砖 43cm×43cm×4.5cm	块	26.00	1.500	0.600
	桐油	kg	8.13	0.076	0.029
	细灰	kg	0.74	0.190	0.071
	其他材料费占材料费	%	—	2.000	2.000

工作内容：选料、场内运输、锯砖、刨面、刨缝、起线、雕刻、做榫、补磨、油灰加工、安装、清洗。

计量单位：只

定　额　编　号					F1-1-131	F1-1-132
项　目　名　称					砖细屋脊头	砖细垛头
					雕空纹头	墙厚37cm
基　　　　价（元）					3561.96	2896.09
其中	人　工　费（元）				3502.80	2539.60
	材　料　费（元）				59.16	356.49
	机　械　费（元）				—	—
名　　称		单位	单价（元）		消　　耗　　量	
人工	综合工日	工日	140.00		25.020	18.140
材料	方砖 43cm×43cm×4.5cm	块	26.00		—	13.000
	方砖 53cm×53cm×7cm	块	58.00		1.000	—
	铁件	kg	4.19		—	1.410
	桐油	kg	8.13		—	0.560
	细灰	kg	0.74		—	1.410
	其他材料费占材料费	%	—		2.000	2.000

工作内容：选料、场内运输、锯砖、刨面、刨缝、起线、雕刻、做榫、补磨、油灰加工、安装、清洗。

计量单位：只

定　额　编　号					F1-1-133	F1-1-134
项　目　名　称					梁垫(雀替)	砖细博风板头雕花腾
					面积在300cm²以内	高在40cm以内
基　　　　价　（元）					1016.60	547.67
其中	人　工　费（元）				967.82	492.80
	材　料　费（元）				48.78	54.87
	机　械　费（元）				—	—
名　　称		单位	单价（元）		消　　耗　　量	
人工	综合工日	工日	140.00		6.913	3.520
材料	方砖　43cm×43cm×4.5cm	块	26.00		1.800	2.000
	铁件	kg	4.19		0.128	0.260
	桐油	kg	8.13		0.049	0.070
	细灰	kg	0.74		0.123	0.180
	其他材料费占材料费	%	—		2.000	2.000

74

工作内容：选料、场内运输、锯砖、刨面、刨缝、起线、雕刻、做榫、补磨、油灰加工、安装、清洗。

计量单位：只

定 额 编 号				F1-1-135	F1-1-136
项 目 名 称				砖细戗头板虎头牌雕花卉图案	
				宽在15cm以内	宽在10cm以内
基 价（元）				1097.38	759.69
其中	人 工 费（元）			1057.00	739.20
	材 料 费（元）			40.38	20.49
	机 械 费（元）			—	—
名 称		单位	单价（元）	消 耗 量	
人工	综合工日	工日	140.00	7.550	5.280
材料	方砖 38cm×38cm×4cm	块	19.00	2.000	1.000
	铁件	kg	4.19	0.380	0.260
	其他材料费占材料费	%	—	2.000	2.000

工作内容：选料、场内运输、锯砖、刨面、刨缝、起线、雕刻、做榫、补磨、油灰加工、安装、清洗。

计量单位：套(座)

定 额 编 号				F1-1-137	F1-1-138	F1-1-139
项 目 名 称				砖细牌科(斗拱)		
				一斗三升 一字型	一斗三升 丁字型带云头	一斗六升 一字型
基 价（元）				2019.53	3170.71	3384.10
其中	人 工 费（元）			1895.60	3046.40	3259.20
	材 料 费（元）			123.93	124.31	124.90
	机 械 费（元）			—	—	—
名 称		单位	单价(元)	消 耗 量		
人工	综合工日	工日	140.00	13.540	21.760	23.280
材料	大金砖 65cm×65cm×9.2cm	块	120.00	1.000	1.000	1.000
	铁件	kg	4.19	0.120	0.160	0.180
	桐油	kg	8.13	0.100	0.120	0.170
	细灰	kg	0.74	0.250	0.300	0.430
	其他材料费占材料费	%	—	2.000	2.000	2.000

工作内容：选料、场内运输、锯砖、刨面、刨缝、起线、雕刻、做榫、补磨、油灰加工、安装、清洗。

计量单位：套(座)

定 额 编 号				F1-1-140	F1-1-141
项 目 名 称				砖细牌科(斗拱)	
				一斗六升 丁字型带云头	一斗六升 丁字型单昂带云头
基 价（元）				5117.47	5523.47
其 中	人 工 费（元）			4992.40	5398.40
	材 料 费（元）			125.07	125.07
	机 械 费（元）			—	—
名 称		单位	单价(元)	消 耗 量	
人 工	综合工日	工日	140.00	35.660	38.560
材 料	大金砖 65cm×65cm×9.2cm	块	120.00	1.000	1.000
	铁件	kg	4.19	0.220	0.220
	桐油	kg	8.13	0.170	0.170
	细灰	kg	0.74	0.430	0.430
	其他材料费占材料费	%	—	2.000	2.000

77

工作内容：选料、场内运输、锯砖、刨面、刨缝、起线、雕刻、做榫、补磨、油灰加工、安装、清洗。

计量单位：块

定　额　编　号				F1-1-142	
项　目　名　称				砖细牌科(斗拱)	
				雕刻风拱板	
基　　　　价（元）				555.14	
其中	人　工　费（元）			547.26	
	材　料　费（元）			7.88	
	机　械　费（元）			—	
	名　　　称	单位	单价（元）	消　　耗　　量	
人工	综合工日	工日	140.00	3.909	
材料	方砖 38cm×38cm×4cm	块	19.00	0.400	
	桐油	kg	8.13	0.013	
	细灰	kg	0.74	0.031	
	其他材料费占材料费	%	—	2.000	

78

第二章 石作工程

说　　明

一、本章定额石料质地统一按花岗岩石料为准，如使用青石、麻石等石料，人工乘以系数 0.67，其材料用量不变。

二、石料的加工顺序：打荒成毛料石(此类加工习惯常是发生在采石场)→按所需加工尺寸 放线→筑方快口或板岩石→表面加工(可以分成平面加工、坡势加工、曲面加工三种形式) → 线脚加工(可以分成平线脚加工、圆线脚加工) →石浮雕加工(适用于特殊装饰的石料加工构 件)。

三、石料表面加工等级类别：

加工等级	加工方法与要求
1. 打荒	即对石料进行"打剥"加工，也就是用铁锤及铁凿将石料表面凸起部分凿掉
2. 一步做糙 (一次錾凿)	即用铁锤及铁凿对石料表面粗略地通打一遍，要求凿痕深浅齐匀
3. 二步做糙 (二次錾凿)	即用铁锤及铁凿对石料表面在一次錾凿的基础上进行密布凿痕的细加工，令其表面凹凸逐渐变浅
4. 一遍剁斧	即用铁锤及铁凿和铁斧将石料表面趋于平整，用铁斧剁打后，令其表面无凹凸，达到表面平整，斧口痕迹的间隙应小于 3mm
5. 二遍剁斧	在一遍剁斧的基础上加工得更为精细些，斧口痕迹的间隙应小于 0.5mm
6. 三遍剁斧	在二遍剁斧的基础上要求平面具有更严格的平整度，斧口痕迹的间隙应小于 0.5mm
7. 扁光	凡完成三遍剁斧的石料，用砂石加水磨去表面的剁纹，使其表面达到光滑与平整

四、加工名称及所属部位的划定：

1. 筑方快口：均发生在看面部位。石料相邻的两个面加工后形成的角线称为快口。

2. 板岩口：均发生在石料内侧不露明的部位。其石料相邻的两个面加工后形成的角线称为 板岩口。

3. 线脚：在石料加工的看面上雕凹凸的方形或圆形线脚，方形的称为方线脚，圆形的称为 圆线脚。

4. 坡势：凡将石料相邻两个面剥去其两个相交形成的直角而形成斜坡形式称为坡势。

五、石浮雕的加工类别：

加工类别	加工要求
1. 素平 （又称阴线刻）	常见于人物像和山水风景，其雕成凹线的深度为0.2～0.3mm，其表面达到"扁光"
2.减地平钑（又称平浮雕）	一般是被雕物体凸出平面6cm以内，而被雕物体表面成平面，其表面达到"扁光"
3.压地隐起（又称浅浮雕）	凸出平面有深有浅，凸出平面6～20cm以内，形成被雕物体表面有起伏，其表面达到"二遍剁斧"
4.剔地起突（又名高浮雕）	被雕物体仅表面有起伏，而且明显隆起凸出，其平面大于20cm以上，其表面要求达到"一遍剁斧"

六、本章定额在栏板柱部分，花饰图案有简式、繁式之分。一般以几何图形、绦回、卷草、回纹、如意、云头、海浪及简单花卉为"简式"，而以夔凤、刺虎、宝相、金莲、牡丹、竹枝、梅桩、座狮、奔鹿、舞鹤、翔鸾花卉鸟兽及各种山木、人物为"繁式"。

七、本章定额中的石料加工人工均系累计数量，做糙包括打荒，剁斧包括打荒及做糙。

八、本章定额石鼓蹬石制安中的合计用工的10%作为安装人工（亦包括安装过程中的小加工在内），因此单计算制作费时要扣除安装人工费。

九、本章定额复盆式柱顶石、礩石制安定额中的合计用工的6%作为安装人工（亦包括安装过程中的小加工在内），因此单计算制作费时要扣除安装人工费。

十、执行中发生石料加工等级不同时，可以同等规格石构件加工面进行不同的加工等级所发生的人工费进行换算，详见换算表。定额中的材料及其他费用一律不予调整。

同等规格石构件发生不同加工等级时人工费换算表

换算系数 加工等级	改做一步做糙 人工费 换算系数	改做二步做糙 人工费 换算系数	改做一遍剁斧 人工费 换算系数	改做二遍剁斧 人工费 换算系数	改做三遍剁斧 人工费 换算系数	改做扁光 人工费 换算系数
原二步做糙构件加工人工费 A 值	0.83A	A	1.13A	1.36A	1.63A	2.61A
原一步做糙构件加工人工费 B 值	B	1.20B	1.36B	1.63B	1.96B	3.13B
原二遍剁斧构件加工人工费 C 值	0.61C	0.74C	0.83C	C	1.20C	1.92C
原一遍剁斧构	0.74D	0.88D	D	1.20D	1.44D	2.30D

件加工人工费 D 值						

十一、本章定额石构件的平面或曲弧面加工耗工大小与石料长度有关。凡是长度在 2m 以内按本定额计算；长度在 3m 以内按 2m 以内定额子目乘以系数 1.1；长度在 4m 以内按 2m 以内定额子目乘以系数 1.2；长度在 5m 以内按 2m 以内定额子目乘以系数 1.35；长度在 6m 以内和 6m 以上，按 2m 以内定额子目乘以系数 1.5。

十二、附注说明：

1. 斜坡加工指斜快口加工。

2. 线脚加工：二道线加工的人工包括一道线加工的人工，三道线加工的人工包括一、二道线的人工。

3. 素平与减地平钣表面加工做到"扁光"，压地隐起做到"二遍錾斧"，剔地起突做到"一遍錾斧"。

4. 地坪石制作：地坪石厚度为 16cm，如采用不同规格的材料可相应换算，人工及其他材料用量不变。

5. 石构件：均以素面考虑，如有浮雕或线脚，套用相应定额另行计算。

6. 须弥座：以全素面、第二道线脚为准，如进行浮雕或增减线脚，套用相应定额另行计算。

7. 花坛石：如带线脚，也套用相应定额另计。

8. 石鼓蹬：规格均以上口为准，如带线脚套用相应定额另计。

9. 石狮、石灯笼：规格不同时，人工、材料可按实换算。

10. 本章石作工程均按传统工艺考虑。

十三、机械台班说明：

本章仅计砂浆搅拌机械台班，大型石构件吊(安)装，机械台班按实际发生另计。

工程量计算规则

一、本章定额菱角石面积计算以顶面投影加两侧面的面积之和，以"m²"计算。

二、本章定额"做糙"系粗加工，"剁斧"系细加工。加工面的加工等级按功能上的要求确定石料各个面的加工等级的标准进行计算。凡不外露部位的加工均为粗加工，外露面均为细加工，所以剁斧的工程量只能按其砌筑的外露表面积计算。凡被掩盖的其他各个面均按指定的粗加工的外表面面积计算。反之，石料露面部位为粗加工，其不外露部位的加工一般情况下也均为粗加工(当某些石构件外表面要求很粗，而其缝口要求很细的情况下，其缝口所处的平面会出现细加工)。总之，每块构件耗用加工人工数的大与小取决于各个加工面不同或不同的加工等级要求，计算其耗用人工的总和。

三、本章定额中的构件规格均以成品构件的净尺寸规格计算。镂(透)空栏板以其外框尺寸计算面积，即其虚透部分不扣除面积。

四、本章定额锁口石、侧塘石(内侧)和地坪石的四周均按板岩口计算，即按快口定额乘以系数 0.5 计算。

五、本章定额线脚加工不分阴线和阳线的区别。凡线脚深度小于 5mm 时按线脚加工定额乘以系数 0.5 计算。石浮雕中的雕刻线不分其深与浅，均按线脚定额中的一道线加工定额计算，以"延长米"为计量单位。

六、本章定额中的斜坡加工按其坡势定额计算，当坡势高度大于 1.5cm 小于 6cm 时，坡势定额乘以系数 0.75 计算。当坡势高度小于 1.5cm 时按快口定额计算，以"延长米"为计量单位。

七、本章定额踏步、阶沿、锁口石按水平投影面积计算工程量，侧塘石以垂直投影面积(侧面积)计算工程量，以"m²"为计量单位。定额耗用人工按其实际錾光的不同加工面确定其不同的加工等级，按所发生的加工面计算其耗工之总和。

八、本章定额梁、枋、柱、石屋面、门窗框、花坛、栏板、石磴、拱形屋面板按其竣工石料体积计算其耗工之总和，以"m³"为计量单位。

九、大理石石狮、石鼓蹬、大理石灯笼按其竣工石料体积计算耗工之总和，以"座(个)"为计量单位。

十、本章定额石浮雕部分按其雕刻物种类的实际雕刻物的底板外框面积计算，以"m²"为计量单位。

十一、石料加工：工程量按加工的外表面积计算，曲弧形面加工按加工的"外表面展开面积"计算。

十二、须弥座按断面的不同以"延长米"计算。

第一节 石料加工

工作内容：选、运石料、翻动石料、打荒、划线、按做缝、剁细、扁光、进行料石加工。　计量单位：m²

定　额　编　号			F1-2-1	F1-2-2	F1-2-3
项　目　名　称			表面加工(平面)		
			打荒	一步做糙	二步做糙
基　　　　价（元）			34.86	423.22	507.92
其中	人　工　费（元）		34.86	423.22	507.92
	材　料　费（元）		—	—	—
	机　械　费（元）		—	—	—
名　　称	单位	单价(元)	消　耗		量
人工	综合工日	工日	140.00	0.249	3.023	3.628

85

工作内容：选、运石料、翻动石料、打荒、划线、按做缝、剁细、扁光、进行料石加工。 计量单位：m²

定　额　编　号			F1-2-4	F1-2-5	F1-2-6	F1-2-7
项　目　名　称			表面加工(平面)			
			一遍剁斧	二遍剁斧	三遍剁斧	扁光
基　　　价（元）			575.68	746.76	828.80	1326.08
其中	人　工　费（元）		575.68	746.76	828.80	1326.08
	材　料　费（元）		—	—	—	—
	机　械　费（元）		—	—	—	—
名　　　称	单位	单价(元)	消	耗		量
人　工	综合工日	工日	140.00	4.112	5.334	5.920	9.472

工作内容：选、运石料、翻动石料、打荒、划线、按做缝、剁细、扁光、进行料石加工。 计量单位：m²

定 额 编 号				F1-2-8	F1-2-9
项 目 名 称				表面加工(曲弧面)	
				一步做糙	二步做糙
基 价（元）				486.64	582.68
其中	人 工 费（元）			486.64	582.68
	材 料 费（元）			—	—
	机 械 费（元）			—	—
名 称	单位	单价(元)		消 耗 量	
人 工	综合工日	工日	140.00	3.476	4.162

87

工作内容：选、运石料、翻动石料、打荒、划线、按做缝、剁细、扁光、进行料石加工。　计量单位：m²

定　额　编　号				F1-2-10	F1-2-11	F1-2-12	F1-2-13
项　目　名　称				表面加工（曲弧面）			
				一遍剁斧	二遍剁斧	三遍剁斧	扁光
基　　　价（元）				662.06	794.22	953.12	1525.02
其中	人　工　费（元）			662.06	794.22	953.12	1525.02
	材　料　费（元）			—	—	—	—
	机　械　费（元）			—	—	—	—
名　　　称		单位	单价（元）	消　　耗　　　量			
人工	综合工日	工日	140.00	4.729	5.673	6.808	10.893

工作内容：选、运石料、翻动石料、打荒、划线、按做缝、剁细、扁光、进行料石加工。　　计量单位：m

定　额　编　号					F1-2-14	F1-2-15
项　目　名　称					筑方加工(快口)	
					一步做糙	二步做糙
基　　　价（元）					25.62	33.32
其中	人　工　费（元）				25.62	33.32
	材　料　费（元）				—	—
	机　械　费（元）				—	—
名　　　称		单位	单价（元）	消　　耗　　量		
人工	综合工日	工日	140.00	0.183		0.238

工作内容：选、运石料、翻动石料、打荒、划线、按做缝、剁细、扁光、进行料石加工。　　计量单位：m

定　额　编　号				F1-2-16	F1-2-17	F1-2-18
项　目　名　称				筑方加工(快口)		
				一遍剁斧	二遍剁斧	三遍剁斧
基　　　　价（元）				43.68	58.94	84.56
其中	人　工　费（元）			43.68	58.94	84.56
	材　料　费（元）			—	—	—
	机　械　费（元）			—	—	—
名　　称		单位	单价（元）	消	耗	量
人 工	综合工日	工日	140.00	0.312	0.421	0.604

90

工作内容：选、运石料、翻动石料、打荒、划线、按做缝、剁细、扁光、进行料石加工。　　计量单位：m

定　额　编　号				F1-2-19	F1-2-20
项　目　名　称				斜坡加工(坡势)	
				一步做糙	二步做糙
基　　　　价（元）				51.24	76.86
其中	人　工　费（元）			51.24	76.86
	材　料　费（元）			—	—
	机　械　费（元）			—	—
名　　　称		单位	单价(元)	消　　耗　　量	
人 工	综合工日	工日	140.00	0.366	0.549

91

工作内容：选、运石料、翻动石料、打荒、划线、按做缝、剁细、扁光、进行料石加工。　　　　计量单位：m

定　额　编　号				F1-2-21	F1-2-22	F1-2-23
项　目　名　称				斜坡加工(坡势)		
				一遍剁斧	二遍剁斧	三遍剁斧
基　　　　价（元）				85.68	107.10	128.38
其中	人　工　费（元）			85.68	107.10	128.38
	材　料　费（元）			—	—	—
	机　械　费（元）			—	—	—
名　　　称		单位	单价(元)	消　　　耗　　　量		
人 工	综合工日	工日	140.00	0.612	0.765	0.917

工作内容：选、运石料、翻动石料、打荒、划线、按做缝、剁细、扁光、进行料石加工。　　　计量单位：m

定　额　编　号			F1-2-24	F1-2-25	F1-2-26
项　目　名　称			线脚加工		
			直折线形		
			一道线	二道线	三道线
基　　　　价（元）			222.04	477.40	732.76
其中		人　工　费（元）	222.04	477.40	732.76
		材　料　费（元）	—	—	—
		机　械　费（元）	—	—	—
名　　　称	单位	单价（元）	消　　耗　　量		
人					
工	综合工日	工日	140.00	1.586	3.410	5.234

93

工作内容：选、运石料、翻动石料、打荒、划线、按做缝、剁细、扁光、进行料石加工。　　计量单位：m

定　额　编　号		F1-2-27
		线脚加工
项　目　名　称		直折线形
		每增加一道
基　　　　价（元）		254.38
其中	人　工　费（元）	254.38
	材　料　费（元）	—
	机　械　费（元）	—
名　　　　称	单位	单价(元)	消　　耗　　量
人　工	综合工日	工日	140.00	1.817

工作内容：选、运石料、翻动石料、打荒、划线、按做缝、剁细、扁光、进行料石加工。　　计量单位：m

定　额　编　号				F1-2-28	F1-2-29	F1-2-30
项　目　名　称				线脚加工		
				曲弧线形		
				一道线	二道线	三道线
基　　　　价（元）				244.30	525.28	805.98
其中	人　工　费（元）			244.30	525.28	805.98
	材　料　费（元）			—	—	—
	机　械　费（元）			—	—	—
名　　称		单位	单价（元）	消　　　耗　　　量		
人工	综合工日	工日	140.00	1.745	3.752	5.757

工作内容：选、运石料、翻动石料、打荒、划线、按做缝、剁细、扁光、进行料石加工。　计量单位：m

定　额　编　号	F1-2-31
	线脚加工
项　目　名　称	曲弧线形
	每增加一道
基　　　价（元）	280.98

其中	人　工　费（元）	280.98
	材　料　费（元）	—
	机　械　费（元）	—

名　　称	单位	单价(元)	消　　耗　　量
人 工			
综合工日	工日	140.00	2.007

第二节 石浮雕

工作内容：翻样、放样、雕琢、洗练、修补、造型、安装、保护。

计量单位：m²

定 额 编 号				F1-2-32	F1-2-33
项 目 名 称				石浮雕	
				素平(阴线刻)	减地平钑(平浮雕)
基 价 （元）				6180.84	8673.18
其中	人 工 费 （元）			6078.80	8430.80
	材 料 费 （元）			102.04	242.38
	机 械 费 （元）			—	—
名 称		单位	单价(元)	消 耗 量	
人工	综合工日	工日	140.00	43.420	60.220
材料	钢筋(综合)	kg	3.45	1.510	2.090
	焦炭	kg	1.42	2.220	3.030
	料石	m³	450.00	0.202	—
	毛料石	m³	1000.00	—	0.216
	砂轮	片	4.92	0.050	0.080
	水泥砂浆 M5.0	m³	192.88	—	0.052
	乌钢头	kg	6.60	0.230	0.310
	其他材料费占材料费	%	—	1.000	1.000

工作内容：翻样、放样、雕琢、洗练、修补、造型、安装、保护。 计量单位：m²

定 额 编 号				F1-2-34	F1-2-35
项 目 名 称				石浮雕	
				压地隐起(浅浮雕)	剔地起突(高浮雕)
基 价（元）				10623.37	26388.11
其中	人 工 费（元）			10402.00	26017.60
	材 料 费（元）			221.37	370.51
	机 械 费（元）			—	—
名 称		单位	单价(元)	消 耗 量	
人工	综合工日	工日	140.00	74.300	185.840
材料	钢筋(综合)	kg	3.45	2.590	6.460
	焦炭	kg	1.42	3.730	9.400
	料石	m³	450.00	—	0.720
	毛料石	m³	1000.00	0.202	—
	砂轮	片	4.92	0.090	0.230
	乌钢头	kg	6.60	0.380	0.920
	其他材料费占材料费	%	—	1.000	1.000

工作内容：翻样、放样、雕琢、洗练、修补、造型、安装、保护。　　　　　计量单位：个

定　额　编　号				F1-2-36	F1-2-37	F1-2-38
项　目　名　称				字碑镌阴文(凹字)		
				<50cm×50cm	<30cm×30cm	<15cm×15cm
基　　　价（元）				960.04	575.95	211.20
其中	人　工　费（元）			958.44	574.98	210.84
	材　料　费（元）			1.60	0.97	0.36
	机　械　费（元）			—	—	—
名　　称		单位	单价（元）	消　　耗　　量		
人工	综合工日	工日	140.00	6.846	4.107	1.506
材料	钢筋(综合)	kg	3.45	0.238	0.143	0.052
	焦炭	kg	1.42	0.343	0.212	0.081
	砂轮	片	4.92	0.009	0.005	0.002
	乌钢头	kg	6.60	0.035	0.021	0.008
	其他材料费占材料费	%	—	1.000	1.000	1.000

工作内容：翻样、放样、雕琢、洗练、修补、造型、安装、保护。 计量单位：个

定 额 编 号				F1-2-39	F1-2-40
项 目 名 称				字碑镌阴文(凹字)	
				＜10cm×10cm	＜5cm×5cm
基 价 （元）				89.18	22.44
其中	人 工 费 （元）			89.04	22.40
	材 料 费 （元）			0.14	0.04
	机 械 费 （元）			—	—
名 称		单位	单价(元)	消 耗 量	
人工	综合工日	工日	140.00	0.636	0.160
材 料	钢筋(综合)	kg	3.45	0.022	0.006
	焦炭	kg	1.42	0.030	0.010
	砂轮	片	4.92	0.001	0.0002
	乌钢头	kg	6.60	0.003	0.001
	其他材料费占材料费	%	—	1.000	1.000

工作内容：翻样、放样、雕琢、洗练、修补、造型、安装、保护。 计量单位：个

定 额 编 号					F1-2-41	F1-2-42
项 目 名 称					字碑镌阳文(凸字)	
					＜50cm×50cm	＜30cm×30cm
基 价（元）					1343.66	806.32
其中	人 工 费（元）				1342.04	805.00
	材 料 费（元）				1.62	1.32
	机 械 费（元）				—	—
名 称		单位	单价（元）	消 耗 量		
人工	综合工日	工日	140.00	9.586		5.750
材料	钢筋(综合)	kg	3.45	0.334		0.198
	焦炭	kg	1.42	0.049		0.283
	砂轮	片	4.92	0.012		0.007
	乌钢头	kg	6.60	0.049		0.029
	其他材料费占材料费	%	—	1.000		1.000

工作内容：翻样、放样、雕琢、洗练、修补、造型、安装、保护。　　　　　　　　　计量单位：个

定　额　编　号				F1-2-43	F1-2-44
项　目　名　称				字碑镌阳文(凸字)	
				＜15cm×15cm	＜10cm×10cm
基　　　　　价（元）				295.62	124.80
其中		人　工　费（元）		295.12	124.60
		材　料　费（元）		0.50	0.20
		机　械　费（元）		—	—
名　　　称		单位	单价（元）	消　　耗　　量	
人工	综合工日	工日	140.00	2.108	0.890
材料	钢筋(综合)	kg	3.45	0.073	0.031
	焦炭	kg	1.42	0.110	0.040
	砂轮	片	4.92	0.003	0.001
	乌钢头	kg	6.60	0.011	0.004
	其他材料费占材料费	%	—	1.000	1.000

第三节 踏步、阶沿石、侧塘石、锁口石、地坪

工作内容：选料、开料、加工、移位、调运、铺砂浆、安装、校正、缝口、固定。　　　　计量单位：m²

定　额　编　号				F1-2-45	F1-2-46	F1-2-47
项　目　名　称				踏步阶沿石制作		
				二遍剁斧（宽40cm）		
				长＜2m厚15cm	长＜2m厚18cm	长＜3m厚15cm
基　　　　　价（元）				1784.84	1860.21	1730.44
其中	人　工　费（元）			1688.96	1748.46	1634.64
	材　料　费（元）			95.88	111.75	95.80
	机　械　费（元）			—	—	—
名　　称		单位	单价（元）	消　　耗		量
人工	综合工日	工日	140.00	12.064	12.489	11.676
材料	钢筋(综合)	kg	3.45	0.360	0.373	0.348
	焦炭	kg	1.42	0.609	0.631	0.589
	料石	m³	450.00	0.207	0.242	0.207
	砂轮	片	4.92	0.015	0.016	0.015
	乌钢头	kg	6.60	0.054	0.055	0.052
	其他材料费占材料费	%	—	0.200	0.200	0.200

工作内容：选料、开料、加工、移位、调运、铺砂浆、安装、校正、缝口、固定。　　　　计量单位：m²

定　额　编　号				F1-2-48	F1-2-49	F1-2-50
项　目　名　称				踏步阶沿石制作		
				二遍剁斧（宽40cm）		
				长＜3m厚18cm	长＜4m厚15cm	长＜4m厚18cm
基　　　　　价（元）				1806.92	1830.40	1904.94
其中	人　工　费（元）			1695.26	1734.46	1793.12
	材　料　费（元）			111.66	95.94	111.82
	机　械　费（元）			—	—	—
名　　　　称		单位	单价（元）	消	耗	量
人工	综合工日	工日	140.00	12.109	12.389	12.808
材料	钢筋（综合）	kg	3.45	0.363	0.369	0.385
	焦炭	kg	1.42	0.613	0.625	0.646
	料石	m³	450.00	0.242	0.207	0.242
	砂轮	片	4.92	0.015	0.015	0.016
	乌钢头	kg	6.60	0.052	0.055	0.057
	其他材料费占材料费	%	—	0.200	0.200	0.200

工作内容：选料、开料、加工、移位、调运、铺砂浆、安装、校正、缝口、固定。　　　　　　计量单位：m²

定　额　编　号			F1-2-51	F1-2-52
项　目　名　称			侧塘石(宽30cm)	
			二步做糙	
			厚13cm	厚16cm
基　　　价（元）			1428.34	1577.05
其中	人　工　费（元）		1345.40	1477.56
	材　料　费（元）		82.94	99.49
	机　械　费（元）		—	—
名　　　称	单位	单价(元)	消　　耗　　量	
人工	综合工日	工日	140.00	9.610	10.554
材料	钢筋(综合)	kg	3.45	0.286	0.314
	焦炭	kg	1.42	0.486	0.526
	料石	m³	450.00	0.178	0.214
	砂轮	片	4.92	0.012	0.013
	乌钢头	kg	6.60	0.043	0.047
	其他材料费占材料费	%	—	1.000	1.000

工作内容：选料、开料、加工、移位、调运、铺砂浆、安装、校正、缝口、固定。　　　　　计量单位：m²

定　额　编　号				F1-2-53	F1-2-54
项　目　名　称				锁口石(宽30cm)	
				二步做糙	
				厚13cm	厚16cm
基　　　　价（元）				1352.72	1506.73
其中	人　工　费（元）			1268.96	1406.44
	材　料　费（元）			83.76	100.29
	机　械　费（元）			—	—
名　　称		单位	单价（元）	消　耗　　量	
人工	综合工日	工日	140.00	9.064	10.046
材　　料	钢筋(综合)	kg	3.45	0.209	0.237
	焦炭	kg	1.42	0.354	0.394
	料石	m³	450.00	0.181	0.217
	砂轮	片	4.92	0.009	0.010
	乌钢头	kg	6.60	0.032	0.034
	其他材料费占材料费	%	—	1.000	1.000

工作内容：选料、开料、加工、移位、调运、铺砂浆、安装、校正、缝口、固定。　　　　计量单位：m²

定　额　编　号				F1-2-55	
项　目　名　称				菱角石制作	
				二遍剁斧	
				顶面宽＜30cm	
基　　　价（元）				1182.30	
其中	人　工　费（元）			1104.18	
	材　料　费（元）			78.12	
	机　械　费（元）			—	
	名　　称	单位	单价（元）	消　　耗　　量	
人工	综合工日	工日	140.00	7.887	
材料	钢筋(综合)	kg	3.45	0.258	
	焦炭	kg	1.42	0.404	
	料石	m³	450.00	0.168	
	砂轮	片	4.92	0.010	
	乌钢头	kg	6.60	0.035	
	其他材料费占材料费	%	—	1.000	

107

工作内容：选料、开料、加工、移位、调运、铺砂浆、安装、校正、缝口、固定。　　　　　　　　计量单位：m²

定　额　编　号				F1-2-56	F1-2-57
项　目　名　称				地坪石制作	
				二步做糙	
				厚16cm，＜3块/m²	厚16cm，＜5块/m²
基　　　　　价（元）				1082.79	1262.64
其中	人　工　费（元）			1002.96	1180.34
	材　料　费（元）			79.83	82.30
	机　械　费（元）			—	—
名　　　称		单位	单价（元）	消　　耗　　量	
人工	综合工日	工日	140.00	7.164	8.431
材料	钢筋(综合)	kg	3.45	0.253	0.280
	焦炭	kg	1.42	0.364	0.404
	料石	m³	450.00	0.172	0.177
	砂轮	片	4.92	0.010	0.011
	乌钢头	kg	6.60	0.031	0.037
	其他材料费占材料费	%	—	1.000	1.000

工作内容：选料、开料、加工、移位、调运、铺砂浆、安装、校正、缝口、固定。　　　　计量单位：m²

定　额　编　号	F1-2-58
项　目　名　称	地坪石制作
	二步做糙
	厚16cm，＜13块/m²
基　　　价（元）	1722.07

其中	人　工　费（元）	1632.68
	材　料　费（元）	89.39
	机　械　费（元）	—

	名　　　称	单位	单价(元)	消　　耗　　量
人工	综合工日	工日	140.00	11.662
材料	钢筋(综合)	kg	3.45	0.379
	焦炭	kg	1.42	0.586
	料石	m³	450.00	0.191
	砂轮	片	4.92	0.015
	乌钢头	kg	6.60	0.052
	其他材料费占材料费	%	—	1.000

工作内容：选料、开料、加工、移位、调运、铺砂浆、安装、校正、缝口、固定。 计量单位：m²

定　额　编　号				F1-2-59	
项　目　名　称				麻菇石制作	
				一步做糙	
基　　　价（元）				787.60	
其中	人　工　费（元）			728.28	
	材　料　费（元）			59.32	
	机　械　费（元）			—	
名　　　称		单位	单价（元）	消　　耗　　量	
人工	综合工日	工日	140.00	5.202	
材料	钢筋(综合)	kg	3.45	0.155	
	焦炭	kg	1.42	0.263	
	料石	m³	450.00	0.128	
	砂轮	片	4.92	0.007	
	乌钢头	kg	6.60	0.029	
	其他材料费占材料费	%	—	1.000	

110

工作内容：选料、开料、加工、移位、调运、铺砂浆、安装、校正、缝口、固定。　　　　　　计量单位：m²

定　额　编　号	F1-2-60
项　目　名　称	阶沿石、踏步石
	安装
基　　　价（元）	260.86

其中	人　工　费（元）	256.62
	材　料　费（元）	4.24
	机　械　费（元）	—

	名　　　称	单位	单价（元）	消　　耗　　量
人工	综合工日	工日	140.00	1.833
材料	水泥砂浆 M5.0	m³	192.88	0.020
	其他材料费占材料费	%	—	10.000

工作内容：选料、开料、加工、移位、调运、铺砂浆、安装、校正、缝口、固定。　　　　　计量单位：m²

定　额　编　号					F1-2-61	F1-2-62
项　目　名　称					侧塘石	锁口石
					安装	
基　　　价（元）					166.64	208.55
其中	人　工　费（元）				162.40	207.06
	材　料　费（元）				4.24	1.49
	机　械　费（元）				—	—
名　　称		单位	单价（元）	消　　耗		量
人工	综合工日	工日	140.00	1.160		1.479
材料	水泥砂浆 M5.0	m³	192.88	0.020		0.007
	其他材料费占材料费	%	—	10.000		10.000

工作内容：选料、开料、加工、移位、调运、铺砂浆、安装、校正、缝口、固定。　　　计量单位：m²

定　额　编　号				F1-2-63	F1-2-64
项　目　名　称				菱角石	地坪石
				安装	
基　　　价（元）				203.14	209.81
其中	人　工　费（元）			203.14	194.88
	材　料　费（元）			—	14.93
	机　械　费（元）			—	—
名　　称	单位	单价（元）		消　耗　　量	
人工	综合工日	工日	140.00	1.451	1.392
材料	片石	t	65.00	—	0.004
	中(粗)砂	t	87.00	—	0.153
	其他材料费占材料费	%	—	10.000	10.000

第四节 柱、梁、枋

工作内容：选料、翻动、石料加工、调运、铺砂浆、就位、安装、校正、固定。　　　　　　　计量单位：m³

定 额 编 号			F1-2-65	F1-2-66	F1-2-67
项 目 名 称			石圆柱φ＜250	石圆柱φ＜350	石圆柱φ＜450
			二步做糙		
基 价（元）			11993.54	8754.75	6942.92
其中	人 工 费（元）		11187.40	7991.76	6216.00
	材 料 费（元）		806.14	762.99	726.92
	机 械 费（元）		—	—	—
名 称	单位	单价（元）	消	耗	量
人工	综合工日	工日	140.00	79.910	57.084	44.400

名 称	单位	单价（元）			
材料	钢筋(综合)	kg	3.45	2.550	2.020	2.020
	焦炭	kg	1.42	3.730	3.540	3.540
	料石	m³	450.00	1.750	1.660	1.580
	砂轮	片	4.92	0.100	0.100	0.100
	乌钢头	kg	6.60	0.370	0.300	0.300
	其他材料费占材料费	%	—	0.200	0.200	0.200

工作内容：选料、翻动、石料加工、调运、铺砂浆、就位、安装、校正、固定。　　　　　　　　　计量单位：m³

定　额　编　号				F1-2-68	F1-2-69
项　目　名　称				石圆柱φ＜550	石圆柱φ＜600
				二步做糙	
基　　　　　价（元）				6800.22	5354.53
其中	人　工　费（元）			6100.36	4663.68
	材　料　费（元）			699.86	690.85
	机　械　费（元）			—	—
名　　　称		单位	单价（元）	消　　耗　　量	
人工	综合工日	工日	140.00	43.574	33.312
材料	钢筋(综合)	kg	3.45	2.020	2.020
	焦炭	kg	1.42	3.540	3.540
	料石	m³	450.00	1.520	1.500
	砂轮	片	4.92	0.100	0.100
	乌钢头	kg	6.60	0.300	0.300
	其他材料费占材料费	%	—	0.200	0.200

工作内容：选料、翻动、石料加工、调运、铺砂浆、就位、安装、校正、固定。　　　　　计量单位：m³

定　额　编　号				F1-2-70	F1-2-71
项　目　名　称				石柱制作	
				二步做糙	
				断面＜25cm×25cm	断面＜30cm×30cm
基　　　价（元）				13555.81	10827.51
其中	人　工　费（元）			12884.48	10233.44
	材　料　费（元）			671.33	594.07
	机　械　费（元）			—	—
	名　　称	单位	单价（元）	消　　耗　　量	
人工	综合工日	工日	140.00	92.032	73.096
材料	钢筋(综合)	kg	3.45	3.370	2.550
	焦炭	kg	1.42	4.650	3.630
	料石	m³	450.00	1.440	1.280
	砂轮	片	4.92	0.120	0.100
	乌钢头	kg	6.60	0.480	0.370
	其他材料费占材料费	%	—	0.200	0.200

工作内容：选料、翻动、石料加工、调运、铺砂浆、就位、安装、校正、固定。 计量单位：m³

定 额 编 号				F1-2-72	F1-2-73
项 目 名 称				石柱制作	
				二步做糙	
				断面＜35cm×35cm	断面＜40cm×40cm
基 价 （元）				8801.36	7424.66
其中	人 工 费 （元）			8224.16	6863.36
	材 料 费 （元）			577.20	561.30
	机 械 费 （元）			—	—
名 称		单位	单价（元）	消 耗	量
人工	综合工日	工日	140.00	58.744	49.024
材料	钢筋(综合)	kg	3.45	2.020	1.680
	焦炭	kg	1.42	2.930	2.420
	料石	m³	450.00	1.250	1.220
	砂轮	片	4.92	0.090	0.060
	乌钢头	kg	6.60	0.300	0.250
	其他材料费占材料费	%	—	0.200	0.200

工作内容：选料、翻动、石料加工、调运、铺砂浆、就位、安装、校正、固定。 计量单位：m³

定 额 编 号				F1-2-74	F1-2-75
项 目 名 称				石柱制作	
				二步做糙	
				断面＜45cm×45cm	断面＜50cm×50cm
基 价（元）				6581.56	6454.06
其中	人 工 费（元）			6028.96	5908.00
	材 料 费（元）			552.60	546.06
	机 械 费（元）			—	—
名 称		单位	单价（元）	消 耗 量	
人工	综合工日	工日	140.00	43.064	42.200
材料	钢筋(综合)	kg	3.45	1.720	1.440
	焦炭	kg	1.42	2.440	2.020
	料石	m³	450.00	1.200	1.190
	砂轮	片	4.92	0.050	0.050
	乌钢头	kg	6.60	0.280	0.210
	其他材料费占材料费	%	—	0.200	0.200

118

工作内容：选料、翻动、石料加工、调运、铺砂浆、就位、安装、校正、固定。　　　　　　　　　　计量单位：m³

定　额　编　号				F1-2-76	F1-2-77
项　目　名　称				石柱制作	
				二步做糙	
				断面＜55cm×55cm	断面＜60cm×60cm
基　　　价（元）				6114.17	5530.13
其中	人　工　费（元）			5577.60	5003.04
	材　料　费（元）			536.57	527.09
	机　械　费（元）			—	—
名　　　称		单位	单价（元）	消　　耗　　量	
人工	综合工日	工日	140.00	39.840	35.736
材料	焦炭	kg	1.42	2.020	1.820
	料石	m³	450.00	1.180	1.160
	砂轮	片	4.92	0.050	0.040
	乌钢头	kg	6.60	0.210	0.190
	其他材料费占材料费	%	—	0.200	0.200

工作内容：选料、翻动、石料加工、调运、铺砂浆、就位、安装、校正、固定。　　　　　计量单位：m³

定　额　编　号				F1-2-78	F1-2-79
项　目　名　称				梁枋制作	
				二步做糙矩形	二步做糙鼓形
				长＜4m 断面625～1500cm²	长＜4m 断面750～1750cm²
基　　　　　　价（元）				9615.10	11445.84
其中	人　工　费（元）			9022.72	10709.44
	材　料　费（元）			592.38	736.40
	机　械　费（元）			—	—
名　　　称	单位	单价（元）	消　　耗　　量		
人工	综合工日	工日	140.00	64.448	76.496
材料	钢筋(综合)	kg	3.45	—	2.860
	焦炭	kg	1.42	3.230	4.340
	料石	m³	450.00	1.290	1.590
	砂轮	片	4.92	0.800	0.100
	乌钢头	kg	6.60	0.330	0.440
	其他材料费占材料费	%	—	0.200	0.200

120

工作内容：选料、翻动、石料加工、调运、铺砂浆、就位、安装、校正、固定。 计量单位：m³

定 额 编 号					F1-2-80	
项 目 名 称					梁、柱、枋安装	
基 价（元）					1091.35	
其中	人 工 费（元）				763.00	
	材 料 费（元）				23.15	
	机 械 费（元）				305.20	
名 称		单位	单价（元）	消 耗 量		
人工	综合工日	工日	140.00	5.450		
材料	水泥砂浆 M5.0	m³	192.88	0.100		
	其他材料费占材料费	%	—	20.000		
机械	其他机械费占人工费	%	—	40.000		

121

第五节 石门框,二遍剁斧

工作内容:选料、开料、加工成型、调运、铺砂浆、就位、安装、校正、固定。　　　　　　计量单位:m³

定　额　编　号			F1-2-81	F1-2-82
项　目　名　称			石门框	
			二遍剁斧矩形	
			净宽1.5m	净宽3m
			断面<1260cm²	断面<1560cm²
基　　　价（元）			15668.94	13757.80
其中	人　工　费（元）		15135.68	13134.24
	材　料　费（元）		533.26	623.56
	机　械　费（元）		—	—
名　　　称	单位	单价（元）	消　　耗　　量	
人工	综合工日	工日	140.00	108.112	93.816
材料	钢筋(综合)	kg	3.45	3.620	3.160
	焦炭	kg	1.42	5.450	4.750
	料石	m³	450.00	1.112	1.335
	砂轮	片	4.92	1.600	0.140
	乌钢头	kg	6.60	0.560	0.490
	其他材料费占材料费	%	—	0.200	0.200

工作内容：选料、开料、加工成型、调运、铺砂浆、就位、安装、校正、固定。　　　　　　　　计量单位：m³

定　额　编　号				F1-2-83	
项　目　名　称				石门框	
				二遍剁斧圆形	
				净孔直径2.2m	
				断面＜700cm²	
基　　　　　价（元）				21147.72	
其中	人　工　费（元）			20158.88	
	材　料　费（元）			988.84	
	机　械　费（元）			—	
名　　称		单位	单价（元）	消　　耗　　量	
人工	综合工日	工日	140.00	143.992	
材料	钢筋(综合)	kg	3.45	4.820	
	焦炭	kg	1.42	7.270	
	料石	m³	450.00	2.120	
	砂轮	片	4.92	0.210	
	乌钢头	kg	6.60	0.740	
	其他材料费占材料费	%	—	0.200	

工作内容：选料、开料、加工成型、调运、铺砂浆、就位、安装、校正、固定。　　　　　　计量单位：m³

定　额　编　号				F1-2-84	F1-2-85
项　目　名　称				石窗框	
				二遍剁斧矩形	二遍剁斧曲弧形
				周长＜5m，断面＜405cm²	
基　　价（元）				10930.61	13621.00
其中	人　工　费（元）			10093.44	12707.52
	材　料　费（元）			837.17	913.48
	机　械　费（元）			—	—
名　　称		单位	单价（元）	消　耗	量
人工	综合工日	工日	140.00	72.096	90.768
材料	钢筋(综合)	kg	3.45	2.420	3.030
	焦炭	kg	1.42	3.640	4.550
	料石	m³	450.00	1.820	1.980
	砂轮	片	4.92	0.110	0.130
	乌钢头	kg	6.60	0.370	0.470
	其他材料费占材料费	%	—	0.200	0.200

工作内容：选料、开料、加工成型、调运、铺砂浆、就位、安装、校正、固定。　　　　　　　　　　　计量单位：m³

定　额　编　号				F1-2-86	F1-2-87
项　目　名　称				石门框	石窗框
				安装	
基　　　价（元）				1797.29	1313.09
其中	人　工　费（元）			1282.40	932.40
	材　料　费（元）			1.93	7.73
	机　械　费（元）			512.96	372.96
名　　称		单位	单价（元）	消　耗　　量	
人工	综合工日	工日	140.00	9.160	6.660
材料	水泥砂浆 M5.0	m³	192.88	0.010	0.040
	其他材料费占材料费	%	—	0.200	0.200
机械	其他机械费占人工费	%	—	40.000	40.000

第六节 须弥座、花坛石、栏杆、石磴

工作内容：选料、放料样、开料、加工成型、调运、铺砂浆、就位安装、校正、固定。　　　　计量单位：m

定　额　编　号				F1-2-88	
项　目　名　称				须弥座制作	
				二遍剁斧构件	
				长＜1.25m，断面＜490cm²	
基　　价（元）				905.36	
其中	人　工　费（元）			866.04	
	材　料　费（元）			39.32	
	机　械　费（元）			—	
名　称		单位	单价(元)	消　耗　量	
人工	综合工日	工日	140.00	6.186	
材料	钢筋(综合)	kg	3.45	0.215	
	焦炭	kg	1.42	0.313	
	料石	m³	450.00	0.084	
	砂轮	片	4.92	0.008	
	乌钢头	kg	6.60	0.033	
	其他材料费占材料费	%	—	0.200	

工作内容：选料、放料样、开料、加工成型、调运、铺砂浆、就位安装、校正、固定。　　计量单位：m

定　额　编　号	F1-2-89
项　目　名　称	须弥座制作
	二遍剁斧构件
	长＜1.25m，断面＜437cm²
基　　　价（元）	576.72

其中	人　工　费（元）	551.88
	材　料　费（元）	24.84
	机　械　费（元）	—

	名　　　称	单位	单价（元）	消　　　耗　　　量
人工	综合工日	工日	140.00	3.942
材料	钢筋(综合)	kg	3.45	0.137
	焦炭	kg	1.42	0.201
	料石	m³	450.00	0.053
	砂轮	片	4.92	0.009
	乌钢头	kg	6.60	0.021
	其他材料费占材料费	%	—	0.200

127

工作内容：选料、放料样、开料、加工成型、调运、铺砂浆、就位安装、校正、固定。　　计量单位：m

定　额　编　号				F1-2-90	
项　目　名　称				须弥座制作	
				二遍剁斧构件	
				长＜1.25m，断面＜315cm²	
基　　　　价（元）				884.37	
其中	人　工　费（元）			861.70	
	材　料　费（元）			22.67	
	机　械　费（元）			—	
	名　　　称	单位	单价（元）	消　　耗　　量	
人工	综合工日	工日	140.00	6.155	
材　　料	钢筋(综合)	kg	3.45	0.218	
	焦炭	kg	1.42	0.323	
	料石	m³	450.00	0.047	
	砂轮	片	4.92	0.009	
	乌钢头	kg	6.60	0.034	
	其他材料费占材料费	%	—	0.200	

工作内容：选料、放料样、开料、加工成型、调运、铺砂浆、就位安装、校正、固定。　　　　计量单位：m

定　额　编　号				F1-2-91
项　目　名　称				须弥座制作
				二遍剁斧构件
				长＜1.25m，断面＜190cm²
基　　　　　价（元）				**865.78**
其中	人　工　费（元）			850.36
	材　料　费（元）			15.42
	机　械　费（元）			—
名　　　称	单位	单价（元）	消　　耗　　　量	
人工	综合工日	工日	140.00	6.074	
材料	钢筋(综合)	kg	3.45	0.213	
	焦炭	kg	1.42	0.313	
	料石	m³	450.00	0.031	
	砂轮	片	4.92	0.008	
	乌钢头	kg	6.60	0.033	
	其他材料费占材料费	%	—	0.200	

工作内容：选料、放料样、开料、加工成型、调运、铺砂浆、就位安装、校正、固定。　　计量单位：m

定　额　编　号				F1-2-92	
项　目　名　称				须弥座安装	
基　　　价（元）				176.34	
其中	人　工　费（元）			174.72	
	材　料　费（元）			1.62	
	机　械　费（元）			—	
	名　　　称	单位	单价（元）	消　耗　　　量	
人工	综合工日	工日	140.00	1.248	
材料	水泥砂浆 M5.0	m³	192.88	0.007	
	其他材料费占材料费	%	—	20.000	

工作内容：选料、放料样、开料、加工成型、调运、铺砂浆、就位安装、校正、固定。　　计量单位：m³

定　额　编　号			F1-2-93	F1-2-94
项　目　名　称			花坛石制作	
			二步做糙直折形	二步做糙曲弧形
			高＜1.25m，断面＜450cm²	
基　　　　　价（元）			5497.17	5185.64
其中	人　工　费（元）		5199.04	4839.52
	材　料　费（元）		298.13	346.12
	机　械　费（元）		—	—
名　　称	单位	单价(元)	消　　耗　　　量	
人工	综合工日	工日	140.00	37.136	34.568
材料	钢筋(综合)	kg	3.45	1.320	1.190
	焦炭	kg	1.42	1.820	1.720
	料石	m³	450.00	0.642	0.750
	砂轮	片	4.92	0.050	0.040
	乌钢头	kg	6.60	0.190	0.180
	其他材料费占材料费	%	—	0.200	0.200

工作内容：选料、放料样、开料、加工成型、调运、铺砂浆、就位安装、校正、固定。　　　计量单位：m³

定　额　编　号			F1-2-95	
项　目　名　称			花坛石安装	
基　　　　　价（元）			918.09	
其中	人　工　费（元）		898.80	
	材　料　费（元）		19.29	
	机　械　费（元）		一	
名　　　称	单位	单价（元）	消　　耗　　量	
人工 综合工日	工日	140.00	6.420	
材料 水泥砂浆 M5.0	m³	192.88	0.100	

工作内容：选料、放料样、开料、加工成型、调运、铺砂浆、就位安装、校正、固定。　　计量单位：m³

定　额　编　号				F1-2-96	F1-2-97
项　目　名　称				石柱制作	
				二步做糙平头式	二遍剁斧平头式
				高＜1.1m，断面＜625cm²	
基　　　　　　价（元）				20428.71	27526.72
其中	人　工　费（元）			19754.56	26840.80
	材　料　费（元）			674.15	685.92
	机　械　费（元）			—	—
名　　　称		单位	单价（元）	消　　耗　　量	
人工	综合工日	工日	140.00	141.104	191.720
材料	钢筋(综合)	kg	3.45	4.910	6.670
	焦炭	kg	1.42	7.120	9.700
	料石	m³	450.00	1.422	1.422
	砂轮	片	4.92	0.210	0.270
	乌钢头	kg	6.60	0.730	0.990
	其他材料费占材料费	%	—	0.200	0.200

工作内容：选料、放料样、开料、加工成型、调运、铺砂浆、就位安装、校正、固定。　　　计量单位：m³

定　额　编　号				F1-2-98	F1-2-99
项　目　名　称				石柱制作	
				二步做糙简式	二遍剁斧简式
				高＜1.1m，断面＜625cm²	
基　　　　价（元）				22563.86	30426.84
其中	人　工　费（元）			21871.36	29721.44
	材　料　费（元）			692.50	705.40
	机　械　费（元）			—	—
名　　　称		单位	单价（元）	消　　耗　　量	
人工	综合工日	工日	140.00	156.224	212.296
材料	钢筋(综合)	kg	3.45	5.430	7.380
	焦炭	kg	1.42	7.890	10.710
	料石	m³	450.00	1.455	1.455
	砂轮	片	4.92	0.220	0.280
	乌钢头	kg	6.60	0.810	1.090
	其他材料费占材料费	%	—	0.200	0.200

工作内容：选料、放料样、开料、加工成型、调运、铺砂浆、就位安装、校正、固定。　　计量单位：m³

定　额　编　号			F1-2-100	F1-2-101
项　目　名　称			石柱制作	
			二步做糙繁式	二遍剁斧繁式
			高<1.1m，断面<625cm²	
基　　　　　价（元）			31670.93	42813.55
其中	人　工　费（元）		30965.76	42089.60
	材　料　费（元）		705.17	723.95
	机　械　费（元）		—	—
名　　称	单位	单价(元)	消　　耗　　量	
人工	综合工日	工日	140.00	221.184	300.640
材料	钢筋(综合)	kg	3.45	7.680	10.450
	焦炭	kg	1.42	11.170	15.150
	料石	m³	450.00	1.450	1.450
	砂轮	片	4.92	0.280	0.450
	乌钢头	kg	6.60	1.140	1.550
	其他材料费占材料费	%	—	0.200	0.200

135

工作内容：选料、放料样、开料、加工成型、调运、铺砂浆、就位安装、校正、固定。　　　计量单位：m³

定　额　编　号			F1-2-102	F1-2-103
项　目　名　称			石柱制作	
			二步做糙兽头式	二遍剁斧兽头式
			高＜1.1m，断面＜625cm²	
基　　　　价（元）			49707.80	67338.25
其中	人　工　费（元）		48958.56	66560.48
	材　料　费（元）		749.24	777.77
	机　械　费（元）		—	—
名　　　称	单位	单价（元）	消　　耗　　量	
人工	综合工日	工日	140.00	349.704	475.432
材料	钢筋(综合)	kg	3.45	12.310	16.540
	焦炭	kg	1.42	17.700	24.000
	料石	m³	450.00	1.480	1.480
	砂轮	片	4.92	0.460	0.590
	乌钢头	kg	6.60	1.800	2.450
	其他材料费占材料费	%	—	0.200	0.200

136

工作内容：选料、放料样、开料、加工成型、调运、铺砂浆、就位安装、校正、固定。　　计量单位：m³

定　额　编　号				F1-2-104	F1-2-105
项　目　名　称				石栏板制作	
				二步做糙直形	二遍剁斧直形
				断面＜880cm²	
基　　　价（元）				14782.54	19826.15
其中	人　工　费（元）			14091.84	19126.80
	材　料　费（元）			690.70	699.35
	机　械　费（元）			—	—
名　　称		单位	单价（元）	消　　耗　　量	
人工	综合工日	工日	140.00	100.656	136.620
材料	钢筋(综合)	kg	3.45	3.500	4.750
	焦炭	kg	1.42	5.050	6.970
	料石	m³	450.00	1.480	1.480
	砂轮	片	4.92	0.130	0.200
	乌钢头	kg	6.60	0.520	0.710
	其他材料费占材料费	%	—	0.200	0.200

工作内容：选料、放料样、开料、加工成型、调运、铺砂浆、就位安装、校正、固定。　　计量单位：m³

定　额　编　号				F1-2-106	F1-2-107
项　目　名　称				石栏板制作	
				二步做糙弧形	二遍剁斧弧形
				断面＜880cm²	
基　　　价（元）				16151.20	21608.08
其中	人　工　费（元）			15227.52	20676.32
	材　料　费（元）			923.68	931.76
	机　械　费（元）			—	—
名　　　称		单位	单价（元）	消　　耗　　量	
人工	综合工日	工日	140.00	108.768	147.688
材料	钢筋(综合)	kg	3.45	3.850	5.130
	焦炭	kg	1.42	5.500	7.500
	料石	m³	450.00	1.990	1.990
	砂轮	片	4.92	0.140	0.210
	乌钢头	kg	6.60	0.690	0.760
	其他材料费占材料费	%	—	0.200	0.200

工作内容：选料、放料样、开料、加工成型、调运、铺砂浆、就位安装、校正、固定。　　　计量单位：m³

定　额　编　号				F1-2-108	F1-2-109
项　目　名　称				石栏杆制作	
				二步做糙简式镂空	二遍剁斧简式镂空
				断面＜1280cm²	
基　　　　价（元）				23171.61	36261.25
其中	人　工　费（元）			22516.48	35584.64
	材　料　费（元）			655.13	676.61
	机　械　费（元）			—	—
名　　称		单位	单价（元）	消　　耗　　量	
人工	综合工日	工日	140.00	160.832	254.176
材料	钢筋(综合)	kg	3.45	5.580	8.820
	焦炭	kg	1.42	8.080	12.820
	料石	m³	450.00	1.370	1.370
	砂轮	片	4.92	0.240	0.300
	乌钢头	kg	6.60	0.820	1.310
	其他材料费占材料费	%	—	0.200	0.200

工作内容：选料、放料样、开料、加工成型、调运、铺砂浆、就位安装、校正、固定。　　计量单位：m³

定　额　编　号					F1-2-110	F1-2-111
项　目　名　称					石栏杆制作	
					二步做糙繁式镂空	二遍剁斧繁式镂空
					断面＜1280cm²	
基　　　价（元）					32874.44	44466.82
其中	人　工　费（元）				32204.48	43776.32
	材　料　费（元）				669.96	690.50
	机　械　费（元）				—	—
名　　　称		单位	单价（元）	消　　　耗　　　量		
人工	综合工日	工日	140.00	230.032		312.688
材料	钢筋(综合)	kg	3.45	8.060		10.870
	焦炭	kg	1.42	10.910		15.760
	料石	m³	450.00	1.370		1.370
	砂轮	片	4.92	0.290		0.430
	乌钢头	kg	6.60	1.120		1.610
	其他材料费占材料费	%	—	0.200		0.200

140

工作内容：选料、放料样、开料、加工成型、调运、铺砂浆、就位安装、校正、固定。　　计量单位：m³

定　额　编　号				F1-2-112	F1-2-113
项　目　名　称				条形石凳制作	
				二步做糙平直石凳面	二步做糙曲弧形石凳面
				断面240cm²	断面375cm²
基　　　　价（元）				7150.46	7879.97
其中	人　工　费（元）			6472.20	7043.40
	材　料　费（元）			678.26	836.57
	机　械　费（元）			—	—
名　　称	单位	单价（元）		消　　耗　　量	
人工	综合工日	工日	140.00	46.230	50.310
材料	钢筋(综合)	kg	3.45	1.630	1.680
	焦炭	kg	1.42	2.400	2.530
	料石	m³	450.00	1.480	1.830
	砂轮	片	4.92	0.060	0.060
	乌钢头	kg	6.60	0.240	0.260
	其他材料费占材料费	%	—	0.200	0.200

工作内容：选料、放料样、开料、加工成型、调运、铺砂浆、就位安装、校正、固定。　　计量单位：m³

定　额　编　号			F1-2-114	F1-2-115
项　目　名　称			条形石凳制作	
			二步做糙石凳脚	二遍剁斧平直石凳面
			断面400～625cm²	断面240cm²
基　　　　　　价（元）			27523.05	7984.10
其中	人　工　费（元）		26829.60	7304.64
	材　料　费（元）		693.45	679.46
	机　械　费（元）		—	—
名　　　称	单位	单价（元）	消　　耗　　量	
人工	综合工日	工日	140.00	191.640	52.176
材料	钢筋(综合)	kg	3.45	6.480	1.810
	焦炭	kg	1.42	9.680	2.630
	料石	m³	450.00	1.440	1.480
	砂轮	片	4.92	0.290	0.070
	乌钢头	kg	6.60	0.990	0.270
	其他材料费占材料费	%	—	0.200	0.200

142

工作内容：选料、放料样、开料、加工成型、调运、铺砂浆、就位安装、校正、固定。　　计量单位：m³

定　额　编　号				F1-2-116	F1-2-117
项　目　名　称				条形石凳制作	
				二遍剁斧曲弧形石凳面	二遍剁斧石凳脚
				断面375cm²	断面400～625cm²
基　　　　价（元）				8789.60	31007.96
其中	人　工　费（元）			7952.00	30308.32
	材　料　费（元）			837.60	699.64
	机　械　费（元）			—	—
名　　　称	单位	单价（元）	消　　耗　　量		
人工	综合工日	工日	140.00	56.800	216.488
材料	钢筋(综合)	kg	3.45	1.770	7.530
	焦炭	kg	1.42	2.830	10.950
	料石	m³	450.00	1.830	1.440
	砂轮	片	4.92	0.080	0.270
	乌钢头	kg	6.60	0.290	1.120
	其他材料费占材料费	%	—	0.200	0.200

143

工作内容：选料、放料样、开料、加工成型、调运、铺砂浆、就位安装、校正、固定。　　计量单位：m³

定　额　编　号				F1-2-118	F1-2-119	F1-2-120
项　目　名　称				石柱	石栏板、栏杆	石凳
				安装		
基　　　　　价（元）				1148.87	1043.87	628.07
其中	人　工　费（元）			1141.00	1036.00	620.20
	材　料　费（元）			7.87	7.87	7.87
	机　械　费（元）			—	—	—
名　　称		单位	单价（元）	消　　耗　　量		
人工	综合工日	工日	140.00	8.150	7.400	4.430
材料	水泥砂浆 M5.0	m³	192.88	0.040	0.040	0.040
	其他材料费占材料费	%	—	2.000	2.000	2.000

144

第七节 石狮、石灯笼及其他石作配件

工作内容：选石、放样、划线、加工成型、铺砌就位。　　　　　　　　　　　　计量单位：个

定　额　编　号				F1-2-121	F1-2-122
项　目　名　称				石鼓磴制作安装	
				(二遍剁斧)圆形	
				φ56厚<36cm	φ40厚<26cm
基　　　　　价（元）				1355.16	933.33
其中	人　工　费（元）			1249.36	890.26
	材　料　费（元）			105.80	43.07
	机　械　费（元）			—	—
名　　称		单位	单价（元）	消　　耗　　量	
人工	综合工日	工日	140.00	8.924	6.359
材料	钢筋(综合)	kg	3.45	0.314	0.221
	焦炭	kg	1.42	0.454	0.323
	料石	m³	450.00	0.230	0.092
	砂轮	片	4.92	0.011	0.008
	乌钢头	kg	6.60	0.046	0.033
	其他材料费占材料费	%	—	0.200	0.440

工作内容：选石、放样、划线、加工成型、铺砌就位。　　　　　　　　　　　　　　计量单位：个

定　额　编　号				F1-2-123	F1-2-124
项　目　名　称				石鼓磴制作安装	
				(二遍剁斧)圆形	
				Φ30厚＜20cm	Φ20厚＜13cm
基　　　价（元）				602.40	252.70
其中	人　工　费（元）			581.00	245.42
	材　料　费（元）			21.40	7.28
	机　械　费（元）			—	—
名　　　称		单位	单价（元）	消　　　耗　　　量	
人工	综合工日	工日	140.00	4.150	1.753
材料	钢筋(综合)	kg	3.45	0.145	0.062
	焦炭	kg	1.42	0.212	0.091
	料石	m³	450.00	0.045	0.015
	砂轮	片	4.92	0.005	0.002
	乌钢头	kg	6.60	0.022	0.009
	其他材料费占材料费	%	—	0.850	1.680

146

工作内容：选石、放样、划线、加工成型、铺砌就位。　　　　　　　　　　　　　　　　　　　　计量单位：个

定　额　编　号				F1-2-125	F1-2-126
项　目　名　称				石鼓磴制作安装	
				（二遍剁斧）方形边	
				50cm厚＜29cm	36cm厚＜21cm
基　　　　价（元）				1194.17	710.05
其中		人　工　费（元）		1135.82	684.88
		材　料　费（元）		58.35	25.17
		机　械　费（元）		—	—
	名　　称	单位	单价（元）	消　　　耗　　　量	
人工	综合工日	工日	140.00	8.113	4.892
材料	钢筋(综合)	kg	3.45	0.282	0.138
	焦炭	kg	1.42	0.404	0.019
	料石	m³	450.00	0.125	0.054
	砂轮	片	4.92	0.010	0.006
	乌钢头	kg	6.60	0.041	0.025
	其他材料费占材料费	%	—	0.410	0.700

工作内容：选石、放样、划线、加工成型、铺砌就位。 计量单位：个

定 额 编 号					F1-2-127	F1-2-128
项 目 名 称					石鼓磴制作安装	
					（二遍剁斧）方形边	
					26cm厚＜15cm	20cm厚＜12cm
基 价（元）					434.04	306.59
其中	人 工 费（元）				420.28	300.58
	材 料 费（元）				13.76	6.01
	机 械 费（元）				—	—
	名 称	单位	单价(元)	消	耗	量
人工	综合工日	工日	140.00	3.002		2.147
材料	钢筋(综合)	kg	3.45	0.104		0.075
	焦炭	kg	1.42	0.152		0.101
	料石	m³	450.00	0.029		0.012
	砂轮	片	4.92	0.004		0.003
	乌钢头	kg	6.60	0.016		0.011
	其他材料费占材料费	%	—	0.100		2.000

148

工作内容：选石、放样、划线、加工成型、铺砌就位。 计量单位：个

定 额 编 号					F1-2-129	F1-2-130
项 目 名 称					石鼓磴制作安装	
					(二遍剁斧)覆盆式柱顶石	
					Φ56厚＜27cm	Φ40厚＜22cm
基 价 （元）					3128.78	2032.13
其中	人 工 费（元）				2903.32	1909.74
	材 料 费（元）				225.46	122.39
	机 械 费（元）				—	—
名 称		单位	单价（元）		消 耗 量	
人工	综合工日	工日	140.00		20.738	13.641
材料	钢筋(综合)	kg	3.45		0.749	0.472
	焦炭	kg	1.42		1.090	0.686
	料石	m³	450.00		0.477	0.257
	砂轮	片	4.92		0.026	0.017
	水泥砂浆 M5.0	m³	192.88		0.029	0.018
	乌钢头	kg	6.60		0.111	0.070
	其他材料费占材料费	%	—		0.100	0.100

工作内容：选石、放样、划线、加工成型、铺砌就位。   计量单位：个

定 额 编 号					F1-2-131	F1-2-132
项 目 名 称					石鼓磴制作安装	
					(二遍剁斧)覆盆式柱顶石	
					φ30厚＜20cm	φ20厚＜20cm
基 价（元）					1215.79	965.31
其中	人 工 费（元）				1191.40	952.00
	材 料 费（元）				24.39	13.31
	机 械 费（元）				—	—
	名 称	单位	单价（元）	消	耗	量
人工	综合工日	工日	140.00	8.510		6.800
材料	钢筋(综合)	kg	3.45	0.297		0.237
	焦炭	kg	1.42	0.424		0.343
	料石	m³	450.00	0.045		0.023
	砂轮	片	4.92	0.011		0.010
	水泥砂浆 M5.0	m³	192.88	0.011		0.007
	乌钢头	kg	6.60	0.043		0.035
	其他材料费占材料费	%	—	0.200		0.200

150

工作内容：选石、放样、划线、加工成型、铺砌就位。 计量单位：块

定 额 编 号				F1-2-133	F1-2-134
项 目 名 称				石鼓磴制作安装	
				(二遍剁斧)礫石制安	
				150cm×150cm厚＜30cm	100cm×100cm厚＜20cm
基 价（元）				3711.94	1617.19
其中	人 工 费（元）			3331.86	1492.26
	材 料 费（元）			380.08	124.93
	机 械 费（元）			—	—
名 称		单位	单价（元）	消 耗 量	
人工	综合工日	工日	140.00	23.799	10.659
材料	钢筋(综合)	kg	3.45	0.824	0.370
	焦炭	kg	1.42	1.202	0.540
	料石	m³	450.00	0.811	0.263
	砂轮	片	4.92	0.030	0.013
	水泥砂浆 M5.0	m³	192.88	0.046	0.020
	乌钢头	kg	6.60	0.122	0.055
	其他材料费占材料费	%	—	0.200	0.200

工作内容：选石、放样、划线、加工成型、铺砌就位。 计量单位：块

定 额 编 号					F1-2-135	F1-2-136
项 目 名 称					石鼓磴制作安装	
					(二遍剁斧)磉石制安	
					80cm×80cm厚＜16cm	60cm×60cm厚＜15cm
基 价（元）					1102.72	682.90
其中	人 工 费（元）				1036.70	646.66
	材 料 费（元）				66.02	36.24
	机 械 费（元）				—	—
名 称		单位	单价（元）		消 耗 量	
人工	综合工日	工日	140.00		7.405	4.619
材料	钢筋(综合)	kg	3.45		0.258	0.161
	焦炭	kg	1.42		0.374	0.232
	料石	m³	450.00		0.137	0.075
	砂轮	片	4.92		0.011	0.005
	水泥砂浆 M5.0	m³	192.88		0.013	0.007
	乌钢头	kg	6.60		0.038	0.024
	其他材料费占材料费	%	—		0.200	0.200

152

工作内容：选石、放样、划线、加工成型、铺砌就位。 计量单位：块

定 额 编 号				F1-2-137	F1-2-138
项 目 名 称				抱鼓石制安	坤石制安
				（二遍剁斧）	
				＜0.015m³	＜0.012m³
基 价 （元）				1952.80	1714.63
其中	人 工 费 （元）			1860.74	1631.98
	材 料 费 （元）			92.06	82.65
	机 械 费 （元）			—	—
名 称		单位	单价（元）	消 耗 量	
人工	综合工日	工日	140.00	13.291	11.657
材料	钢筋(综合)	kg	3.45	0.462	0.405
	焦炭	kg	1.42	0.677	0.586
	料石	m³	450.00	0.193	0.173
	砂轮	片	4.92	0.017	0.016
	水泥砂浆 M5.0	m³	192.88	0.010	0.010
	乌钢头	kg	6.60	0.069	0.060
	其他材料费占材料费	%	—	0.200	0.200

153

工作内容：选石、放样、划线、加工成型、铺砌就位。

计量单位：m³

定　额　编　号				F1-2-139	F1-2-140
项　目　名　称				石屋面板制作	
				(二步做糙)弧形	
				每块体积≤0.04m³, f=2	每块体积≤0.08m³, f=2
基　　　　价（元）				14205.44	11866.14
其中	人　工　费（元）			13403.04	11117.12
	材　料　费（元）			802.40	749.02
	机　械　费（元）			—	—
名　　　称		单位	单价（元）	消　　耗　　量	
人工	综合工日	工日	140.00	95.736	79.408
材料	钢筋(综合)	kg	3.45	3.340	2.780
	焦炭	kg	1.42	4.850	4.040
	料石	m³	450.00	1.730	1.620
	砂轮	片	4.92	0.120	0.100
	乌钢头	kg	6.60	0.500	0.410
	其他材料费占材料费	%	—	0.200	0.200

工作内容：选石、放样、划线、加工成型、铺砌就位。 计量单位：m³

定 额 编 号				F1-2-141	F1-2-142
项 目 名 称				石屋面板制作	
				(二步做糙)弧形	
				每块体积≥0.08m³，f=2	每块体积≤0.1m³，f=10
基 价（元）				12895.78	9215.68
其中	人 工 费（元）			12154.24	8349.60
	材 料 费（元）			741.54	866.08
	机 械 费（元）			—	—
名 称		单位	单价（元）	消 耗 量	
人工	综合工日	工日	140.00	86.816	59.640
材料	钢筋(综合)	kg	3.45	3.020	2.060
	焦炭	kg	1.42	4.320	3.030
	料石	m³	450.00	1.600	1.890
	砂轮	片	4.92	0.110	0.080
	乌钢头	kg	6.60	0.450	0.310
	其他材料费占材料费	%	—	0.200	0.200

工作内容：选石、放样、划线、加工成型、铺砌就位。 计量单位：m³

定 额 编 号				F1-2-143	F1-2-144
项 目 名 称				石狮雕刻高＜2m	石灯笼高＜0.8m
基 价（元）				60264.52	65625.95
其中	人 工 费（元）			59496.64	63677.60
	材 料 费（元）			767.88	1948.35
	机 械 费（元）			—	—
名 称		单位	单价（元）	消 耗 量	
人工	综合工日	工日	140.00	424.976	454.840
材料	焦炭	kg	1.42	11.200	25.600
	料石	m³	450.00	1.650	4.200
	砂轮	片	4.92	0.381	0.550
	其他材料费占材料费	%	—	1.000	1.000

工作内容：选石、放样、划线、加工成型、铺砌就位。 计量单位：m³

定　额　编　号				F1-2-145	F1-2-146
项　目　名　称				石屋面板制作	
				(二步做糙)矩形板	(二步做糙)戗角板
				每块体积≤0.15m³，f=0	每块体积≤0.2m³
基　　　　价（元）				10419.49	9760.97
其中	人　工　费（元）			9789.92	8164.80
	材　料　费（元）			629.57	1596.17
	机　械　费（元）			—	—
名　　　称		单位	单价（元）	消　　耗　　量	
人工	综合工日	工日	140.00	69.928	58.320
材料	钢筋(综合)	kg	3.45	2.430	2.030
	焦炭	kg	1.42	3.530	2.930
	料石	m³	450.00	1.360	3.510
	砂轮	片	4.92	0.110	0.070
	乌钢头	kg	6.60	0.360	0.300
	其他材料费占材料费	%	—	0.200	0.200

工作内容：选石、放样、划线、加工成型、铺砌就位。 计量单位：m³

定 额 编 号				F1-2-147		
项 目 名 称				石屋面板安装		
基 价（元）				1164.53		
其中	人 工 费（元）			1145.20		
	材 料 费（元）			19.33		
	机 械 费（元）			—		
名 称		单位	单价（元）	消 耗 量		
人工	综合工日	工日	140.00	8.180		
材料	水泥砂浆 M5.0	m³	192.88	0.100		
	其他材料费占材料费	%	—	0.200		

158

第三章 屋 面 工 程

第三章 农商工牧

说　　明

一、本章定额包括铺望砖、盖瓦、屋脊、围墙瓦顶、排山、勾头、花边、滴水、泛水、斜沟、屋脊头等均以平房檐高 3.6m 以内为准，檐高超过 3.6m 时，其人工乘以系数 1.05，二层楼房人工乘以系数 1.09，三层楼房人工乘以系数 1.13，四层楼房人工乘以系数 1.16，五层楼房人工乘以系数 1.18，宝塔按五层楼房系数执行。

二、屋脊、竖带、博脊砌体内，如设计图纸规定需要钢筋加固者，按《安徽省建筑工程计价定额》中相应定额另行计算。

三、本章定额的屋脊、竖带、博脊等按《营造法源》传统做法考虑，如需要各种泥塑花卉、人物等，工料另行计算。

四、瓦、砖规格标号不同时，砖瓦的数量、砂浆的标号可以换算，其他不变。

五、本章定额琉璃瓦屋面部分按清式《营造法源》传统做法考虑。

六、本章定额灰筒瓦及蝴蝶瓦屋面部分按《营造法源》传统做法考虑。若采用清式《营造则例》者，可采用相关定额。

七、附加说明：

1. 做细望砖人工、材料按砖细相应定额执行。

2. 铺望砖子目中有油毡的，如设计无油毡则扣去。

3. 大殿材料用底瓦作盖瓦，用斜沟瓦作底瓦。

4. 筒瓦屋面以不抹纸筋为准，如设计纸筋粉筒瓦定额另计，走廊、平房筒瓦屋面，按厅堂屋面定额执行。

5. 屋脊头按相应定额执行，屋脊中间做花式者，人工、材料另计。

6. 蝴蝶瓦瓦顶：如果采用花边滴水者，按相应的定额执行。

7. 筒瓦瓦顶：如需抹面，按相应的筒瓦纸筋抹面定额执行。

8. 瓦的规格不同可以换算，其他工料不变。

9. 钢筋混凝土脊及砌砖脊：结构执行建筑工程的相应定额；装饰执行装饰工程的相应定额。

工程量计算规则

一、屋面铺瓦按飞檐头或按封檐口图示尺寸的投影面积乘以屋面坡度延长系数，以"m²"计算。垂檐面积工程量，应分别计算。屋脊、竖带、博脊、戗脊、斜沟、屋脊头等所占的面积不扣除。但琉璃瓦应扣除勾头、滴水所占的面积。

二、铺望砖按屋面飞檐头或封檐口图示尺寸的投影面积乘以屋面坡度系数，扣除榫网椽板勒望板面积，以"m²"计算。飞檐隐蔽部分的望砖，应另行计算工程量，套用相应定额。

三、筒瓦抹面面积，按屋面面积计算。

四、正脊、回脊按图示尺寸扣除屋脊头水平长度以"m"计算。云样屋脊按弧形长度，以"m"计算；竖带、环包脊按屋面坡度，以"延长米"计算。

五、戗脊长度按戗头至榫网椽根部（上部桁或步桁中心）弧形长度，以"条"计算。戗脊根部以上工程量另行计算，分别按竖带、环包脊定额执行。琉璃戗脊按水平长度乘以坡度系数，以"m"计算。

六、围墙瓦顶、檐口勾头、花边、滴水，按图示尺寸，以"m"计算。

七、排山、勾头、泛水、斜沟，按水平长度乘以屋面坡度系数，以"m"计算。

八、各种屋脊头和包脊头、正吻、合角吻、半面吻、翘角、套兽、宝顶，以"只"或"座"计算。

九、围墙水泥仿筒瓦墙顶：按投影面积，以"m²"计算。

第一节 黏土瓦屋面
1. 铺望砖

工作内容：劈望、运输、浇刷披线、铺设。　　　　　　　　　　　　　　　　计量单位：m²

定 额 编 号				F1-3-1	F1-3-2	F1-3-3
项 目 名 称				铺望砖		
				糙望	浇刷披线	做细平望
基 价（元）				37.16	62.24	84.83
其中	人 工 费（元）			17.22	39.76	35.14
	材 料 费（元）			18.22	18.50	46.18
	机 械 费（元）			1.72	3.98	3.51
名 称	单位	单价（元）	消	耗	量
人工	综合工日	工日	140.00	0.123	0.284	0.251
材料	成品做细望砖I 21cm×10.5cm×1.5cm	块	0.85	—	—	50.300
	煤胶	kg	1.06	—	0.150	—
	生石灰	kg	0.32	—	0.375	—
	望砖 21cm×10.5cm×1.5cm	块	0.36	50.100	50.100	—
	油毡	m²	2.70	—	—	1.100
	其他材料费占材料费	%	—	1.000	1.000	1.000
机械	其他机械费占人工费	%	—	10.000	10.000	10.000

工作内容：劈望、运输、浇刷披线、铺设。 计量单位：m²

定 额 编 号					F1-3-4	F1-3-5
项 目 名 称					铺望砖	
					做细船篷轩望	做细双弯轩望
基 价 （元）					86.22	87.91
其中	人 工 费 （元）				36.40	37.94
	材 料 费 （元）				46.18	46.18
	机 械 费 （元）				3.64	3.79
名 称		单位	单价（元）		消 耗 量	
人工	综合工日	工日	140.00		0.260	0.271
材料	成品做细望砖 21cm×10.5cm×1.5cm	块	0.85		50.300	50.300
	油毡	m²	2.70		1.100	1.100
	其他材料费占材料费	%	—		1.000	1.000
机械	其他机械费占人工费	%	—		10.000	10.000

164

2. 盖瓦

工作内容：运瓦、调运砂浆、搭拆软梯脚手架、部分铺低灰、轧楞、铺瓦。　　　　　　　　　　计量单位：m²

定　　额　　编　　号				F1-3-6	F1-3-7	F1-3-8
项　目　名　称				盖蝴蝶瓦屋面		
				走廊平房	厅堂	大殿
基　　　　　价（元）				162.66	199.22	285.15
其中	人　工　费（元）			45.22	60.06	78.82
	材　料　费（元）			112.92	133.15	198.45
	机　械　费（元）			4.52	6.01	7.88
名　　　称		单位	单价（元）	消　　耗　　量		
人工	综合工日	工日	140.00	0.323	0.429	0.563
材料	蝴蝶瓦（底）18cm×20cm	块	0.85	80.300	80.300	133.300
	蝴蝶瓦（盖）16cm×16cm	块	0.45	94.100	134.300	173.290
	煤胶	kg	1.06	0.006	0.006	0.006
	石灰砂浆 1：3	m³	219.00	0.006	0.015	0.025
	纸筋石灰浆	m³	357.23	0.0003	0.0003	0.0003
	其他材料费占材料费	%	—	0.800	0.800	0.800
机械	其他机械费占人工费	%	—	10.000	10.000	10.000

工作内容：运瓦、调运砂浆、搭拆软梯脚手架、部分铺低灰、轧楞、铺瓦。　　　　　　计量单位：m²

定　额　编　号				F1-3-9	F1-3-10
项　目　名　称				盖蝴蝶瓦屋面	
				四方亭	多角亭
基　　　价（元）				206.49	210.04
其中	人　工　费（元）			67.06	67.90
	材　料　费（元）			132.72	135.35
	机　械　费（元）			6.71	6.79
	名　　　称	单位	单价（元）	消　　耗　　　量	
人工	综合工日	工日	140.00	0.479	0.485
材料	蝴蝶瓦(底) 18cm×20cm	块	0.85	80.300	80.300
	蝴蝶瓦(盖) 16cm×16cm	块	0.45	128.500	134.300
	煤胶	kg	1.06	0.006	0.006
	石灰砂浆 1：3	m³	219.00	0.025	0.025
	纸筋石灰浆	m³	357.23	0.0003	0.0003
	其他材料费占材料费	%	—	0.800	0.800
机械	其他机械费占人工费	%	—	10.000	10.000

定 额 编 号				F1-3-11	F1-3-12	F1-3-13
项 目 名 称				盖瓦小青瓦屋面		
				走廊平房	厅堂	大殿
基 价（元）				484.01	659.39	873.77
其中	人 工 费（元）			452.20	600.60	788.20
	材 料 费（元）			31.81	58.79	85.57
	机 械 费（元）			—	—	—
名 称		单位	单价（元）	消	耗	量
人工	综合工日	工日	140.00	3.230	4.290	5.630
材料	煤胶	kg	1.06	0.060	0.060	0.060
	软梯脚手费	元	1.00	1.320	1.320	1.320
	石灰砂浆 1：3	m³	219.00	0.061	0.153	0.245
	小青瓦（底）16cm×16cm	百块	0.85	9.410	13.430	17.330
	小青瓦（盖）16cm×16cm	百块	0.85	9.410	13.430	17.330
	纸筋石灰浆	m³	357.23	0.003	0.003	0.003

定　额　编　号				F1-3-14	F1-3-15
项　目　名　称				盖瓦小青瓦屋面	
				四方亭	多角亭
基　　价（元）				748.56	757.94
其中	人　工　费（元）			670.60	679.00
	材　料　费（元）			77.96	78.94
	机　械　费（元）			—	—
名　　称		单位	单价（元）	消　　耗　　量	
人工	综合工日	工日	140.00	4.790	4.850
材料	煤胶	kg	1.06	0.060	0.060
	软梯脚手费	元	1.00	1.320	1.320
	石灰砂浆 1：3	m³	219.00	0.245	0.245
	小青瓦(底) 16cm×16cm	百块	0.85	12.850	13.430
	小青瓦(盖) 16cm×16cm	百块	0.85	12.850	13.430
	纸筋石灰浆	m³	357.23	0.003	0.003

工作内容：运瓦、调运砂浆、搭拆软梯脚手架、部分铺低灰、轧楞、铺瓦。　　　　　　计量单位：m²

定　额　编　号				F1-3-16	F1-3-17	F1-3-18
项　目　名　称				盖筒瓦屋面		
				四方亭	多角亭	塔顶
基　　　价（元）				280.39	283.85	294.95
其中	人　工　费（元）			167.72	171.08	175.70
	材　料　费（元）			107.64	107.64	113.98
	机　械　费（元）			5.03	5.13	5.27
名　　称		单位	单价（元）	消	耗	量
人工	综合工日	工日	140.00	1.198	1.222	1.255
材料	蝴蝶瓦（底）18cm×20cm	块	0.85	76.100	76.100	76.100
	煤胶	kg	1.06	0.123	0.123	0.143
	石灰砂浆 1∶3	m³	219.00	0.066	0.066	0.078
	松木成材	m³	1435.27	0.003	0.003	0.003
	铁件	kg	4.19	0.142	0.142	0.142
	筒瓦 24cm×12.5cm	块	1.15	19.600	19.600	—
	筒瓦 30.5cm×14.5cm	块	1.70	—	—	15.400
	纸筋石灰浆	m³	357.23	0.0002	0.0002	0.0002
	其他材料费占材料费	%	—	0.800	0.800	0.800
机械	其他机械费占人工费	%	—	3.000	3.000	3.000

工作内容：运瓦、调运砂浆、搭拆软梯脚手架、部分铺低灰、轧楞、铺瓦。 计量单位：m²

定 额 编 号				F1-3-19	F1-3-20	F1-3-21
项 目 名 称				盖筒瓦屋面		
				厅堂	大殿	纸筋粉筒瓦
基 价（元）				289.04	304.31	170.82
其中	人 工 费（元）			168.56	178.64	155.82
	材 料 费（元）			115.42	120.31	10.33
	机 械 费（元）			5.06	5.36	4.67
名 称		单位	单价（元）	消	耗	量
人工	综合工日	工日	140.00	1.204	1.276	1.113
材料	蝴蝶瓦(底) 18cm×20cm	块	0.85	76.100	—	—
	蝴蝶斜沟瓦 25cm×25cm	块	1.30	—	52.500	—
	煤胶	kg	1.06	0.143	0.139	0.244
	石灰砂浆 1:3	m³	219.00	0.078	0.084	—
	松木成材	m³	1435.27	0.004	0.005	—
	铁件	kg	4.19	0.142	0.266	—
	桐油	kg	8.13	—	—	0.130
	筒瓦 30.5cm×14.5cm	块	1.70	15.400	—	—
	筒瓦 32cm×16cm	块	2.00	—	12.100	—
	纸筋石灰浆	m³	357.23	0.0002	0.0002	0.025
	其他材料费占材料费	%	—	0.800	0.800	0.800
机械	其他机械费占人工费	%	—	3.000	3.000	3.000

3. 屋脊

工作内容：运砖瓦、调运砂浆、砌筑、抹面、刷黑水二度。　　　　　　　　　　计量单位：m

定　额　编　号			F1-3-22	F1-3-23
项　目　名　称			蝴蝶瓦脊	
			釉脊	黄瓜环
基　　　　价（元）			86.68	84.76
其中	人　工　费（元）		50.68	35.98
	材　料　费（元）		30.93	45.18
	机　械　费（元）		5.07	3.60
名　　称	单位	单价（元）	消　　　耗　　　量	
人工 综合工日	工日	140.00	0.362	0.257
材料 蝴蝶瓦（盖）16cm×16cm	块	0.45	39.400	13.100
黄瓜环（底）32cm×18cm	块	3.70	—	4.600
黄瓜环（盖）32cm×18cm	块	3.70	—	4.600
煤胶	kg	1.06	0.054	0.053
石灰砂浆 1∶3	m³	219.00	0.020	0.020
望砖 21cm×10.5cm×1.5cm	块	0.36	9.600	—
纸筋石灰浆	m³	357.23	0.014	0.001
其他材料费占材料费	%	—	1.000	1.000
机械 其他机械费占人工费	%	—	10.000	10.000

工作内容：运砖瓦、调运砂浆、砌筑、抹面、刷黑水二度。　　　　　　　　　　　　计量单位：m

定　额　编　号				F1-3-24	F1-3-25
项　目　名　称				蝴蝶瓦脊	
				一瓦条筑脊盖头灰	二瓦条筑脊盖头灰
基　　　　　价（元）				181.39	233.39
其中	人　工　费（元）			114.38	153.30
	材　料　费（元）			55.57	64.76
	机　械　费（元）			11.44	15.33
名　　称		单位	单价（元）	消　　　耗　　　量	
人工	综合工日	工日	140.00	0.817	1.095
材料	蝴蝶瓦（盖）16cm×16cm	块	0.45	83.100	83.100
	机砖 240×115×53	块	0.38	4.600	4.600
	煤胶	kg	1.06	0.117	0.156
	石灰砂浆 1:3	m³	219.00	0.017	0.017
	望砖 21cm×10.5cm×1.5cm	块	0.36	9.600	28.800
	纸筋石灰浆	m³	357.23	0.024	0.030
	其他材料费占材料费	%	—	1.000	1.000
机械	其他机械费占人工费	%	—	10.000	10.000

172

工作内容：运砖瓦、调运砂浆、砌筑、抹面、刷黑水二度、桐油一度。　　　　　　　　　　计量单位：m

定　额　编　号			F1-3-26	F1-3-27
项　目　名　称			滚筒脊	
			二瓦条滚筒筑脊	三瓦条滚筒筑脊
基　　　　价（元）			369.95	436.90
其中	人　工　费（元）		273.00	324.80
	材　料　费（元）		88.76	102.36
	机　械　费（元）		8.19	9.74
名　　　称	单位	单价（元）	消　　耗　　量	
人工 综合工日	工日	140.00	1.950	2.320
材料 蝴蝶瓦（盖）16cm×16cm	块	0.45	83.100	83.100
机砖 240×115×53	块	0.38	13.800	13.800
煤胶	kg	1.06	0.222	0.270
石灰砂浆 1：3	m³	219.00	0.026	0.026
水泥混合砂浆 M5	m³	217.47	0.009	0.013
水泥麻刀灰浆	m³	311.67	0.012	0.012
铁件	kg	4.19	0.670	0.766
桐油	kg	8.13	0.090	0.115
筒瓦 15cm×12cm	块	0.75	13.900	13.900
望砖 21cm×10.5cm×1.5cm	块	0.36	28.800	57.000
纸筋石灰浆	m³	357.23	0.026	0.031
其他材料费占材料费	%	—	1.000	1.000
机械 其他机械费占人工费	%	—	3.000	3.000

工作内容：运砖瓦、调运砂浆、砌筑、抹面、刷黑水二度、桐油一度。　　　　　　　　　　　　　计量单位：m

定　额　编　号				F1-3-28	F1-3-29
项　目　名　称				筒瓦脊	
				四瓦条暗亮花筒	五瓦条暗亮花筒
				高80cm	高120cm
基　　　　价（元）				720.12	948.48
其中	人　工　费（元）			593.88	803.18
	材　料　费（元）			108.42	121.20
	机　械　费（元）			17.82	24.10
名　称		单位	单价（元）	消　　耗　　量	
人工	综合工日	工日	140.00	4.242	5.737
材料	蝴蝶瓦（盖）16cm×16cm	块	0.45	13.100	13.100
	机砖 240×115×53	块	0.38	15.900	40.000
	煤胶	kg	1.06	0.342	0.502
	石灰砂浆 1：3	m³	219.00	0.026	—
	水泥混合砂浆 M5	m³	217.47	0.014	0.021
	水泥麻刀灰浆	m³	311.67	0.024	0.024
	铁件	kg	4.19	1.497	2.619
	桐油	kg	8.13	0.134	0.148
	筒瓦 13cm×12cm	块	0.75	31.500	33.200
	筒瓦 28cm×14cm	块	1.30	11.400	11.400
	望砖 21cm×10.5cm×1.5cm	块	0.36	57.000	48.000
	纸筋石灰浆	m³	357.23	0.035	0.048
	其他材料费占材料费	%	—	1.000	1.000
机械	其他机械费占人工费	%	—	3.000	3.000

174

工作内容：运砖瓦、调运砂浆、砌筑、抹面、刷黑水二度、桐油一度。　　　　　　　计量单位：m

定　额　编　号			F1-3-30	F1-3-31
项　目　名　称			筒瓦脊	
			七瓦条暗亮花筒	九瓦条暗亮花筒
			高150cm	高195cm
基　　　价（元）			1174.68	1454.13
其中	人　工　费（元）		983.92	1200.50
	材　料　费（元）		161.24	217.61
	机　械　费（元）		29.52	36.02
名　　称	单位	单价（元）	消　　耗　　量	
人工　综合工日	工日	140.00	7.028	8.575
材料　蝴蝶瓦（盖）16cm×16cm	块	0.45	13.100	13.100
机砖 240×115×53	块	0.38	51.800	77.400
煤胶	kg	1.06	0.640	0.729
水泥混合砂浆 M5	m³	217.47	0.033	0.050
水泥麻刀灰浆	m³	311.67	0.024	0.031
铁件	kg	4.19	4.200	7.400
桐油	kg	8.13	0.193	0.229
筒瓦 13cm×12cm	块	0.75	33.200	33.200
筒瓦 28cm×14cm	块	1.30	11.400	—
筒瓦 29.5cm×16cm	块	1.60	—	10.800
望砖 21cm×10.5cm×1.5cm	块	0.36	105.700	163.300
纸筋石灰浆	m³	357.23	0.061	0.070
其他材料费占材料费	%	—	1.000	1.000
机械　其他机械费占人工费	%	—	3.000	3.000

工作内容：运砖瓦、调运砂浆、砌筑、抹面、刷黑水二度、桐油一度。　　　　　　　　　　　　计量单位：m

定　额　编　号			F1-3-32	F1-3-33
项　目　名　称			筒瓦脊	
			四瓦条竖带	三瓦条干塘
			高80cm	高54cm
基　　　　价（元）			671.21	513.68
其中	人　工　费（元）		564.48	434.00
	材　料　费（元）		89.80	66.66
	机　械　费（元）		16.93	13.02
名　　　称	单位	单价（元）	消　　　耗　　　量	
人工 综合工日	工日	140.00	4.032	3.100
材料 机砖 240×115×53	块	0.38	40.500	16.000
煤胶	kg	1.06	0.368	0.260
水泥混合砂浆 M5	m³	217.47	0.022	0.012
水泥麻刀灰浆	m³	311.67	0.017	0.017
桐油	kg	8.13	0.145	0.113
筒瓦 13cm×12cm	块	0.75	15.800	10.000
筒瓦 15cm×12cm	块	0.75	20.900	20.900
望砖 21cm×10.5cm×1.5cm	块	0.36	57.700	48.000
纸筋石灰浆	m³	357.23	0.038	0.029
其他材料费占材料费	%	—	1.000	1.000
机械 其他机械费占人工费	%	—	3.000	3.000

工作内容：运砖瓦、调运砂浆、砌筑、抹面、刷黑水二度、桐油一度。 计量单位：m

定 额 编 号				F1-3-34
项 目 名 称				筒瓦脊
				竖带、干塘花筒脊
				高每±10cm
基 价（元）				33.40
其中	人 工 费（元）			28.70
	材 料 费（元）			3.84
	机 械 费（元）			0.86
名 称	单位	单价（元）	消 耗 量	
人工	综合工日	工日	140.00	0.205
材料	机砖 240×115×53	块	0.38	6.900
	煤胶	kg	1.06	0.030
	水泥混合砂浆 M5	m³	217.47	0.002
	纸筋石灰浆	m³	357.23	0.002
	其他材料费占材料费	%	—	1.000
机械	其他机械费占人工费	%	—	3.000

工作内容：运砖瓦、调运砂浆、砌筑、抹面、刷黑水二度、桐油一度。　　　　　　　　计量单位：条

定　额　编　号				F1-3-35	F1-3-36	F1-3-37
项　目　名　称				滚筒戗脊		
				＜3m	＜4m	＜5m
基　　　　价（元）				177.31	133.53	219.84
其中	人　工　费（元）			148.68	112.14	184.24
	材　料　费（元）			24.17	18.03	30.07
	机　械　费（元）			4.46	3.36	5.53
名　　称		单位	单价（元）	消　　耗　　量		
人工	综合工日	工日	140.00	1.062	0.801	1.316
材料	沟头筒瓦 19.2cm×12cm	块	1.70	0.200	0.200	0.200
	机砖 240×115×53	块	0.38	6.400	4.800	8.300
	煤胶	kg	1.06	0.072	0.053	0.091
	水泥混合砂浆 M5	m³	217.47	0.009	0.006	0.011
	水泥麻刀灰浆	m³	311.67	0.006	0.004	0.008
	铁件	kg	4.19	0.826	0.747	0.970
	桐油	kg	8.13	0.039	0.028	0.048
	筒瓦 15cm×12cm	块	0.75	7.200	5.300	9.200
	望砖 21cm×10.5cm×1.5cm	块	0.36	13.500	10.000	16.700
	纸筋石灰浆	m³	357.23	0.009	0.006	0.011
	其他材料费占材料费	%	—	1.000	1.000	1.000
机械	其他机械费占人工费	%	—	3.000	3.000	3.000

工作内容：运砖瓦、调运砂浆、砌筑、抹面、刷黑水二度、桐油一度。　　　　　　　　　计量单位：条

定　额　编　号				F1-3-38	F1-3-39
项　目　名　称				滚筒戗脊	
				<6m	<7m
基　　　　价（元）				264.42	308.29
其中	人　工　费（元）			220.78	257.60
	材　料　费（元）			37.02	42.96
	机　械　费（元）			6.62	7.73
名　　称		单位	单价（元）	消　　　耗　　　量	
人工	综合工日	工日	140.00	1.577	1.840
材料	沟头筒瓦 19.2cm×12cm	块	1.70	0.200	0.200
	机砖 240×115×53	块	0.38	10.000	11.800
	煤胶	kg	1.06	0.110	0.130
	水泥混合砂浆 M5	m³	217.47	0.013	0.015
	水泥麻刀灰浆	m³	311.67	0.009	0.011
	铁件	kg	4.19	1.433	1.567
	桐油	kg	8.13	0.059	0.069
	筒瓦 15cm×12cm	块	0.75	11.100	13.100
	望砖 21cm×10.5cm×1.5cm	块	0.36	20.300	23.800
	纸筋石灰浆	m³	357.23	0.013	0.015
	其他材料费占材料费	%	—	1.000	1.000
机械	其他机械费占人工费	%	—	3.000	3.000

工作内容：运砖瓦、调运砂浆、砌筑、抹面、刷黑水二度、桐油一度。　　　　　　　　　计量单位：m

定　额　编　号				F1-3-40	
项　目　名　称				环包脊	
基　　　价（元）				372.05	
其中	人　工　费（元）			304.22	
	材　料　费（元）			58.70	
	机　械　费（元）			9.13	
名　　　称	单位	单价（元）	消　　耗　　　量		
人工	综合工日	工日	140.00	2.173	
材料	机砖 240×115×53	块	0.38	20.000	
	煤胶	kg	1.06	0.209	
	水泥混合砂浆 M5	m³	217.47	0.026	
	水泥麻刀灰浆	m³	311.67	0.017	
	桐油	kg	8.13	0.112	
	筒瓦 15cm×12cm	块	0.75	20.900	
	望砖 21cm×10.5cm×1.5cm	块	0.36	38.400	
	纸筋石灰浆	m³	357.23	0.025	
	其他材料费占材料费	%	—	1.000	
机械	其他机械费占人工费	%	—	3.000	

180

工作内容：运砖瓦、调运砂浆、砌筑、抹面、刷黑水二度。　　　　　　　　　　　　　　计量单位：m

定　额　编　号				F1-3-41	F1-3-42	F1-3-43
项　目　名　称				花砖脊		
				一皮花砖二线正垂戗脊	二皮花砖二线正垂脊	三皮花砖三线脚正脊
				高＜35cm	高＜49cm	高＜66cm
基　　　　　价（元）				218.38	174.98	274.48
其中	人　工　费（元）			90.72	72.66	110.46
	材　料　费（元）			118.59	95.05	152.97
	机　械　费（元）			9.07	7.27	11.05
名　　称		单位	单价（元）	消	耗	量
人工	综合工日	工日	140.00	0.648	0.519	0.789
材料	定型砖	块	1.20	4.100	4.100	4.100
	鼓钉砖	块	2.80	7.100	7.100	10.700
	蝴蝶瓦（盖）16cm×16cm	块	0.45	30.900	30.900	30.900
	煤胶	kg	1.06	0.192	0.150	0.243
	坡水砖	块	3.20	3.300	3.300	3.300
	三开砖	块	0.80	8.600	8.600	8.600
	石灰砂浆 1：2.5	m³	235.96	0.036	0.027	0.047
	万字脊花砖	块	3.00	13.500	6.800	20.300
	望砖 21cm×10.5cm×1.5cm	块	0.36	6.800	3.400	10.100
	压脊山	块	3.20	3.300	3.300	3.300
	其他材料费占材料费	%	—	0.200	0.200	0.200
机械	其他机械费占人工费	%	—	10.000	10.000	10.000

工作内容：运砖瓦、调运砂浆、砌筑、抹面、刷黑水二度。

计量单位：m

定 额 编 号				F1-3-44	F1-3-45
项 目 名 称				花砖脊	
				四皮花砖三线脚正脊	五皮花砖三线脚正脊
				高＜80cm	高＜94cm
基 价（元）				314.96	357.52
其中	人 工 费（元）			125.86	142.66
	材 料 费（元）			176.51	200.59
	机 械 费（元）			12.59	14.27
名 称		单位	单价（元）	消 耗 量	
人工	综合工日	工日	140.00	0.899	1.019
材料	定型砖	块	1.20	4.100	4.100
	鼓钉砖	块	2.80	10.700	10.700
	蝴蝶瓦（盖）16cm×16cm	块	0.45	30.900	30.900
	煤胶	kg	1.06	0.285	0.327
	坡水砖	块	3.20	3.300	3.300
	三开砖	块	0.80	8.600	8.600
	石灰砂浆 1：2.5	m³	235.96	0.056	0.066
	万字脊花砖	块	3.00	27.000	33.800
	望砖 21cm×10.5cm×1.5cm	块	0.36	13.500	16.900
	压脊山	块	3.20	3.300	3.300
	其他材料费占材料费	%	—	0.200	0.200
机械	其他机械费占人工费	%	—	10.000	10.000

182

工作内容：运砖瓦、调运砂浆、砌筑、抹面、刷黑水二度。 计量单位：m

定 额 编 号				F1-3-46	F1-3-47
项 目 名 称				单面花砖博脊	
				一皮花砖二线脚博脊	二皮花砖二线脚博脊
				高＜35cm	高＜49cm
基 价（元）				131.36	160.87
其中	人 工 费（元）			51.52	67.06
	材 料 费（元）			74.69	87.10
	机 械 费（元）			5.15	6.71
名 称		单位	单价（元）	消 耗 量	
人工	综合工日	工日	140.00	0.368	0.479
材料	定型砖	块	1.20	4.100	4.100
	鼓钉砖	块	2.80	7.100	7.100
	蝴蝶瓦（盖）16cm×16cm	块	0.45	15.400	15.400
	煤胶	kg	1.06	0.075	0.096
	坡水砖	块	3.20	3.300	3.300
	三开砖	块	0.80	8.600	8.600
	石灰砂浆 1：2.5	m³	235.96	0.014	0.018
	万字脊花砖	块	3.00	3.400	6.800
	望砖 21cm×10.5cm×1.5cm	块	0.36	3.400	6.800
	压脊山	块	3.20	3.300	3.300
	其他材料费占材料费	%	—	0.200	0.200
机械	其他机械费占人工费	%	—	10.000	10.000

工作内容：和泥(灰)、上泥(灰)、上瓦、叠瓦、扣脊瓦。   计量单位：m

定 额 编 号				F1-3-48	F1-3-49
项 目 名 称				板瓦叠脊	
				五层	每±1层
基 价 （元）				331.50	63.16
其中	人 工 费 （元）			279.58	53.06
	材 料 费 （元）			23.96	4.79
	机 械 费 （元）			27.96	5.31
名 称		单位	单价（元）	消 耗 量	
人工	综合工日	工日	140.00	1.997	0.379
材料	板瓦 25cm×22.4cm	块	1.10	20.500	4.100
	纸筋石灰浆	m³	357.23	0.002	0.0004
	其他材料费占材料费	%	—	3.000	3.000
机械	其他机械费占人工费	%	—	10.000	10.000

工作内容：1. 立拆模板、钢筋制作、搅拌、浇捣、养护混凝土；
2. 调运砂浆、抹灰找平、起线、格缝、嵌条；
3. 铺脊砖：含凿脊砖腰线二道，指缝、带色、分脊、粉色。

计量单位：10m

定 额 编 号				F1-3-50	F1-3-51
项 目 名 称				C20钢筋混凝土正、垂脊	定型砖正、垂脊
基 价（元）				3694.30	4438.74
其中	人 工 费（元）			3081.40	2423.40
	材 料 费（元）			612.90	2015.34
	机 械 费（元）			—	—
名 称		单位	单价（元）	消 耗	量
人工	综合工日	工日	140.00	22.010	17.310
材料	电焊条	kg	5.98	0.100	0.100
	镀锌铁丝 20号	kg	3.57	0.200	—
	钢模板	kg	3.50	7.800	3.500
	钢支撑	kg	3.50	14.640	6.600
	脊砖 330×300mm	块	40.00	—	32.000
	零星卡具	kg	5.56	1.000	0.440
	螺纹钢筋 HRB400 φ10以内	t	3500.00	0.049	0.090
	螺纹钢筋 HRB400 φ10以上	t	3500.00	—	0.029
	商品混凝土 C20(泵送)	m³	363.30	0.610	0.670
	水泥白石子浆 1：2	m³	618.35	0.120	—
	水泥砂浆 1：3	m³	250.74	0.240	0.067
	预埋铁件	kg	3.60	—	5.620

工作内容：1. 立拆模板、钢筋制作、搅拌、浇捣、养护混凝土；
2. 调运砂浆、抹灰找平、起线、格缝、嵌条；
3. 铺脊砖：含凿脊砖腰线二道，指缝、带色、分脊、粉色。

计量单位：10m

定　额　编　号			F1-3-52	
项　目　名　称			M5混合砂浆标准砖正、垂脊	
基　　　价（元）			2507.39	
其中	人　工　费（元）		2349.20	
	材　料　费（元）		158.19	
	机　械　费（元）		—	
名　　　称		单位	单价（元）	消　耗　量
人工	综合工日	工日	140.00	16.780
材料	混合砂浆 M5	m³	244.44	0.051
	机砖 240×115×53	百块	38.46	1.330
	水泥砂浆 1：2	m³	281.46	0.140
	水泥砂浆 1：3	m³	250.74	0.220

186

4.围墙瓦顶

工作内容：运瓦、调运砂浆、铺低灰、铺瓦、砌瓦头、安沟头、滴水、嵌缝、刷黑水二度。　计量单位：m

定　额　编　号				F1-3-53	F1-3-54	F1-3-55
项　目　名　称				蝴蝶瓦围墙瓦顶		
				双落水宽85cm	单落水宽56cm	每±10cm
基　　　　　价（元）				131.65	82.50	12.21
其中	人　工　费（元）			57.40	34.02	3.78
	材　料　费（元）			68.51	45.08	8.05
	机　械　费（元）			5.74	3.40	0.38
名　　称		单位	单价（元）	消　　耗　　量		
人工	综合工日	工日	140.00	0.410	0.243	0.027
材料	蝴蝶瓦（底）18cm×20cm	块	0.85	43.100	28.400	5.100
	蝴蝶瓦（盖）16cm×16cm	块	0.45	60.700	40.000	7.100
	煤胶	kg	1.06	0.045	0.023	—
	石灰砂浆 1∶3	m³	219.00	0.011	0.008	0.002
	纸筋石灰浆	m³	357.23	0.004	0.002	—
	其他材料费占材料费	%	—	1.000	1.000	1.000
机械	其他机械费占人工费	%	—	10.000	10.000	10.000

定　额　编　号			F1-3-56	F1-3-57	F1-3-58
项　目　名　称			围墙瓦顶小青瓦		
			宽85cm，双落水	宽56cm，单落水	±10cm
基　　　　价（元）			621.97	370.54	42.29
其中	人　工　费（元）		574.00	340.20	37.80
	材　料　费（元）		47.97	30.34	4.49
	机　械　费（元）		—	—	—
名　　　称	单位	单价（元）	消	耗	量
人工	综合工日	工日	140.00	4.100	2.430	0.270
材料	煤胶	kg	1.06	0.450	0.230	—
	石灰砂浆 1：3	m³	219.00	0.111	0.077	0.015
	小青瓦（底）16cm×16cm	百块	0.85	6.070	4.000	0.710
	小青瓦（盖）16cm×16cm	百块	0.85	6.070	4.000	0.710
	纸筋石灰浆	m³	357.23	0.036	0.018	—

工作内容：运瓦、调运砂浆、铺低灰、铺瓦、砌瓦头、安沟头、滴水、嵌缝、刷黑水二度。　计量单位：m

定　额　编　号				F1-3-59	F1-3-60	F1-3-61
项　目　名　称				筒瓦围墙瓦顶		
				双落水，宽85cm	单落水，宽56cm	每±10cm
基　　　价（元）				243.95	149.67	22.71
其中	人　工　费（元）			131.18	83.58	13.58
	材　料　费（元）			99.65	57.73	7.77
	机　械　费（元）			13.12	8.36	1.36
名　　　称		单位	单价（元）	消　　　耗		量
人工	综合工日	工日	140.00	0.937	0.597	0.097
材料	板瓦(底) 18cm×20cm	块	0.85	43.100	28.400	5.100
	滴水筒瓦 18cm×20cm	块	1.70	9.400	4.700	—
	沟头筒瓦 20cm×18cm	块	2.40	9.400	4.700	—
	煤胶	kg	1.06	0.105	0.069	0.012
	石灰砂浆 1：3	m³	219.00	0.041	0.027	0.005
	筒瓦 15cm×12cm	块	0.75	19.100	10.300	3.000
	纸筋石灰浆	m³	357.23	0.0002	0.0001	—
	其他材料费占材料费	%	—	1.000	1.000	1.000
机械	其他机械费占人工费	%	—	10.000	10.000	10.000

工作内容：运瓦、调运砂浆、铺低灰、铺瓦、砌瓦头、安沟头、滴水、嵌缝、刷黑水二度。

计量单位：m²

定　额　编　号				F1-3-62	F1-3-63
项　目　名　称				卷棚筒瓦围墙瓦顶	水泥仿筒瓦围墙瓦顶
				双落水，宽680cm	双落水
基　　　　价（元）				194.63	790.57
其中	人　工　费（元）			108.08	691.32
	材　料　费（元）			75.74	30.12
	机　械　费（元）			10.81	69.13
名　　称		单位	单价（元）	消　　耗　　量	
人工	综合工日	工日	140.00	0.772	4.938
材料	7寸筒瓦　15cm×12cm	块	0.90	10.500	—
	板瓦（底）20cm×20cm	块	0.85	21.000	—
	黄瓜环（底）32cm×18cm	块	3.70	5.300	—
	黄瓜环（盖）32cm×18cm	块	3.70	5.300	—
	煤胶	kg	1.06	0.082	—
	模具用转费	%	—		2.210
	石灰砂浆 1：2.5	m³	235.96	0.034	—
	水泥砂浆 1：1	m³	304.25	—	0.016
	现浇混凝土 C20	m³	296.56	—	0.082
	纸筋石灰浆	m³	357.23	0.001	—
	其他材料费占材料费	%	—	1.000	1.000
机械	其他机械费占人工费	%	—	10.000	10.000

工作内容：放样、雕模、预制、调运砂浆、砌筑安装、刷色浆、画墨。 计量单位：座

定 额 编 号			F1-3-64	F1-3-65	F1-3-66
项 目 名 称			徽派马头墙顶铺设		
			印头式脊头（全套）	鹊尾式脊头（全套）	兽吻式脊头（鳌鱼或哺鸡形）
基 价（元）			291.66	274.53	239.12
其中	人 工 费（元）		196.00	196.00	182.00
	材 料 费（元）		95.66	78.53	57.12
	机 械 费（元）		—	—	—
名 称	单位	单价（元）	消 耗		量
人工 综合工日	工日	140.00	1.400	1.400	1.300
材料 包头脊头 12cm×12cm×12cm	块	10.36	—	1.000	—
蓝灰色浆	kg	4.00	0.500	0.500	0.500
六角墩 6cm×6cm×6cm	块	0.48	—	1.000	—
鹊尾飞 18cm×24cm×4cm	块	10.36	—	1.000	—
现浇混凝土 C20	m³	296.56	0.100	0.100	0.100
印斗(四块组合) 18cm×18cm×2cm	组	8.48	4.000	—	—
印斗盖 20cm×20cm×2cm	块	2.12	1.000	—	—
印斗托 20cm×20cm×4cm	块	2.12	1.000	—	—
遮封板 64cm×18cm×2cm	块	12.42	1.000	1.000	1.000
遮封板拔水 32cm×10cm×2cm	块	6.24	2.000	2.000	2.000
其他材料费占材料费	%	—	1.000	1.000	1.000

工作内容：调运砂浆、砌筑安作、刷色画线。计量单位：m

定 额 编 号				F1-3-67	F1-3-68
项 目 名 称				徽派马头墙垣做脊画墨	
				挑三线坐瓦山墙	刷垛板弹墨线
				两面	单面
基 价（元）				562.85	108.76
其中	人 工 费（元）			182.00	98.00
	材 料 费（元）			380.85	10.76
	机 械 费（元）			—	—
名 称	单位	单价（元）		消 耗 量	
人工 综合工日	工日	140.00		1.300	0.700
材料 薄砖 1×4×7(寸)	块	0.23		42.000	—
滴水瓦 15cm×15cm×1cm	片	1.40		10.000	—
沟头瓦 15cm×15cm×1cm	片	1.60		10.000	—
花头瓦 15cm×15cm×1cm	块	1.40		100.000	—
蓝灰色浆	kg	4.00		—	2.000
墨汁	kg	13.25		—	0.200
水泥砂浆 1：2.5	m³	274.23		0.100	—
小青瓦 15cm×15cm×1cm	块	0.85		200.000	—
其他材料费占材料费	%	—		1.000	1.000

192

5.排山、沟头、檐口

工作内容：运瓦、调运砂浆、筒瓦勾头打眼、滴水锯口、铺瓦抹面，刷黑水二度、桐油一度。

计量单位：m

定 额 编 号			F1-3-69		
项 目 名 称			筒瓦排山		
基 价 （元）			182.70		
其中	人 工 费 （元）		123.34		
	材 料 费 （元）		47.03		
	机 械 费 （元）		12.33		
名 称		单位	单价（元）	消 耗 量	
人工	综合工日	工日	140.00	0.881	
材料	沟头筒瓦 18cm×11cm	块	1.80	4.700	
	蝴蝶瓦(底) 18cm×20cm	块	0.85	20.300	
	蝴蝶瓦花边 20cm×19cm	块	1.80	4.700	
	煤胶	kg	1.06	0.057	
	石灰砂浆 1：3	m³	219.00	0.026	
	桐油	kg	8.13	0.031	
	筒瓦 15cm×12cm	块	0.75	4.700	
	纸筋石灰浆	m³	357.23	0.008	
	其他材料费占材料费	%	—	1.000	
机械	其他机械费占人工费	%	—	10.000	

193

工作内容：运瓦、调运砂浆、筒瓦勾头打眼、滴水锯口、铺瓦抹面，刷黑水二度、桐油一度。

计量单位：m

定　额　编　号				F1-3-70	F1-3-71	F1-3-72
项　目　名　称				筒瓦檐口沟头滴水		
				大号	二号	三号
基　　　价（元）				83.64	78.17	80.74
其中	人　工　费（元）			52.78	50.82	50.82
	材　料　费（元）			25.58	22.27	24.84
	机　械　费（元）			5.28	5.08	5.08
名　　称		单位	单价（元）	消	耗	量
人工	综合工日	工日	140.00	0.377	0.363	0.363
材料	沟头筒瓦 18cm×11cm	块	1.80	—	—	5.830
	沟头筒瓦 24cm×13.2cm	块	2.10	—	4.700	—
	沟头筒瓦 32cm×16cm	块	2.80	4.000	—	—
	蝴蝶滴水瓦 15cm×18cm	块	1.70	—	—	5.830
	蝴蝶滴水瓦 20cm×18cm	块	1.70	—	4.700	—
	蝴蝶斜沟滴水 25cm×25cm	块	2.30	4.000	—	—
	石灰砂浆 1：3	m³	219.00	0.015	0.013	0.013
	铁件	kg	4.19	0.221	0.149	0.149
	纸筋石灰浆	m³	357.23	0.002	0.002	0.002
	其他材料费占材料费	%	—	1.000	1.000	1.000
机械	其他机械费占人工费	%	—	10.000	10.000	10.000

194

工作内容：运瓦、调运砂浆、筒瓦勾头打眼、滴水锯口、铺瓦抹面，刷黑水二度、桐油一度。

计量单位：m

定　额　编　号				F1-3-73	F1-3-74	F1-3-75	F1-3-76
项　目　名　称				蝴蝶瓦檐口			
				花边	滴水	大花边	虎头花边
基　　　　价（元）				13.62	12.35	26.56	31.31
其中	人　工　费（元）			4.62	4.62	15.12	15.12
	材　料　费（元）			8.54	7.27	9.93	14.68
	机　械　费（元）			0.46	0.46	1.51	1.51
名　　称		单位	单价（元）	消	耗		量
人工	综合工日	工日	140.00	0.033	0.033	0.108	0.108
材料	蝴蝶大花边 20cm×18cm	块	1.80	—	—	4.700	—
	蝴蝶虎头花边 20cm×18cm	块	2.80	—	—	—	4.700
	蝴蝶瓦花边 15cm×18cm	块	1.80	4.700	—	—	—
	蝴蝶瓦花边 20cm×19cm	块	1.80	—	4.000	—	—
	石灰砂浆 1：3	m³	219.00	—	—	0.003	0.003
	纸筋石灰浆	m³	357.23	—	—	0.002	0.002
	其他材料费占材料费	%	—	1.000	1.000	1.000	1.000
机械	其他机械费占人工费	%	—	10.000	10.000	10.000	10.000

195

6.泛水、斜沟

工作内容：1.砖泛水、斜沟：砖瓦、调运砂浆、砌筑、铺底灰、铺瓦、抹面、刷黑水二度；　　计量单位：m
　　　　　2.白铁皮泛水：放样、划线、截料，卷边、焊接、接缝安装。

定 额 编 号				F1-3-77	F1-3-78	F1-3-79
项 目 名 称				砖砌泛水	斜沟(阴角)	
					蝴蝶瓦	白铁皮宽60cm
基　　　　价（元）				34.72	56.35	25.99
其中	人 工 费（元）			27.86	32.34	8.40
	材 料 费（元）			4.07	20.78	16.75
	机 械 费（元）			2.79	3.23	0.84
名　　　称		单位	单价(元)	消	耗	量
人工	综合工日	工日	140.00	0.199	0.231	0.060
材料	镀锌铁皮 26号	m²	23.69	—	—	0.636
	焊锡	kg	57.50	—	—	0.026
	蝴蝶斜沟瓦 25cm×25cm	块	1.30	—	14.700	—
	机砖 240×115×53	块	0.38	4.100	—	—
	煤胶	kg	1.06	0.072	0.030	—
	水泥混合砂浆 M5	m³	217.47	0.001	—	—
	水泥麻刀灰浆	m³	311.67	0.007	—	—
	铁钉	kg	3.56	—	—	0.006
	纸筋石灰浆	m³	357.23	—	0.004	—
	其他材料费占材料费	%	—	1.000	1.000	1.000
机械	其他机械费占人工费	%	—	10.000	10.000	10.000

7. 屋脊头(雕塑)

工作内容：放样、运砖瓦、调运砂浆、钢筋制安、砌筑、安铁丝网，抹面雕塑、刷黑水二度、桐油一度。

计量单位：只

定　额　编　号				F1-3-80	F1-3-81	F1-3-82
项　目　名　称				屋脊头		
				九套龙吻雕塑	七套龙吻雕塑	五套龙吻雕塑
				高38cm×195cm	高33cm×120cm	高30cm×120cm
基　　　价（元）				4934.65	3957.40	3325.82
其中	人　工　费（元）			4474.40	3642.80	3085.60
	材　料　费（元）			460.25	314.60	240.22
	机　械　费（元）			—	—	—
名　　称		单位	单价（元）	消　　耗　　量		
人工	综合工日	工日	140.00	31.960	26.020	22.040
材料	镀锌铁丝 16号	kg	3.57	0.390	0.260	0.170
	镀锌铁丝 20号	kg	3.57	0.032	0.020	0.013
	方砖 38cm×38cm×4cm	块	19.00	2.000	2.000	2.000
	钢板网	m²	5.36	1.560	1.210	0.980
	机砖 240×115×53	块	0.38	15.000	13.000	12.000
	螺纹钢筋 HRB400 Φ10以内	t	3500.00	0.026	0.018	0.013
	螺纹钢筋 HRB400 Φ10以上	t	3500.00	0.007	0.005	0.004
	煤胶	kg	1.06	1.990	1.410	0.960
	石灰砂浆 1:2.5	m³	235.96	0.034	0.020	0.014
	石灰水泥麻刀砂浆	m³	174.78	0.131	0.100	0.081
	水泥混合砂浆 M5	m³	217.47	0.710	0.370	0.230
	铁件	kg	4.19	9.440	7.260	5.810
	桐油	kg	8.13	0.940	0.690	0.540
	筒瓦 28cm×14cm	块	1.30	—	3.000	2.000
	筒瓦 29.5cm×16cm	块	1.60	3.000	—	—
	望砖 21cm×10.5cm×1.5cm	块	0.36	15.000	13.000	12.000
	纸筋石灰浆	m³	357.23	0.117	0.089	0.072
	其他材料费占材料费	%	—	1.000	1.000	1.000

工作内容：放样、运砖瓦、调运砂浆、钢筋制安、砌筑、安铁丝网，抹面雕塑、刷黑水二度、桐油一度。

计量单位：只

定　额　编　号			F1-3-83	F1-3-84
项　目　名　称			屋脊头	
			哺龙雕塑	哺鸡雕塑
			长70cm	长55cm
基　　　　价（元）			1240.24	860.70
其中	人　工　费（元）		1107.40	749.00
	材　料　费（元）		132.84	111.70
	机　械　费（元）		—	—
名　　称	单位	单价（元）	消　　耗　　量	
人工	综合工日	工日	140.00	7.910	5.350
材料	蝴蝶瓦(盖) 16cm×16cm	块	0.45	9.000	33.000
	蝴蝶瓦小号花边 18cm×18cm	块	1.50	1.000	1.000
	机砖 240×115×53	块	0.38	30.000	23.000
	螺纹钢筋 HRB400 φ10以内	t	3500.00	0.019	0.015
	煤胶	kg	1.06	0.630	2.830
	水泥砂浆 1：1.5	m³	291.03	0.030	0.028
	桐油	kg	8.13	0.230	0.150
	筒瓦 15cm×12cm	块	0.75	8.000	6.000
	望砖 21cm×10.5cm×1.5cm	块	0.36	30.000	23.000
	纸筋石灰浆	m³	357.23	0.056	0.022
	其他材料费占材料费	%	—	1.000	1.000

工作内容：放样、运砖瓦、调运砂浆、钢筋制安、砌筑、安铁丝网，抹面雕塑、刷黑水二度、桐油一度。

计量单位：只

定 额 编 号			F1-3-85	F1-3-86
项 目 名 称			屋脊头	
			预制留孔纹头雕塑	纹头雕塑
			长55cm	
基 价（元）			501.22	417.35
其中	人 工 费（元）		469.00	386.40
	材 料 费（元）		32.22	30.95
	机 械 费（元）		—	—
名 称	单位	单价（元）	消 耗	量
人工	综合工日	工日	140.00	3.350	2.760
材料	镀锌铁丝 16号	kg	3.57	0.060	—
	蝴蝶瓦（盖） 16cm×16cm	块	0.45	8.000	8.000
	蝴蝶瓦小号花边 18cm×18cm	块	1.50	1.000	1.000
	冷拔低碳钢丝	t	3800.00	0.002	—
	煤胶	kg	1.06	0.090	0.130
	石灰砂浆 1：2.5	m³	235.96	0.017	0.024
	水泥砂浆 1：2.5	m³	274.23	0.015	—
	松木成材	m³	1435.27	0.003	—
	望砖 21cm×10.5cm×1.5cm	块	0.36	12.000	36.000
	纸筋石灰浆	m³	357.23	0.006	0.019
	其他材料费占材料费	%	—	1.000	1.000

工作内容：放样、运砖瓦、调运砂浆、钢筋制安、砌筑、安铁丝网，抹面雕塑、刷黑水二度、桐油一度。

计量单位：只

定　额　编　号				F1-3-87	F1-3-88
项　目　名　称				屋脊头	
				方脚头雕塑	云头雕塑
				长55cm	
基　　　　　价（元）				393.55	497.85
其中	人　工　费（元）			362.60	466.20
	材　料　费（元）			30.95	31.65
	机　械　费（元）			—	—
名　　称		单位	单价（元）	消　　耗　　量	
人工	综合工日	工日	140.00	2.590	3.330
材料	蝴蝶瓦(盖) 16cm×16cm	块	0.45	8.000	8.000
	蝴蝶瓦小号花边 18cm×18cm	块	1.50	1.000	1.000
	煤胶	kg	1.06	0.130	0.130
	石灰砂浆 1：2.5	m³	235.96	0.024	0.024
	水泥麻刀灰浆	m³	311.67	—	0.024
	望砖 21cm×10.5cm×1.5cm	块	0.36	36.000	36.000
	纸筋石灰浆	m³	357.23	0.019	—
	其他材料费占材料费	%	—	1.000	1.000

工作内容：1.雌毛脊、甘蔗段：运砖瓦、调运砂浆、砌筑、抹面雕塑，刷黑水二度；
　　　　　2.正脊吻座：放样、运砖瓦、调运砂浆、方砖加工雕刻、砌筑、刷黑水二度。　计量单位：只

定　额　编　号				F1-3-89	F1-3-90	F1-3-91
项　目　名　称				屋脊头		
				果子头雕塑	雌毛脊雕塑	甘蔗段雕塑
				长55cm		长20cm
基　　　　价（元）				474.05	344.68	96.17
其中	人　工　费（元）			442.40	253.40	82.60
	材　料　费（元）			31.65	91.28	13.57
	机　械　费（元）			—	—	—
名　　　称		单位	单价（元）	消　　　耗　　　量		
人工	综合工日	工日	140.00	3.160	1.810	0.590
材料	蝴蝶瓦(盖) 16cm×16cm	块	0.45	8.000	42.000	14.000
	蝴蝶瓦小号滴水 18cm×18cm	块	1.50	—	1.000	—
	蝴蝶瓦小号花边 18cm×18cm	块	1.50	1.000	1.000	1.000
	煤胶	kg	1.06	0.130	0.090	0.030
	石灰砂浆 1：2.5	m³	235.96	0.024	0.200	0.007
	水泥麻刀灰浆	m³	311.67	0.024	—	—
	铁件	kg	4.19	—	3.430	—
	望砖 21cm×10.5cm×1.5cm	块	0.36	36.000	10.000	7.000
	纸筋石灰浆	m³	357.23	—	0.009	0.004
	其他材料费占材料费	%	—	1.000	1.000	1.000

201

工作内容：1.雌毛脊、甘蔗段：运砖瓦、调运砂浆、砌筑、抹面雕塑，刷黑水二度；
　　　　　2.正脊吻座：放样、运砖瓦、调运砂浆、方砖加工雕刻、砌筑、刷黑水二度。　计量单位：只

定　额　编　号				F1-3-92	
项　目　名　称				屋脊头	
				正脊吻座花砖40×100cm	
基　　价（元）				1860.57	
其中	人　工　费（元）			1559.60	
	材　料　费（元）			300.97	
	机　械　费（元）			—	
名　　称		单位	单价（元）	消　　耗　　量	
人工	综合工日	工日	140.00	11.140	
材料	方砖 31cm×31cm×3.5cm	块	11.00	1.000	
	方砖 43cm×43cm×5cm	块	23.00	9.000	
	蝴蝶瓦（盖）16cm×16cm	块	0.45	13.000	
	煤胶	kg	1.06	0.190	
	水泥混合砂浆 M5	m³	217.47	0.340	
	其他材料费占材料费	%	—	1.000	

202

工作内容：1.雌毛脊、甘庶段：运砖瓦、调运砂浆、砌筑、抹面雕塑，刷黑水二度；
　　　　　2.正脊吻座：放样、运砖瓦、调运砂浆、方砖加工雕刻、砌筑、刷黑水二度。　计量单位：只

定　额　编　号				F1-3-93	
项　目　名　称				屋脊头	
				正脊吻座花砖40×55cm	
基　　　　价（元）				1489.60	
其中	人　工　费（元）			1299.20	
	材　料　费（元）			190.40	
	机　械　费（元）			一	
名　　　称		单位	单价（元）	消　　耗　　　量	
人工	综合工日	工日	140.00	9.280	
材料	方砖 31cm×31cm×3.5cm	块	11.00	1.000	
	方砖 43cm×43cm×5cm	块	23.00	5.000	
	蝴蝶瓦（盖）16cm×16cm	块	0.45	13.000	
	煤胶	kg	1.06	0.120	
	水泥混合砂浆 M5	m³	217.47	0.260	
	其他材料费占材料费	%	一	1.000	

203

工作内容：放样、运砖瓦、调运砂浆、砌筑、安铁丝网，抹面雕塑、刷黑水二度、桐油一度。

计量单位：只

定　额　编　号				F1-3-94	F1-3-95
项　目　名　称				屋脊头	
				竖带吞头雕塑品	戗根吞头雕塑品
基　　　价（元）				677.32	554.12
其中	人　工　费（元）			616.00	492.80
	材　料　费（元）			61.32	61.32
	机　械　费（元）			—	—
名　　　称	单位	单价（元）		消　　耗　　量	
人工 综合工日	工日	140.00		4.400	3.520
材料 方砖 38cm×38cm×4cm	块	19.00		1.000	1.000
石灰砂浆 1∶3	m³	219.00		0.020	0.020
水泥混合砂浆 M5	m³	217.47		0.030	0.030
铁件	kg	4.19		0.500	0.500
望砖 21cm×10.5cm×1.5cm	块	0.36		50.000	50.000
纸筋石灰浆	m³	357.23		0.030	0.030
其他材料费占材料费	%	—		1.000	1.000

204

工作内容：放样、运砖瓦、调运砂浆、砌筑、安铁丝网，抹面雕塑、刷黑水二度、桐油一度。

计量单位：只

定　额　编　号				F1-3-96	F1-3-97
项　目　名　称				屋脊头	
				葫芦形宝顶雕塑品	六角形宝顶雕塑品
基　　　价（元）				1038.58	823.00
其中	人　工　费（元）			947.80	772.80
	材　料　费（元）			90.78	50.20
	机　械　费（元）			—	—
名　　　称	单位	单价（元）		消　　耗　　量	
人工	综合工日	工日	140.00	6.770	5.520
材料	镀锌铁丝 16号	kg	3.57	0.450	—
	钢板网	m²	5.36	1.560	
	混合砂浆 1∶1∶6	m³	237.06	—	0.013
	机砖 240×115×53	块	0.38	93.000	91.000
	煤胶	kg	1.06	0.260	0.150
	水泥混合砂浆 M5	m³	217.47	0.033	0.033
	水泥麻刀灰浆	m³	311.67	0.021	0.013
	水泥砂浆 1∶2.5	m³	274.23	0.036	—
	铁件	kg	4.19	4.670	—
	桐油	kg	8.13	0.140	0.080
	其他材料费占材料费	%	—	1.000	1.000

205

工作内容：运砖瓦、调运砂浆、砌筑、安装、抹面、刷黑水二度。 计量单位：只

定 额 编 号			F1-3-98	F1-3-99
项 目 名 称			屋脊头	
			九套龙吻烧制品	七套龙吻烧制品
			长38cm	长33cm
基 价（元）			2271.25	1774.99
其中	人 工 费（元）		2119.60	1668.80
	材 料 费（元）		151.65	106.19
	机 械 费（元）		—	—
名 称	单位	单价（元）	消 耗	量
人工	综合工日	工日	140.00	15.140	11.920
材料	方砖 38cm×38cm×4cm	块	19.00	2.000	2.000
	机砖 240×115×53	块	0.38	5.000	4.000
	煤胶	kg	1.06	0.300	0.200
	水泥混合砂浆 M5	m³	217.47	0.008	0.007
	水泥麻刀灰浆	m³	311.67	0.008	0.005
	铁件	kg	4.19	14.320	8.410
	桐油	kg	8.13	0.160	0.100
	筒瓦 28cm×14cm	块	1.30	—	3.000
	筒瓦 29.5cm×16cm	块	1.60	3.000	—
	望砖 21cm×10.5cm×1.5cm	块	0.36	15.000	13.000
	现浇混凝土 C20	m³	296.56	0.084	0.038
	纸筋石灰浆	m³	357.23	0.026	0.018
	其他材料费占材料费	%	—	1.000	1.000

工作内容：运砖瓦、调运砂浆、砌筑、安装、抹面、刷黑水二度。 计量单位：只

定 额 编 号			F1-3-100	
项 目 名 称			屋脊头	
			五套龙吻烧制品	
			长30cm	
基 价（元）			1352.24	
其中	人 工 费（元）		1271.20	
	材 料 费（元）		81.04	
	机 械 费（元）		—	
名 称	单位	单价（元）	消 耗 量	
人工	综合工日	工日	140.00	9.080
材料	方砖 38cm×38cm×4cm	块	19.00	2.000
	机砖 240×115×53	块	0.38	4.000
	煤胶	kg	1.06	0.180
	水泥混合砂浆 M5	m³	217.47	0.007
	水泥麻刀灰浆	m³	311.67	0.005
	铁件	kg	4.19	5.320
	桐油	kg	8.13	0.100
	筒瓦 28cm×14cm	块	1.30	2.000
	望砖 21cm×10.5cm×1.5cm	块	0.36	12.000
	现浇混凝土 C20	m³	296.56	0.019
	纸筋石灰浆	m³	357.23	0.005
	其他材料费占材料费	%	—	1.000

工作内容：运砖瓦、调运砂浆、砌筑、安装、抹面、刷黑水二度。　　　　　　　计量单位：只

定　额　编　号				F1-3-101	F1-3-102
项　目　名　称				屋脊头	
				哺龙烧制品	哺鸡烧制品
				长55cm	
基　　　　价（元）				408.88	408.88
其中	人　工　费（元）			378.00	378.00
	材　料　费（元）			30.88	30.88
	机　械　费（元）			—	—
名　　　　称		单位	单价（元）	消　　耗　　量	
人工	综合工日	工日	140.00	2.700	2.700
材料	蝴蝶瓦（盖）16cm×16cm	块	0.45	8.000	8.000
	蝴蝶瓦小号花边 18cm×18cm	块	1.50	1.000	1.000
	煤胶	kg	1.06	0.110	0.110
	石灰砂浆 1∶2.5	m³	235.96	0.028	0.028
	水泥麻刀灰浆	m³	311.67	0.005	0.005
	桐油	kg	8.13	0.060	0.060
	筒瓦 15cm×12cm	块	0.75	6.000	6.000
	望砖 21cm×10.5cm×1.5cm	块	0.36	23.000	23.000
	纸筋石灰浆	m³	357.23	0.011	0.011
	其他材料费占材料费	%	—	1.000	1.000

工作内容：运砖瓦、调运砂浆、砌筑、安装、抹面、刷黑水二度。　　　　　　　　计量单位：只

定　额　编　号				F1-3-103	F1-3-104
项　目　名　称				屋脊头	
				纹头烧制品	方脚头烧制品
				长55cm	
基　　　　　价（元）				311.20	311.20
其中	人　工　费（元）			288.40	288.40
	材　料　费（元）			22.80	22.80
	机　械　费（元）			—	—
名　　　称		单位	单价（元）	消　　耗　　量	
人工	综合工日	工日	140.00	2.060	2.060
材料	蝴蝶瓦（盖）16cm×16cm	块	0.45	8.000	8.000
	蝴蝶瓦小号花边 18cm×18cm	块	1.50	1.000	1.000
	煤胶	kg	1.06	0.080	0.080
	石灰砂浆 1：2.5	m³	235.96	0.028	0.028
	望砖 21cm×10.5cm×1.5cm	块	0.36	23.000	23.000
	纸筋石灰浆	m³	357.23	0.007	0.007
	其他材料费占材料费	%	—	1.000	1.000

工作内容：运砖瓦、调运砂浆、砌筑、安装、抹面、刷黑水二度。 计量单位：只

定　额　编　号				F1-3-105	F1-3-106
项　目　名　称				屋脊头	
				云头烧制品	果子头烧制品
				长55cm	
基　　　　价（元）				310.97	310.97
其中	人　工　费（元）			288.40	288.40
	材　料　费（元）			22.57	22.57
	机　械　费（元）			—	—
名　　　称		单位	单价（元）	消　耗　　量	
人工	综合工日	工日	140.00	2.060	2.060
材料	蝴蝶瓦（盖）16cm×16cm	块	0.45	8.000	8.000
	蝴蝶瓦小号花边 18cm×18cm	块	1.50	1.000	1.000
	煤胶	kg	1.06	0.080	0.080
	石灰砂浆 1∶2.5	m³	235.96	0.028	0.028
	望砖 21cm×10.5cm×1.5cm	块	0.36	23.000	23.000
	纸筋石灰浆	m³	357.23	0.007	0.007

210

工作内容：运砖瓦、调运砂浆、砌筑、安装、抹面、刷黑水二度。　　　　　　　计量单位：只

定　额　编　号				F1-3-107	F1-3-108
项　目　名　称				屋脊头	
				雌毛脊烧制品	甘庶段烧制品
				长55cm	长20cm
基　　　　　价（元）				**275.67**	**64.09**
其中	人　工　费（元）			260.40	57.40
	材　料　费（元）			15.27	6.69
	机　械　费（元）			—	—
	名　　　　称	单位	单价（元）	消　　耗　　量	
人工	综合工日	工日	140.00	1.860	0.410
材料	蝴蝶瓦（盖）16cm×16cm	块	0.45	8.000	3.000
	蝴蝶瓦小号花边 18cm×18cm	块	1.50	1.000	1.000
	煤胶	kg	1.06	0.060	0.020
	石灰砂浆 1：2.5	m³	235.96	0.020	0.004
	望砖 21cm×10.5cm×1.5cm	块	0.36	10.000	7.000
	纸筋石灰浆	m³	357.23	0.005	0.001

工作内容：运砖瓦、调运砂浆、砌筑、安装、抹面、刷黑水二度。　　　　　　　计量单位：只

定　额　编　号				F1-3-109	F1-3-110
项　目　名　称				屋脊头	
				葫芦形宝顶	六角形、八角形宝顶
基　　　　　价（元）				1182.64	842.29
其中	人　工　费（元）			1099.00	777.00
	材　料　费（元）			83.64	65.29
	机　械　费（元）			—	—
名　　　称	单位	单价（元）		消　　耗　　量	
人工	综合工日	工日	140.00	7.850	5.550
材料	机砖 240×115×53	块	0.38	38.000	38.000
	煤胶	kg	1.06	0.080	0.080
	水泥混合砂浆 M5	m³	217.47	0.013	0.013
	水泥麻刀灰浆	m³	311.67	0.011	0.011
	铁件	kg	4.19	5.440	3.610
	桐油	kg	8.13	0.040	0.040
	现浇混凝土 C20	m³	296.56	0.134	0.098

212

第二节 琉璃瓦屋面
1.盖琉璃瓦

工作内容：运料、调运砂浆、搭拆软梯脚手、铺底灰、底瓦、岩灰铺盖、清理、抹净。　　　　计量单位：m²

定　额　编　号				F1-3-111	F1-3-112	F1-3-113	F1-3-114
项　目　名　称				盖琉璃瓦屋面			
				四方亭		多角亭	
				4号瓦	5号瓦	4号瓦	5号瓦
基　　　　价（元）				292.44	350.84	296.14	354.69
其中	人　工　费（元）			167.72	176.12	171.08	179.62
	材　料　费（元）			107.95	157.11	107.95	157.11
	机　械　费（元）			16.77	17.61	17.11	17.96
名　　称		单位	单价（元）	消	耗		量
人工	综合工日	工日	140.00	1.198	1.258	1.222	1.283
材料	4号琉璃瓦（底瓦）17.5cm×26cm	张	1.31	49.300	—	49.300	—
	4号琉璃瓦（盖瓦）11cm×22cm	张	1.31	23.300	—	23.300	—
	5号琉璃瓦（底瓦）11cm×22cm	张	1.20	—	83.400	—	83.400
	5号琉璃瓦（盖瓦）8cm×16cm	张	1.04	—	43.800	—	43.800
	石灰砂浆 1：3	m³	219.00	0.052	0.044	0.052	0.044
	铁件	kg	4.19	0.142	0.142	0.142	0.142
	其他材料费占材料费	%	—	0.800	0.800	0.800	0.800
机械	其他机械费占人工费	%	—	10.000	10.000	10.000	10.000

工作内容：运料、调运砂浆、搭拆软梯脚手、铺底灰、底瓦、岩灰铺盖、清理、抹净。　计量单位：m²

定　额　编　号				F1-3-115	F1-3-116	F1-3-117	F1-3-118
项　目　名　称				盖琉璃瓦屋面			
				塔顶		厅堂	
				3号瓦	4号瓦	2号瓦	3号瓦
基　　　　价（元）				292.03	313.12	278.22	278.01
其中	人　工　费（元）			175.70	184.52	160.16	168.56
	材　料　费（元）			98.76	110.15	113.26	104.39
	机　械　费（元）			17.57	18.45	4.80	5.06
名　　　称		单位	单价（元）	消　　　耗			量
人工	综合工日	工日	140.00	1.255	1.318	1.144	1.204
材料	2号底瓦　22cm×30cm	张	1.96	—	—	35.100	—
	2号盖瓦　15cm×30cm	张	1.96	—	—	14.100	—
	3号底瓦　20cm×29cm	张	1.56	—	—	—	39.100
	3号盖瓦　13cm×26cm	张	1.56	—	—	—	17.500
	3号琉璃瓦（底瓦）　13cm×26cm	张	1.20	17.700	—	—	—
	3号琉璃瓦（盖瓦）　20cm×29cm	张	1.56	39.400	—	—	—
	4号琉璃瓦（底瓦）　17.5cm×26cm	张	1.31	—	49.300	—	—
	4号琉璃瓦（盖瓦）　11cm×22cm	张	1.31	—	23.300	—	—
	石灰砂浆　1:3	m³	219.00	0.067	0.062	0.070	0.067
	铁件	kg	4.19	0.142	0.142	0.142	0.142
	其他材料费占材料费	%	—	0.800	0.800	0.800	0.800
机械	其他机械费占人工费	%	—	10.000	10.000	3.000	3.000

214

工作内容：运料、调运砂浆、搭拆软梯脚手、铺底灰、底瓦、岩灰铺盖、清理、抹净。　　计量单位：㎡

定　额　编　号				F1-3-119	F1-3-120	F1-3-121
项　目　名　称				盖琉璃瓦屋面		
				大殿		
				1号瓦	2号瓦	3号瓦
基　　　　价（元）				333.70	307.01	308.04
其中	人　工　费（元）			178.64	187.60	196.56
	材　料　费（元）			149.70	113.78	105.58
	机　械　费（元）			5.36	5.63	5.90
	名　　称	单位	单价（元）	消　　耗　　量		
人工	综合工日	工日	140.00	1.276	1.340	1.404
材料	1号底瓦 28cm×35cm	张	2.93	26.900	—	—
	1号盖瓦 18cm×30cm	张	2.93	17.500	—	—
	2号底瓦 22cm×30cm	张	1.96	—	35.100	—
	2号盖瓦 15cm×30cm	张	1.96	—	14.100	—
	3号底瓦 20cm×29cm	张	1.56	—	—	39.100
	3号盖瓦 13cm×26cm	张	1.56	—	—	17.500
	石灰砂浆 1:3	m³	219.00	0.079	0.070	0.070
	铁件	kg	4.19	0.266	0.266	0.266
	其他材料费占材料费	%	—	0.800	0.800	0.800
机械	其他机械费占人工费	%	—	3.000	3.000	3.000

工作内容：运料、调运砂浆、搭拆软梯脚手、铺底灰、底瓦、岩灰铺盖、清理、抹净。　　　计量单位：m²

定　额　编　号				F1-3-122	F1-3-123
项　目　名　称				盖琉璃瓦屋面	
				走廊、平房、围墙	
				3号瓦	4号瓦
基　　　价（元）				259.98	271.52
其中	人　工　费（元）			151.06	159.32
	材　料　费（元）			104.39	107.42
	机　械　费（元）			4.53	4.78
名　称		单位	单价（元）	消　　耗　　　量	
人工	综合工日	工日	140.00	1.079	1.138
材料	3号底瓦 20cm×29cm	张	1.56	39.100	—
	3号盖瓦 13cm×26cm	张	1.56	17.500	—
	4号底瓦 17.5cm×26cm	张	1.31	—	49.100
	4号盖瓦 11cm×22cm	张	1.31	—	23.100
	石灰砂浆 1:3	m³	219.00	0.067	0.052
	铁件	kg	4.19	0.142	0.142
	其他材料费占材料费	%	—	0.800	0.800
机械	其他机械费占人工费	%	—	3.000	3.000

2.琉璃屋脊

工作内容：运料、调运砂浆、混凝土拌和浇灌、脊柱当沟安装、嵌缝、清理、抹净。　　　　　　计量单位：m

定　额　编　号				F1-3-124	F1-3-125	F1-3-126	F1-3-127
项　目　名　称				琉璃屋脊			
				正脊		竖带脊	
				1号脊头	2号脊头	1号脊头	2号脊头
基　　　价（元）				396.81	347.13	387.20	307.53
其中	人　工　费（元）			127.96	115.78	122.08	110.46
	材　料　费（元）			256.05	219.77	252.91	186.02
	机　械　费（元）			12.80	11.58	12.21	11.05
名　　称		单位	单价（元）	消	耗		量
人工	综合工日	工日	140.00	0.914	0.827	0.872	0.789
材料	1号正当沟　26cm×22cm	块	2.93	7.900	—	—	—
	1号正脊　45cm×30cm×45cm	节	71.09	2.289	—	2.289	—
	2号正当沟　26cm×18cm	块	3.10	—	7.900	—	—
	2号正脊　30cm×20cm×30cm	节	45.10	—	3.433	—	3.433
	钢筋(综合)	kg	3.45	3.085	2.904	3.085	2.904
	混合砂浆 1：0.2：2	m³	281.75	0.003	0.002	0.006	0.004
	混合砂浆砌筑砖砌体 M5	m³	149.66	0.066	0.036	0.270	0.015
	机砖 240×115×53	块	0.38	37.200	20.300	15.200	8.400
	水泥混合砂浆 M5	m³	217.47	0.014	0.008	0.006	0.003
	水泥砂浆 1：2	m³	281.46	0.006	0.004	0.006	0.004
	水泥砂浆 1：3	m³	250.74	0.005	0.004	—	—
	现浇混凝土 C20	m³	296.56	0.095	0.042	0.095	0.042
	其他材料费占材料费	%	—	0.200	0.200	0.200	0.200
机械	其他机械费占人工费	%	—	10.000	10.000	10.000	10.000

工作内容：运料、调运砂浆、混凝土拌和浇灌、脊柱当沟安装、嵌缝、清理、抹净。　　　　　　　计量单位：m

定　额　编　号			F1-3-128	F1-3-129	F1-3-130	F1-3-131
项　目　名　称			琉璃屋脊			
			戗脊		博脊，围脊	
			1号脊头	2号脊头	1号脊头	2号脊头
基　　　　价（元）			610.82	423.17	357.51	246.99
其中	人　工　费（元）		202.16	182.84	111.02	100.38
	材　料　费（元）		388.44	222.05	235.39	136.57
	机　械　费（元）		20.22	18.28	11.10	10.04
名　　称	单位	单价（元）	消	耗		量
人工 综合工日	工日	140.00	1.444	1.306	0.793	0.717
材料 1号花脊 45×15×60	节	108.08	—	—	1.717	—
1号戗脊 40cm×24cm×30cm	节	86.25	3.433	—	—	—
1号斜当沟 26cm×22cm	节	4.40	7.900	—	—	—
1号正当沟 26cm×22cm	块	2.93	—	—	4.000	—
2号花脊 20×15×40	节	38.23	—	—	—	2.575
2号戗脊 30cm×20cm×30cm	节	45.69	—	3.433	—	—
2号斜当沟 25cm×18cm	节	2.87	—	8.240	—	—
2号正当沟 26cm×18cm	块	3.10	—	—	—	4.000
钢筋（综合）	kg	3.45	2.904	2.904	2.904	1.877
混合砂浆 1：0.2：2	m³	281.75	0.003	0.002	0.001	0.001
混合砂浆砌筑砖砌体 M5	m³	149.66	0.053	0.036	0.033	0.027
机砖 240×115×53	块	0.38	29.700	20.300	18.600	15.200
水泥混合砂浆 M5	m³	217.47	0.013	0.008	0.007	0.006
水泥砂浆 1：2	m³	281.46	0.005	0.004	0.003	0.003
水泥砂浆 1：2.5	m³	274.23	0.005	0.004	—	—
水泥砂浆 1：3	m³	250.74	0.005	0.004	0.002	0.002
现浇混凝土 C20	m³	296.56	0.067	0.042	0.042	0.021
其他材料费占材料费	%	—	0.200	0.200	0.200	0.200
机械 其他机械费占人工费	%	—	10.000	10.000	10.000	10.000

工作内容：运料、调运砂浆、混凝土拌和浇灌、脊柱当沟安装、嵌缝、清理、抹净。　　　　　　计量单位：m

定　额　编　号				F1-3-132	F1-3-133	F1-3-134	F1-3-135
项　目　名　称				琉璃屋脊			
				围墙脊双落水		围墙脊单落水	
				1号脊头	2号脊头	1号脊头	2号脊头
基　　　　价（元）				499.18	329.78	473.65	307.67
其中	人　工　费（元）			115.78	110.04	104.30	98.98
	材　料　费（元）			371.82	208.74	358.92	198.79
	机　械　费（元）			11.58	11.00	10.43	9.90
名　　称		单位	单价（元）	消	耗		量
人工	综合工日	工日	140.00	0.827	0.786	0.745	0.707
材料	1号戗脊 40cm×24cm×30cm	节	86.25	3.433	—	3.433	—
	2号戗脊 30cm×20cm×30cm	节	45.69	—	3.433	—	3.433
	2号正当沟 26cm×18cm	块	3.10	7.900	—	4.000	—
	3号正当沟 24cm×10cm	块	2.25	—	8.600	—	4.300
	钢筋(综合)	kg	3.45	2.904	2.782	2.904	2.782
	混合砂浆 1:0.2:2	m³	281.75	0.002	0.001	0.001	0.001
	混合砂浆砌筑砖砌体 M5	m³	149.66	0.043	0.020	0.043	0.020
	机砖 240×115×53	块	0.38	24.300	11.300	24.300	11.300
	水泥混合砂浆 M5	m³	217.47	0.009	0.004	0.009	0.004
	水泥砂浆 1:2	m³	281.46	0.005	0.004	0.005	0.004
	水泥砂浆 1:3	m³	250.74	0.004	0.002	0.002	0.001
	现浇混凝土 C20	m³	296.56	0.067	0.042	0.067	0.042
	其他材料费占材料费	%	—	0.200	0.200	0.200	0.200
机械	其他机械费占人工费	%	—	10.000	10.000	10.000	10.000

3.花沿(沟头)、斜沟

工作内容：运料、调运砂浆、铺灰、顶帽安装、清理、抹净。　　　　　　　　　　　　计量单位：m

定　额　编　号				F1-3-136	F1-3-137	F1-3-138
项　目　名　称				琉璃花沿(沟头)滴水		
				1号花沿	2号花沿	3号花沿
基　　　价（元）				107.40	91.02	100.97
其中	人　工　费（元）			53.20	55.86	58.66
	材　料　费（元）			48.88	29.57	36.44
	机　械　费（元）			5.32	5.59	5.87
名　　称		单位	单价（元）	消　　耗　　量		
人工	综合工日	工日	140.00	0.380	0.399	0.419
材料	1号滴水 37cm×28cm	张	5.86	3.433	—	—
	1号钉帽	个	0.25	3.433	—	—
	1号花沿 30cm×18cm	张	5.86	3.433	—	—
	2号滴水 30cm×22cm	张	1.80	—	3.815	—
	2号钉帽	个	0.25	—	3.815	—
	2号花沿 30cm×15cm	张	3.91	—	3.815	—
	3号滴水 28cm×20cm	张	3.12	—	—	4.682
	3号钉帽	个	0.25	—	—	4.682
	3号花沿 26cm×13cm	张	3.12	—	—	4.682
	石灰砂浆 1:3	m³	219.00	0.014	0.012	0.009
	水泥混合砂浆 M5	m³	217.47	0.015	0.013	0.011
	铁件	kg	4.19	0.233	0.259	0.318
	其他材料费占材料费	%	—	1.000	1.000	1.000
机械	其他机械费占人工费	%	—	10.000	10.000	10.000

工作内容：运料、调运砂浆、铺灰、顶帽安装、清理、抹净。　　　　　　　　计量单位：m

定 额 编 号				F1-3-139	F1-3-140
项 目 名 称				琉璃花沿(沟头)滴水	
				4号花沿	5号花沿
基 价（元）				102.24	105.71
其中	人 工 费（元）			61.60	64.68
	材 料 费（元）			34.48	34.56
	机 械 费（元）			6.16	6.47
名 称		单位	单价（元）	消 耗 量	
人工	综合工日	工日	140.00	0.440	0.462
材料	3号钉帽	个	0.25	5.421	6.900
	4号滴水 28cm×17.5cm	张	2.60	5.421	—
	4号花沿 22cm×11cm	张	2.60	5.421	—
	5号滴水	张	2.08	—	6.900
	5号花沿	张	2.09	—	6.900
	石灰砂浆 1：3	m³	219.00	0.006	0.003
	水泥混合砂浆 M5	m³	217.47	0.008	0.006
	铁件	kg	4.19	0.368	0.419
	其他材料费占材料费	%	—	1.000	1.000
机械	其他机械费占人工费	%	—	10.000	10.000

工作内容：运料、调运砂浆、铺灰、顶帽安装、清理、抹净。　　　　　　　　　　　　　　　计量单位：m

定　额　编　号			F1-3-141
项　目　名　称			琉璃斜沟
基　　　　价（元）			200.54
其中	人　工　费（元）		105.56
	材　料　费（元）		84.42
	机　械　费（元）		10.56
名　　　称	单位	单价（元）	消　　耗　　量
人工	综合工日	工日	140.00	0.754
材料	1号琉璃底瓦　35cm×38cm	张	1.20	3.552
	石灰砂浆 1：3	m³	219.00	0.066
	铁件	kg	4.19	0.486
	斜沟盖瓦　30cm×18cm×45cm	张	4.27	7.357
	斜沟盖瓦　37cm×28cm×45cm	张	4.27	7.357
	其他材料费占材料费	%	—	1.000
机械	其他机械费占人工费	%	—	10.000

222

4. 过桥脊

工作内容：运料、调运砂浆、铺灰、檐瓦、清理、抹净。　　　　　　　　　　　　　　　　　　　　　计量单位：m

定　额　编　号				F1-3-142	F1-3-143
项　目　名　称				2号过桥脊	3号过桥脊
基　　　　价（元）				102.32	100.13
其中	人　工　费（元）			43.12	44.94
	材　料　费（元）			57.91	53.84
	机　械　费（元）			1.29	1.35
名　　称		单位	单价（元）	消　　耗　　量	
人工	综合工日	工日	140.00	0.308	0.321
材料	2号底瓦 42cm×22cm	张	4.86	4.682	—
	2号盖瓦 42cm×22cm	张	4.86	4.682	—
	3号底瓦 40cm×20cm	张	5.21	—	5.150
	3号盖瓦 40cm×20cm	张	3.10	—	5.150
	石灰砂浆 1∶3	m³	219.00	0.054	0.048
	其他材料费占材料费	%	—	1.000	1.000
机械	其他机械费占人工费	%	—	3.000	3.000

5. 排山瓦

工作内容：运料、调运砂浆、铺灰、顶帽安装、清理、抹净。

计量单位：m

定 额 编 号				F1-3-144	F1-3-145	F1-3-146	F1-3-147
项 目 名 称				琉璃排山瓦			
				1号瓦	2号瓦	3号瓦	4号瓦
基 价（元）				205.09	182.92	188.76	193.85
其中	人 工 费（元）			116.76	123.34	129.78	136.22
	材 料 费（元）			84.83	55.88	55.09	53.54
	机 械 费（元）			3.50	3.70	3.89	4.09
名 称		单位	单价（元）	消	耗		量
人工	综合工日	工日	140.00	0.834	0.881	0.927	0.973
材料	1号滴水 37cm×28cm	张	5.86	3.433	—	—	—
	1号底瓦 28cm×35cm	张	2.93	3.433	—	—	—
	1号钉帽	个	0.25	3.433	—	—	—
	1号盖瓦 18cm×30cm	张	2.93	3.433	—	—	—
	1号花沿 30cm×18cm	张	5.86	3.433	—	—	—
	1号斜当沟 26cm×22cm	节	4.40	3.433	—	—	—
	2号滴水 30cm×22cm	张	1.80	—	3.815	—	—
	2号底瓦 22cm×30cm	张	1.96	—	3.815	—	—
	2号钉帽	个	0.25	—	3.815	—	—
	2号盖瓦 15cm×30cm	张	1.96	—	3.815	—	—
	2号花沿 30cm×15cm	张	3.91	—	3.815	—	—
	2号斜当沟 25cm×18cm	节	2.87	—	3.815	—	—
	3号滴水 28cm×20cm	张	3.12	—	—	4.682	—
	3号底瓦 20cm×29cm	张	1.56	—	—	4.682	—
	3号钉帽	个	0.25	—	—	4.682	5.421
	3号盖瓦 13cm×26cm	张	1.56	—	—	4.680	—
	3号花沿 26cm×13cm	张	3.12	—	—	4.682	—
	3号斜当沟 24cm×10cm	节	0.80	—	—	4.682	5.421
	4号滴水 28cm×17.5cm	张	2.60	—	—	—	5.421
	4号底瓦 17.5cm×26cm	张	1.31	—	—	—	5.421
	4号盖瓦 11cm×22cm	张	1.31	—	—	—	5.421
	4号花沿 22cm×11cm	张	2.60	—	—	—	5.421
	混合砂浆 1:0.2:2	m³	281.75	0.001	0.001	0.001	0.001
	石灰砂浆 1:3	m³	219.00	0.027	0.022	0.018	0.013
	水泥砂浆 1:3	m³	250.74	0.002	0.002	0.001	0.001
	铁件	kg	4.19	0.233	0.259	0.318	0.368
	其他材料费占材料费	%	—	1.000	1.000	1.000	1.000
机械	其他机械费占人工费	%	—	3.000	3.000	3.000	3.000

6. 正吻

工作内容：运料、调运砂浆、铺灰、吻安装、清理、抹净。　　　　　　　　　　　计量单位：座

定　额　编　号				F1-3-148	F1-3-149	F1-3-150
项　目　名　称				琉璃正吻		
				回纹高50cm	回纹高60cm	回纹高70cm
基　　　价（元）				177.59	214.66	252.18
其中	人　工　费（元）			134.40	154.00	175.00
	材　料　费（元）			29.75	45.26	59.68
	机　械　费（元）			13.44	15.40	17.50
名　　称		单位	单价（元）	消　耗　量		
人工	综合工日	工日	140.00	0.960	1.100	1.250
材料	1号正当沟 26cm×22cm	块	2.93	—	—	5.550
	2号正当沟 26cm×18cm	块	3.10	—	4.750	—
	3号正当沟 24cm×10cm	块	2.25	4.030	—	—
	混合砂浆 1:0.2:2	m³	281.75	0.001	0.001	0.002
	机砖 240×115×53	块	0.38	5.300	12.000	17.000
	水泥混合砂浆 M5	m³	217.47	0.002	0.005	0.007
	水泥砂浆 1:2	m³	281.46	0.002	0.003	0.003
	水泥砂浆 1:3	m³	250.74	0.001	0.002	0.003
	铁件	kg	4.19	1.810	1.990	2.960
	现浇混凝土 C20	m³	296.56	0.032	0.050	0.070
	其他材料费占材料费	%	—	0.200	0.200	0.200
机械	其他机械费占人工费	%	—	10.000	10.000	10.000

工作内容：运料、调运砂浆、铺灰、吻安装、清理、抹净。 计量单位：座

定 额 编 号				F1-3-151	F1-3-152	F1-3-153
项 目 名 称				琉璃正吻		
				龙纹高80cm	龙纹高100cm	龙纹高120cm
基 价 （元）				300.54	352.02	405.55
其中	人 工 费 （元）			205.80	236.60	267.40
	材 料 费 （元）			74.16	91.76	111.41
	机 械 费 （元）			20.58	23.66	26.74
名 称		单位	单价（元）	消	耗	量
人工	综合工日	工日	140.00	1.470	1.690	1.910
材 料	1号正当沟 26cm×22cm	块	2.93	5.550	6.340	7.130
	混合砂浆 1∶0.2∶2	m³	281.75	0.002	0.002	0.002
	机砖 240×115×53	块	0.38	26.000	30.000	33.000
	水泥混合砂浆 M5	m³	217.47	0.010	0.010	0.013
	水泥砂浆 1∶2	m³	281.46	0.005	0.005	0.006
	水泥砂浆 1∶3	m³	250.74	0.003	0.004	0.004
	铁件	kg	4.19	4.310	4.980	5.640
	现浇混凝土 C20	m³	296.56	0.084	0.120	0.162
	其他材料费占材料费	%	—	0.200	0.200	0.200
机械	其他机械费占人工费	%	—	10.000	10.000	10.000

226

7.合角吻

工作内容：运料、调运砂浆、铺灰、吻安装、清理、抹净。　　　　　　　　　　　　　　计量单位：座

定　额　编　号				F1-3-154	F1-3-155	F1-3-156
项　目　名　称				琉璃合角吻		
				1号	2号	3号
基　　　　　价（元）				598.19	500.19	386.22
其中	人　工　费（元）			175.00	154.00	134.40
	材　料　费（元）			405.69	330.79	238.38
	机　械　费（元）			17.50	15.40	13.44
名　　　称		单位	单价（元）	消　　耗　　　量		
人工	综合工日	工日	140.00	1.250	1.100	0.960
材料	1号合角吻 70cm×20cm×70cm	座	351.54	1.000	—	—
	1号正当沟 26cm×22cm	块	2.93	5.550	—	—
	2号合角吻 60cm×20cm×60cm	座	253.90	—	1.000	—
	2号正当沟 26cm×18cm	块	3.10	—	4.750	—
	3号合角吻 49cm×20cm×49cm	座	175.78	—	—	1.000
	3号正当沟 24cm×10cm	块	2.25	—	—	4.030
	混合砂浆 1:0.2:2	m³	281.75	0.002	0.126	0.126
	机砖 240×115×53	块	0.38	17.000	12.000	5.000
	水泥混合砂浆 M5	m³	217.47	0.007	0.005	0.002
	水泥砂浆 1:2	m³	281.46	0.003	0.003	0.002
	水泥砂浆 1:3	m³	250.74	0.003	0.002	0.001
	铁件	kg	4.19	2.960	1.990	1.810
	现浇混凝土 C20	m³	296.56	0.049	0.036	0.023
	其他材料费占材料费	%	—	0.200	0.200	0.200
机械	其他机械费占人工费	%	—	10.000	10.000	10.000

227

8. 半面吻

工作内容：运料、调运砂浆、铺灰、吻安装、清理、抹净。　　　　　　　　　　　　计量单位：座

定额编号					F1-3-157	F1-3-158	F1-3-159
项目名称					琉璃半面吻		
					1号	2号	3号
基　　价（元）					384.44	299.22	229.21
其中	人 工 费（元）				140.00	123.20	107.80
	材 料 费（元）				230.44	163.70	110.63
	机 械 费（元）				14.00	12.32	10.78
名　　称		单位	单价（元）	消	耗		量
人工	综合工日	工日	140.00	1.000	0.880		0.770
材料	1号半面吻 70cm×10cm×70cm	座	187.45	1.000	—		—
	1号正当沟 26cm×22cm	块	2.93	5.550	—		—
	2号半面吻 60cm×10cm×60cm	座	130.41	—	1.000		—
	2号正当沟 26cm×18cm	块	3.10	—	4.750		—
	3号半面吻 47cm×10cm×50cm	座	88.92	—	—		1.000
	3号正当沟 24cm×10cm	块	2.25	—	—		4.030
	混合砂浆 1:0.2:2	m³	281.75	0.002	0.001		0.001
	机砖 240×115×53	块	0.38	9.000	6.000		3.000
	水泥混合砂浆 M5	m³	217.47	0.004	0.003		0.001
	水泥砂浆 1:2	m³	281.46	0.003	0.003		0.001
	水泥砂浆 1:3	m³	250.74	0.003	0.002		0.001
	铁件	kg	4.19	2.960	1.990		1.810
	现浇混凝土 C20	m³	296.56	0.025	0.018		0.009
	其他材料费占材料费	%	—	0.200	0.200		0.200
机械	其他机械费占人工费	%	—	10.000	10.000		10.000

9.包头脊、翘角、套兽

工作内容：运料、调运砂浆、铺灰、安装、清理、抹净。 计量单位：座

定 额 编 号				F1-3-160	F1-3-161	F1-3-162	F1-3-163
项 目 名 称				1号包头脊	2号包头脊	翘角	套兽
基 价（元）				398.59	266.88	228.21	350.31
其中	人 工 费（元）			123.20	107.80	140.00	140.00
	材 料 费（元）			263.07	148.30	74.21	196.31
	机 械 费（元）			12.32	10.78	14.00	14.00
名 称		单位	单价（元）	消	耗		量
人工	综合工日	工日	140.00	0.880	0.770	1.000	1.000
材 料	1号包头脊	节	108.48	1.000	—	—	—
	1号正当沟 26cm×22cm	块	2.93	3.570	—	—	—
	2号包头脊	节	67.68	—	1.000	—	—
	2号正当沟 26cm×18cm	块	3.10	—	2.380	—	—
	混合砂浆 1：0.2：2	m³	281.75	0.001	0.001	—	—
	机砖 240×115×53	块	0.38	17.000	7.000	—	—
	琉璃翘角	节	48.00	—	—	1.000	—
	琉璃套兽	节	180.50	—	—	—	1.000
	水泥混合砂浆 M5	m³	217.47	0.006	0.003	—	—
	水泥砂浆 1：2	m³	281.46	0.003	0.002	—	—
	水泥砂浆 1：3	m³	250.74	0.002	0.001	—	—
	铁件	kg	4.19	1.810	1.990	6.220	3.680
	现浇混凝土 C20	m³	296.56	0.427	0.203	—	—
	其他材料费占材料费	%	—	0.200	0.200	0.200	0.200
机械	其他机械费占人工费	%	—	10.000	10.000	10.000	10.000

229

10. 宝顶、走兽、花窗

工作内容：运料、调运砂浆、铺灰、沿瓦、顶帽安装、清理、抹净。　　　　计量单位：只

定　额　编　号			F1-3-164	F1-3-165	F1-3-166
项　目　名　称			琉璃宝顶		琉璃走兽
			高＜100cm	高＞100cm	
基　　　　价（元）			1422.77	3219.14	28.84
其中	人　工　费（元）		1318.80	2753.80	28.00
	材　料　费（元）		90.78	382.73	—
	机　械　费（元）		13.19	82.61	0.84
名　　　　称	单位	单价（元）	消　　耗		量
人工	综合工日	工日	140.00	9.420	19.670	0.200
材料	水泥砂浆 1：2	m³	281.46	0.012	0.041	—
	铁件	kg	4.19	6.780	16.200	—
	现浇混凝土 C20	m³	296.56	0.190	1.010	
	其他材料费占材料费	%	—	3.000	1.000	1.000
机械	其他机械费占人工费	%	—	1.000	3.000	3.000

工作内容：运料、调运砂浆、铺灰、沿瓦、顶帽安装、清理、抹净。 计量单位：m²

定　额　编　号			F1-3-167		
项　目　名　称			琉璃花窗		
基　　　　价（元）			182.64		
其中	人　工　费（元）		29.68		
	材　料　费（元）		152.07		
	机　械　费（元）		0.89		
名　　　称		单位	单价(元)	消　　耗　　量	
人工	综合工日	工日	140.00	0.212	
材料	琉璃花窗	m²	144.54	1.030	
	水泥砂浆 1:2	m³	281.46	0.006	
	其他材料费占材料费	%	—	1.000	
机械	其他机械费占人工费	%	—	3.000	

第四章 木作工程

第四章 木材工程

说　　明

一、本章定额中的木构件，除说明者外，均以刨光为准，刨光损耗已包括在定额内，定额中木材数量均为毛料。如糙介不刨光者，人工乘以系数 0.5，原木、枋材改为 1.05 ，其他不变。

二、本章定额由木构架与木装修两部分构成。

三、木材树种分类：一、二类木材树种：红松、白松、杨柳木、椴木、云杉、洋松（花旗松等国外松类）；三、四类木材树种：一、二类以外的其他木材树种。

四、本章定额中的木构件及木装修木材均以一、二类为准，若木材使用三、四类木种时，其制作人工乘以系数 1.3，安装人工乘以系数 1.15。

五、圆木体积工程量以图示尺寸查木材材积表（国标 GB/T 4814—2013《原木材积表》）。矩形构件体积按设计最大矩形截面乘以构件长度。

六、如实际使用圆木与设计圆木直径不符（即大改小）时，可按实换算。

七、本章木材均按三个切断面（三指材）规格料编制的，圆木改制成定额三个切断面规格材的出材率为：杉原（圆）木 56%。

八、本章定额中木材以自然干燥为准，如需烘干时，其干燥费用及干燥损耗率另行计算。

九、古式木门窗定额中的"小五金费"，按下表的小五金用量计算，如设计用的小五金品种、数量不同时，品种、数量和单价均可调整，其他不变。

古式门窗五金用量表

定额编号		1	2	3	4
项目	单位	长窗门扇	短窗扇	库门	贡式宕子
		（扇）	（扇）	（扇）	（扇）
铁门环	只	—	—	0.4	—
风圈	只	0.8	1	0.4	0.6
鸡骨搭钮	只	0.8	1	—	—
15cm 风钩	只	—	1	—	—
20cm 风钩	只	0.8	—	—	—
45cm 插销	只	0.4	0.5	—	—
1.6cm 螺丝	只	4	5	—	—
窗扇门扇数量	扇	（0.8）	（1）	（0.4）	（0.6）

十、古式木门窗定额未包括装锁，如装执手锁和弹簧锁，每 10 个锁增加木工 2 工日，装弹簧锁每 10 个锁增加木工 1 工日，锁的价格另计。

十一、玻璃厚度不同时，可按设计规定换算。

十二、圆弧形古式木栏杆比照古式平栏杆人工乘以系数 1.7，材料乘以系数 1.4。

十三、斜形古式木栏杆比照古式平栏杆人工乘以系数 1.3，材料乘以系数 1.15。

十四、如轩枋，其人工乘以系数 1.35。本章定额中圆梁、扁作梁，以挖底、不拔亥者为准，如拔亥者其人工乘以系数 1.1，如不挖底其人工乘以系数 0.95。

十五、本定额中帮脊木未包括刨光进入。

十六、本章定额斗拱规格以五七为准（斗料：14cm×19.8cm×19.8cm 净料），另外刨光损耗 5mm 已包括在定额内。如做四六式者，枋材乘以系数 0.65，人工乘以系数 0.8；如做双四六者，枋材乘以系数 2.3，人工乘以系数 1.44。

十七、本章定额未包括木雕，如设计需要雕刻者，雕刻工另计。

十八、水浪机、光面机，毛料 5.5cm×7cm×80cm 与设计要求不符时，枋材按比例换算，其他不变。

十九、1.窗扇毛料规格，边梃 5.5cm×7.5cm，与设计规格不符时，边梃方料进行换算，其他不变。

2. 如做固定扇框者，每 10 ㎡扇面积增加 0.166 ，其他不变。

3. 古式纱扇窗，仿古式长、短窗扇毛料规格边梃 4.5cm×6.5cm，与设计规格不符时，边梃方料进行换算，其他不变。古式纱窗指古式窗嵌书画，上盖纱绸，书画、纱绸不包括在定额内。

二十、1. 长窗框毛料规格，上坎 11.5cm×11.5cm，下坎 11.9cm×22cm，抱栿 9.5cm×10.5cm，与设计规格不符时，枋材可进行换算，但摇梗、楹子、窗闩等附属材料不变。

2. 短窗框毛料规格，上、下坎 11.5cm×11.5cm，抱栿 9.5cm×10.5cm，用下连楹为准，如用上下连楹者，每 10m 增加楹子枋材 0.009 ，如全部用短楹者，每 10m 扣除楹子枋材 0.006 ，其他不变。

二十一、直拼库门板厚 5.5cm，复式樘子对门板厚 5.5cm，单面敲框挡边梃 5cm×7cm，门板厚 1.5cm。若与设计规格不符时，木材可换算。直拼库门过墙板按 6.5cm×30cm 计算，与设计规格不符时，木材可按比例换算。

二十二、1. 门扇毛料规格 E7-205 边梃 9.5cm×15.5cm，门板厚 3.5cm，桄子 7cm×10.5cm；E7-206 过墙板 10.5cm×41.5cm，与设计规格不符时，枋材可按比例换算。E7-206 门刺规格 25cm ×φ6.5cm，与设计规格不符时，按比例换算。

2. 门上钉竹丝用铁钉，如用加工铁钉，另行计算。古式栏杆（灯景式、葵万式）边框规格 5cm×7cm。

二十四、1. 古式栏杆、栏杆安装子目，如上面需要安装捺槛者，捺槛规格 12cm×7cm，与设计规格不符时，枋材可进行换算。

2. 雨达板子目，毛料板厚 2cm，桄子 2.5cm×3.0cm。

3. 以上各子目木材规格与设计不同时均可换算，其他不变。

二十五、五合板及紫竹天棚：五合板改用油毡者，相应材料可换算，其余不变。

二十六、挂落，边框毛料规格 6cm×7.5cm，抱栿毛料规格 6cm×7cm，与设计规格不同时，木材可以换算，其他不变。

二十七、1. 飞罩外框毛料规格 5.5cm×7.5cm，与设计规格不同时，木材可以换算，其他不变。

2. 边梃毛料规格为 5.5cm×7.5cm，抱栿规格为 7.5cm×8.5cm，与设计不同时，木材可以换算，其他不变。

二十八、井口天花：实际设计木材与定额不一致时，木材可以换算。

工程量计算规则

一、立帖式柱、梁、屋架、枋子（垫板）、斗盘（坐斗）枋、桁条、连机、橼子、搁栅、关刀里口木、棱角木、枕头木、戗角等均以立方米计算。

1. 柱类高按图示尺寸加管脚榫和馒头榫长度乘以最大截面积计算。

2. 圆梁、大梁、山界梁、双步川梁、扁作梁、轩梁、荷包梁一律按构件图示最大矩形截面积（含挖底部分）乘以构件长度，其中圆梁、大梁、山界梁、双步川梁、扁作梁、轩梁、荷包梁的两肩、两侧卷杀、腹部挖底、拔亥均不扣除。构件长度如为半榫则算至柱中，如为透榫则算至榫头外端。

3. 屋架、枋子（垫板）、斗盘（坐斗）枋、桁条、连机、橼子、搁栅、关刀里口木、棱角木、枕头木、戗角等均按设计几何尺寸竣工木料计算。

二、摔网板、卷戗板、鳌角壳板、垫拱板、疝填板、排疝板、望板、裙板、雨达板、余塞板、走马板、坐槛、古式栏杆，均按设计几何尺寸，以"m²"计算。

三、吴王靠、挂落、坐堂板、里口木、封沿板、瓦口板勒望、橼椀板、安橼头，均按长度方向以"延长米"计算。

四、斗拱、须弥座以座计算；梁垫、山雾云、棹木、水浪机、蒲鞋头、抱梁云、硬木梢、炮钉、门拔，以副（只）计算。

五、古式木门窗按窗扇面积以"m²"计算，抱枕、上下坎、博风板回纹线按"延长米"计算。门窗框制作工程量计算以上、中、下槛及抱枕长度计算，门窗框安装工程量按窗扇面积计算。

六、飞罩、落地圆罩、方罩按外侧展开长度计算。

七、古式木栏杆（含斜形、圆弧形）按"m²"计算。

八、紫竹天棚、井口天花、五合板仿井口天花，按净面积以"m²"计算。

第一节 木构架

1. 立帖式木柱、立柱

工作内容：1. 制作：放样、选料、运料、鏊剥、刨光、划线、起线、凿眼、挖底、拨亥、锯榫；
2. 安装：安装、吊线、校正、临时支撑、伸入墙内部分刷水柏油。　　　　计量单位：m³

定　额　编　号			F1-4-1	F1-4-2	F1-4-3
项　目　名　称			木构架		
			立帖式圆柱		
			φ＜14cm	φ＜18cm	φ＜22cm
基　　　价（元）			6857.55	6318.90	5780.54
其中	人　工　费（元）		4848.20	4366.60	3871.00
	材　料　费（元）		1766.94	1733.97	1715.99
	机　械　费（元）		242.41	218.33	193.55
名　　　称	单位	单价（元）	消	耗	量
人工	综合工日	工日	140.00	34.630	31.190	27.650
材料	水柏油	kg	1.50	0.500	0.500	0.500
	铁钉	kg	3.56	0.700	0.700	0.700
	原木	m³	1491.00	1.177	1.155	1.143
	其他材料费占材料费	%	—	0.500	0.500	0.500
机械	其他机械费占人工费	%	—	5.000	5.000	5.000

工作内容：1. 制作：放样、选料、运料、錾剥、刨光、划线、起线、凿眼、挖底、拨亥、锯榫；
2. 安装：安装、吊线、校正、临时支撑、伸入墙内部分刷水柏油。 计量单位：m³

定 额 编 号			F1-4-4	F1-4-5	F1-4-6
项 目 名 称			木构架		
			立帖式圆柱		
			φ＜26cm	φ＜30cm	φ＜34cm
基 价 （元）			4936.05	4587.29	4415.47
其中	人 工 费 （元）		3102.40	2788.80	2616.60
	材 料 费 （元）		1678.53	1659.05	1668.04
	机 械 费 （元）		155.12	139.44	130.83
名 称	单位	单价（元）	消	耗	量
人工	综合工日	工日	140.00	22.160	19.920	18.690
材料	水柏油	kg	1.50	0.500	0.500	0.500
	铁钉	kg	3.56	0.700	0.700	0.700
	原木	m³	1491.00	1.118	1.105	1.111
	其他材料费占材料费	%	—	0.500	0.500	0.500
机械	其他机械费占人工费	%	—	5.000	5.000	5.000

240

工作内容：1.制作：放样、选料、运料、錾剥、刨光、划线、起线、凿眼、挖底、拨亥、锯榫；
2.安装：安装、吊线、校正、临时支撑、伸入墙内部分刷水柏油。 计量单位：m³

定 额 编 号			F1-4-7	F1-4-8	F1-4-9
项 目 名 称			木构架		
			立帖式圆柱		
			Φ<40cm	Φ<44cm	Φ<50cm
基 价（元）			3988.74	3732.94	3440.49
其中	人 工 费（元）		2231.60	1989.40	1706.60
	材 料 费（元）		1645.56	1644.07	1648.56
	机 械 费（元）		111.58	99.47	85.33
名 称		单位	单价（元）	消　耗　量	
人工	综合工日	工日	140.00	15.940	14.210	12.190
材料	水柏油	kg	1.50	0.500	0.500	0.500
	铁钉	kg	3.56	0.700	0.700	0.700
	原木	m³	1491.00	1.096	1.095	1.098
	其他材料费占材料费	%	—	0.500	0.500	0.500
机械	其他机械费占人工费	%	—	5.000	5.000	5.000

工作内容：1.制作：放样、选料、运料、錾剥、刨光、划线、起线、凿眼、挖底、拨亥、锯榫；
　　　　　2.安装：安装、吊线、校正、临时支撑、伸入墙内部分刷水柏油。　　　　　计量单位：m³

定　额　编　号				F1-4-10	F1-4-11	F1-4-12
项　目　名　称				木构架		
				立帖式方柱		
				<14cm×14cm	<18cm×18cm	<22cm×22cm
基　　　　　　价（元）				4281.29	3589.24	3011.56
其中	人　工　费（元）			2514.40	1890.00	1342.60
	材　料　费（元）			1641.17	1604.74	1601.83
	机　械　费（元）			125.72	94.50	67.13
名　　称		单位	单价（元）	消	耗	量
人工	综合工日	工日	140.00	17.960	13.500	9.590
材料	枋材	m³	1449.97	1.124	1.099	1.097
	水柏油	kg	1.50	0.500	0.500	0.500
	铁钉	kg	3.56	0.700	0.700	0.700
	其他材料费占材料费	%	—	0.500	0.500	0.500
机械	其他机械费占人工费	%	—	5.000	5.000	5.000

242

工作内容：1.制作：放样、选料、运料、錾剥、刨光、划线、起线、凿眼、挖底、拨亥、锯榫；
　　　　　2.安装：安装、吊线、校正、临时支撑、伸入墙内部分刷水柏油。　　　　计量单位：m³

定　额　编　号				F1-4-13	F1-4-14
项　目　名　称				木构架	
				立帖式方柱	
				<26cm×26cm	<30cm×30cm
基　　　　价（元）				2610.33	2423.74
其中	人　工　费（元）			968.80	802.20
	材　料　费（元）			1593.09	1581.43
	机　械　费（元）			48.44	40.11
名　　称		单位	单价(元)	消　　耗　　量	
人工	综合工日	工日	140.00	6.920	5.730
材料	枋材	m³	1449.97	1.091	1.083
	水柏油	kg	1.50	0.500	0.500
	铁钉	kg	3.56	0.700	0.700
	其他材料费占材料费	%	——	0.500	0.500
机械	其他机械费占人工费	%	——	5.000	5.000

工作内容：1.制作：放样、选料、运料、錾剥、刨光、划线、起线、凿眼、挖底、拨亥、锯榫；
2.安装：安装、吊线、校正、临时支撑、伸入墙内部分刷水柏油。 计量单位：m³

定　额　编　号				F1-4-15		
项　目　名　称				木构架		
				立柱		
				圆柱φ14～18cm		
基　　　　　价（元）				2800.96		
其中	人　工　费（元）			1015.00		
	材　料　费（元）			1735.21		
	机　械　费（元）			50.75		
名　　　　　称		单位	单价（元）	消　　耗　　　量		
人工	综合工日	工日	140.00	7.250		
材料	原木	m³	1491.00	1.158		
	其他材料费占材料费	%	—	0.500		
机械	其他机械费占人工费	%	—	5.000		

244

工作内容：1.制作：放样、选料、运料、錾剥、刨光、划线、起线、凿眼、挖底、拨亥、锯榫；
　　　　　2.安装：安装、吊线、校正、临时支撑、伸入墙内部分刷水柏油。　　　　计量单位：m³

定　额　编　号			F1-4-16
			木构架
项　目　名　称			立柱
			方柱14cm×14cm～22cm×22cm
基　　　价（元）			2564.21
其中	人　工　费（元）		903.00
	材　料　费（元）		1616.06
	机　械　费（元）		45.15
名　　　称	单位	单价（元）	消　耗　量
人工	综合工日	工日	140.00	6.450
材料	枋材	m³	1449.97	1.109
	其他材料费占材料费	%	—	0.500
机械	其他机械费占人工费	%	—	5.000

工作内容：1.制作：放样、选料、运料、錾剥、刨光、划线、起线、凿眼、挖底、拨亥、锯榫；
2.安装：安装、吊线、校正、临时支撑、伸入墙内部分刷水柏油。　　　　计量单位：m³

定　额　编　号			F1-4-17
项　目　名　称			木构架
			立柱
			多角形
基　　　　价（元）			4117.31
其中	人　工　费（元）		2086.00
	材　料　费（元）		1927.01
	机　械　费（元）		104.30
名　　称	单位	单价（元）	消　耗　量
人工	综合工日	工日	140.00	14.900
材料	原木	m³	1491.00	1.286
	其他材料费占材料费	%	—	0.500
机械	其他机械费占人工费	%	—	5.000

246

2.梁、枋

工作内容：1.制作：放样、选料、运料、錾剥、刨光、划线、起线、凿眼、挖底、拨亥、锯榫；
2.安装：安装、吊线、校正、临时支撑、伸入墙内部分刷水柏油。

计量单位：m³

定 额 编 号			F1-4-18	F1-4-19
项 目 名 称			木构架	
			圆梁、大梁、山界梁、双步川梁、矮柱	
			φ＜24cm	φ＞24cm
基 价（元）			6386.47	7010.42
其中	人 工 费（元）		4450.60	4937.80
	材 料 费（元）		1713.34	1825.73
	机 械 费（元）		222.53	246.89
名 称		单位	单价（元）	消 耗 量
人工	综合工日	工日	140.00	31.790	35.270
材料	铁件	kg	4.19	0.500	0.500
	原木	m³	1491.00	1.142	1.217
	其他材料费占材料费	%	—	0.500	0.500
机械	其他机械费占人工费	%	—	5.000	5.000

247

工作内容：1. 制作：放样、选料、运料、錾剥、刨光、划线、起线、凿眼、挖底、拨亥、锯榫；
2. 安装：安装、吊线、校正、临时支撑、伸入墙内部分刷水柏油。　　　　　　计量单位：m³

定　额　编　号					F1-4-20	F1-4-21
项　目　名　称					木构架	
					偏作梁、大梁、承重山界梁、轩梁、荷包梁	
					双步厚＜24cm	双步厚＞24cm
基　　　　　价（元）					4646.02	4215.95
其中	人　工　费（元）				2906.40	2507.40
	材　料　费（元）				1594.30	1583.18
	机　械　费（元）				145.32	125.37
名　　称		单位	单价（元）	消	耗	量
人工	综合工日	工日	140.00	20.760		17.910
材料	枋材	m³	1449.97	1.090		1.083
	水柏油	kg	1.50	1.230		0.620
	铁钉	kg	3.56	0.550		0.550
	铁件	kg	4.19	0.500		0.500
	其他材料费占材料费	%	—	0.500		0.500
机械	其他机械费占人工费	%	—	5.000		5.000

248

工作内容：1. 制作：放样、选料、运料、錾剥、刨光、划线、起线、凿眼、挖底、拨亥、锯榫；
2. 安装：安装、吊线、校正、临时支撑、伸入墙内部分刷水柏油。　　　　　计量单位：m³

定　额　编　号				F1-4-22	F1-4-23	F1-4-24	F1-4-25
项　目　名　称				木构架			
				枋子、夹底、斗盘枋			
				厚<8cm	厚<12cm	厚<15cm	厚>15cm
基　　　价（元）				4044.15	3523.64	3284.77	2751.11
其中	人　工　费（元）			2224.60	1738.80	1496.60	1101.80
	材　料　费（元）			1708.32	1697.90	1713.34	1594.22
	机　械　费（元）			111.23	86.94	74.83	55.09
名　　称		单位	单价（元）	消　　　耗　　　量			
人工	综合工日	工日	140.00	15.890	12.420	10.690	7.870
材料	枋材	m³	1449.97	1.170	1.162	1.172	1.092
	水柏油	kg	1.50	1.050	1.870	—	—
	铁钉	kg	3.56	0.500	0.500	1.530	0.820
	其他材料费占材料费	%	—	0.500	0.500	0.500	0.500
机械	其他机械费占人工费	%	—	5.000	5.000	5.000	5.000

249

3. 木桁条、连机

工作内容：1. 制作：放样、选料、运料、錾剥、刨光、划线、起线、凿眼、挖底、拨亥、锯榫；
2. 安装：安装、吊线、校正、临时支撑、伸入墙内部分刷水柏油。　　　　计量单位：m³

定　额　编　号				F1-4-26	F1-4-27	F1-4-28	F1-4-29
项　目　名　称				木构架			
				圆木桁条			
				φ＜12cm	φ＜16cm	φ＜20cm	φ＜24cm
基　　　　价（元）				4743.14	3738.05	3012.68	2747.74
其中	人　工　费（元）			2797.20	1894.20	1236.20	1001.00
	材　料　费（元）			1806.08	1749.14	1714.67	1696.69
	机　械　费（元）			139.86	94.71	61.81	50.05
名　　　称		单位	单价（元）	消　　　耗　　　量			
人工	综合工日	工日	140.00	19.980	13.530	8.830	7.150
材料	水柏油	kg	1.50	0.100	0.100	0.100	0.100
	铁钉	kg	3.56	0.500	0.500	0.500	0.500
	原木	m³	1491.00	1.204	1.166	1.143	1.131
	其他材料费占材料费	%	—	0.500	0.500	0.500	0.500
机械	其他机械费占人工费	%	—	5.000	5.000	5.000	5.000

250

工作内容：1.制作：放样、选料、运料、鏨剥、刨光、划线、起线、凿眼、挖底、拨亥、锯榫；
2.安装：安装、吊线、校正、临时支撑、伸入墙内部分刷水柏油。　　　　计量单位：m³

定　额　编　号				F1-4-30	F1-4-31	F1-4-32	F1-4-33
项　目　名　称				木构架			
				圆木桁条			
				φ＜28cm	φ＜32cm	φ＜36cm	φ＜40cm
基　　　　价（元）				2485.77	2412.01	2307.56	2170.48
其中	人　工　费（元）			767.20	709.80	614.60	502.60
	材　料　费（元）			1680.21	1666.72	1662.23	1642.75
	机　械　费（元）			38.36	35.49	30.73	25.13
名　　　　称		单位	单价(元)	消　　　耗　　　量			
人工	综合工日	工日	140.00	5.480	5.070	4.390	3.590
材料	水柏油	kg	1.50	0.100	0.100	0.100	0.100
	铁钉	kg	3.56	0.500	0.500	0.500	0.500
	原木	m³	1491.00	1.120	1.111	1.108	1.095
	其他材料费占材料费	%	—	0.500	0.500	0.500	0.500
机械	其他机械费占人工费	%	—	5.000	5.000	5.000	5.000

251

工作内容：1.制作：放样、选料、錾剥、刨光、划线、起线、凿眼、挖底、拨亥、锯榫；
2.安装：安装、吊线、校正、临时支撑、伸入墙内部分刷水柏油。　　　　计量单位：m³

定　额　编　号				F1-4-34	F1-4-35	F1-4-36	F1-4-37
项　目　名　称				木构架			
				圆木轩桁			
				φ＜12cm	φ＜16cm	φ＜20cm	φ＜24cm
基　　　　价（元）				5791.25	4302.53	3434.57	3113.77
其中	人　工　费（元）			3795.40	2431.80	1638.00	1349.60
	材　料　费（元）			1806.08	1749.14	1714.67	1696.69
	机　械　费（元）			189.77	121.59	81.90	67.48
名　　称		单位	单价（元）	消	耗		量
人工	综合工日	工日	140.00	27.110	17.370	11.700	9.640
材料	水柏油	kg	1.50	0.100	0.100	0.100	0.100
	铁钉	kg	3.56	0.500	0.500	0.500	0.500
	原木	m³	1491.00	1.204	1.166	1.143	1.131
	其他材料费占材料费	%	—	0.500	0.500	0.500	0.500
机械	其他机械费占人工费	%	—	5.000	5.000	5.000	5.000

252

工作内容：1.制作：放样、选料、运料、錾剥、刨光、划线、起线、凿眼、挖底、拨亥、锯榫；
　　　　　2.安装：安装、吊线、校正、临时支撑、伸入墙内部分刷水柏油。　　　　　计量单位：m³

定　额　编　号			F1-4-38	F1-4-39	F1-4-40	F1-4-41
项　目　名　称			木构架			
			圆木轩桁			
			φ＜28cm	φ＜32cm	φ＜36cm	φ＜40cm
基　　　　价　（元）			2775.36	2622.22	2481.02	2302.78
其中	人　工　费（元）		1043.00	910.00	779.80	628.60
	材　料　费（元）		1680.21	1666.72	1662.23	1642.75
	机　械　费（元）		52.15	45.50	38.99	31.43
名　　　称	单位	单价（元）	消　　　耗			量
人工	综合工日	工日	140.00	7.450	6.500	5.570	4.490
材料	水柏油	kg	1.50	0.100	0.100	0.100	0.100
	铁钉	kg	3.56	0.500	0.500	0.500	0.500
	原木	m³	1491.00	1.120	1.111	1.108	1.095
	其他材料费占材料费	%	—	0.500	0.500	0.500	0.500
机械	其他机械费占人工费	%	—	5.000	5.000	5.000	5.000

工作内容：1.制作：放样、选料、运料、錾剥、刨光、划线、起线、凿眼、挖底、拨亥、锯榫；
2.安装：安装、吊线、校正、临时支撑、伸入墙内部分刷水柏油。 计量单位：m³

定 额 编 号				F1-4-42	F1-4-43	F1-4-44
项 目 名 称				木构架		
				方木桁条		
				厚<11cm	厚<14cm	厚>14cm
基 价 （元）				2739.29	2469.06	2369.19
其中	人 工 费 （元）			1033.20	803.60	718.20
	材 料 费 （元）			1654.43	1625.28	1615.08
	机 械 费 （元）			51.66	40.18	35.91
名 称		单位	单价（元）	消	耗	量
人工	综合工日	工日	140.00	7.380	5.740	5.130
材料	枋材	m³	1449.97	1.134	1.114	1.107
	水柏油	kg	1.50	0.100	0.100	0.100
	铁钉	kg	3.56	0.500	0.500	0.500
	其他材料费占材料费	%	—	0.500	0.500	0.500
机械	其他机械费占人工费	%	—	5.000	5.000	5.000

254

工作内容：1.制作：放样、选料、运料、錾剥、刨光、划线、起线、凿眼、挖底、拨亥、锯榫；
　　　　　2.安装：安装、吊线、校正、临时支撑、伸入墙内部分刷水柏油。　　　　　计量单位：m³

定　额　编　号				F1-4-45	F1-4-46	F1-4-47
项　目　名　称				木构架		
				方木轩桁		
				厚<11cm	厚<14cm	厚>14cm
基　　　价（元）				3496.34	3131.71	2870.14
其中	人　工　费（元）			1754.20	1436.40	1197.00
	材　料　费（元）			1654.43	1623.49	1613.29
	机　械　费（元）			87.71	71.82	59.85
名　　称		单位	单价（元）	消　　耗　　量		
人工	综合工日	工日	140.00	12.530	10.260	8.550
材料	枋材	m³	1449.97	1.134	1.114	1.107
	水柏油	kg	1.50	0.100	0.100	0.100
	铁钉	kg	3.56	0.500	—	—
	其他材料费占材料费	%	—	0.500	0.500	0.500
机械	其他机械费占人工费	%	—	5.000	5.000	5.000

255

工作内容：1.制作：放样、选料、运料、錾剥、刨光、划线、起线、凿眼、挖底、拨亥、锯榫；
2.安装：安装、吊线、校正、临时支撑、伸入墙内部分刷水柏油。 计量单位：m³

定 额 编 号				F1-4-48	F1-4-49
项 目 名 称				木构架	
				方木连机	
				厚＞5cm	厚＞8cm
基 价 （元）				5222.73	3168.91
其中	人 工 费 （元）			3357.20	1470.00
	材 料 费 （元）			1697.67	1625.41
	机 械 费 （元）			167.86	73.50
名 称		单位	单价（元）	消 耗 量	
人工	综合工日	工日	140.00	23.980	10.500
材料	枋材	m³	1449.97	1.146	1.111
	铁钉	kg	3.56	7.740	1.800
	其他材料费占材料费	%	—	0.500	0.500
机械	其他机械费占人工费	%	—	5.000	5.000

256

工作内容：1.制作：放样、选料、运料、鏨剥、刨光、划线、起线、凿眼、挖底、拨亥、锯榫；
2.安装：安装、吊线、校正、临时支撑、伸入墙内部分刷水柏油。　　　计量单位：m³

·定　额　编　号	F1-4-50
项　目　名　称	木构架
	帮脊木
	方形、圆形、多角形
基　　　价（元）	2835.09

其中	人　工　费（元）	1202.60
	材　料　费（元）	1572.36
	机　械　费（元）	60.13

	名　　　称	单位	单价（元）	消　　耗　　量
人工	综合工日	工日	140.00	8.590
材料	水柏油	kg	1.50	0.200
	铁钉	kg	3.56	1.830
	原木	m³	1491.00	1.050
机械	其他机械费占人工费	%	—	5.000

4.木格栅

工作内容：1.制作：放样、选料、运料、錾剥、刨光、划线、起线、凿眼、挖底、拨亥、锯榫；
2.安装：安装、吊线、校正、临时支撑、伸入墙内部分刷水柏油。　　　　计量单位：m³

定　额　编　号				F1-4-51	F1-4-52	F1-4-53
项　目　名　称				木构架		
				方木格栅		
				厚<11cm	厚<14cm	厚>14cm
基　　　　　　价（元）				3165.48	2824.57	2615.30
其中	人　工　费（元）			1440.60	1136.80	952.00
	材　料　费（元）			1652.85	1630.93	1615.70
	机　械　费（元）			72.03	56.84	47.60
名　　称		单位	单价（元）	消　　耗　　量		
人工	综合工日	工日	140.00	10.290	8.120	6.800
材料	枋材	m³	1449.97	1.134	1.119	1.110
	水柏油	kg	1.50	0.100	0.100	0.100
	铁钉	kg	3.56	2.370	2.320	1.710
机械	其他机械费占人工费	%	—	5.000	5.000	5.000

工作内容：1.制作：放样、选料、运料、錾剥、刨光、划线、起线、凿眼、挖底、拨亥、锯榫；
2.安装：安装、吊线、校正、临时支撑、伸入墙内部分刷水柏油。　　　　　计量单位：m³

定　额　编　号			F1-4-54	F1-4-55	F1-4-56
项　目　名　称			木构架		
			圆木格栅		
			φ＜14cm	φ＜16cm	φ＜20cm
基　　　　价（元）			3703.86	3492.20	3079.64
其中	人　工　费（元）		1849.40	1670.20	1309.00
	材　料　费（元）		1761.99	1738.49	1705.19
	机　械　费（元）		92.47	83.51	65.45
名　　称		单位	单价（元）	消　耗	量
人工	综合工日	工日	140.00	13.210	11.930	9.350
材料	水柏油	kg	1.50	0.100	0.100	0.100
	铁钉	kg	3.56	1.530	1.210	1.070
	原木	m³	1491.00	1.178	1.163	1.141
机械	其他机械费占人工费	%	—	5.000	5.000	5.000

259

5.椽子

工作内容：1.制作：放样、选料、运料、錾剥、刨光、划线、起线、凿眼、挖底、拨亥、锯榫；
2.安装：安装、吊线、校正、临时支撑、伸入墙内部分刷水柏油。　　　　　　计量单位：m³

定　额　编　号				F1-4-57	F1-4-58	F1-4-59
项　目　名　称				木构架		
				矩形椽子		
				周长＜30cm	周长＜40cm	周长＞40cm
基　　　　价（元）				2996.55	2345.98	2088.40
其中	人　工　费（元）			1192.80	639.80	497.00
	材　料　费（元）			1744.11	1674.19	1566.55
	机　械　费（元）			59.64	31.99	24.85
名　　　称		单位	单价（元）	消	耗	量
人工	综合工日	工日	140.00	8.520	4.570	3.550
材料	枋材	m³	1449.97	1.195	1.150	1.075
	铁钉	kg	3.56	3.200	1.890	2.200
机械	其他机械费占人工费	%	—	5.000	5.000	5.000

260

工作内容：1.制作：放样、选料、运料、錾剥、刨光、划线、起线、凿眼、挖底、拨亥、锯榫；
　　　　　2.安装：安装、吊线、校正、临时支撑、伸入墙内部分刷水柏油。　　　　　计量单位：m³

定　额　编　号				F1-4-60	F1-4-61
项　目　名　称				木构架	
				半圆荷包形椽	
				φ＜7cm	φ＜10cm
基　　　　价（元）				3270.73	3053.58
其中	人　工　费（元）			1470.00	1323.00
	材　料　费（元）			1727.23	1664.43
	机　械　费（元）			73.50	66.15
名　　　称		单位	单价（元）	消　耗　　量	
人工	综合工日	工日	140.00	10.500	9.450
材料	枋材	m³	1449.97	1.184	1.144
	铁钉	kg	3.56	2.940	1.590
机械	其他机械费占人工费	%	—	5.000	5.000

工作内容：1.制作：放样、选料、运料、錾剥、刨光、划线、起线、凿眼、挖底、拨亥、锯榫；
2.安装：安装、吊线、校正、临时支撑、伸入墙内部分刷水柏油。　　　　　　　计量单位：m³

定　额　编　号				F1-4-62	F1-4-63	F1-4-64
项　目　名　称				木构架		
				全圆形椽子		
				φ＜7cm	φ＜10cm	φ＞10cm
基　　　价（元）				3121.56	2652.55	2513.96
其中	人　工　费（元）			1218.00	726.60	632.80
	材　料　费（元）			1842.66	1889.62	1849.52
	机　械　费（元）			60.90	36.33	31.64
名　　称		单位	单价（元）	消	耗	量
人工	综合工日	工日	140.00	8.700	5.190	4.520
材料	铁钉	kg	3.56	2.870	2.240	—
	铁件	kg	4.19	—	—	3.720
	原木	m³	1491.00	1.229	1.262	1.230
机械	其他机械费占人工费	%	—	5.000	5.000	5.000

262

工作内容：1.制作：放样、选料、运料、錾剥、刨光、划线、起线、凿眼、挖底、拨亥、锯榫；
2.安装：安装、吊线、校正、临时支撑、伸入墙内部分刷水柏油。　　　　　计量单位：m³

定　额　编　号			F1-4-65	F1-4-66	F1-4-67
项　目　名　称			木构架		
			矩形单弯椽		
			周长＜25cm	周长＜35cm	周长＜45cm
基　　　　价（元）			9483.47	5789.22	4447.59
其中	人　工　费（元）		6563.20	3199.00	1829.80
	材　料　费（元）		2592.11	2430.27	2526.30
	机　械　费（元）		328.16	159.95	91.49
名　　　称	单位	单价（元）	消	耗	量
人工	综合工日	工日	140.00	46.880	22.850	13.070
材料	枋材	m³	1449.97	1.770	1.667	1.736
	铁钉	kg	3.56	7.210	3.700	2.570
机械	其他机械费占人工费	%	—	5.000	5.000	5.000

定　额　编　号				F1-4-68	F1-4-69	F1-4-70
项　目　名　称				木构架		
				半圆单弯橡		
				周长＜25cm	周长＜35cm	周长＜45cm
基　　　　　价（元）				11007.86	6393.39	5147.31
其中	人　工　费（元）			8015.00	3774.40	2496.20
	材　料　费（元）			2592.11	2430.27	2526.30
	机　械　费（元）			400.75	188.72	124.81
名　　称		单位	单价（元）	消　　耗　　量		
人工	综合工日	工日	140.00	57.250	26.960	17.830
材料	枋材	m³	1449.97	1.770	1.667	1.736
	铁钉	kg	3.56	7.210	3.700	2.570
机械	其他机械费占人工费	%	—	5.000	5.000	5.000

工作内容：1.制作：放样、选料、运料、錾剥、刨光、划线、起线、凿眼、挖底、拨亥、锯榫；
　　　　　2.安装：安装、吊线、校正、临时支撑、伸入墙内部分刷水柏油。　　　　　计量单位：m³

定　额　编　号				F1-4-71	F1-4-72	F1-4-73
项　目　名　称				木构架		
				矩形双弯轩椽		
				周长＜25cm	周长＜35cm	周长＜45cm
基　　　　价（元）				14196.67	7801.65	6381.40
其中		人　工　费（元）		11064.20	5115.60	3672.20
		材　料　费（元）		2579.26	2430.27	2525.59
		机　械　费（元）		553.21	255.78	183.61
名　　　称		单位	单价（元）	消　　耗		量
人工	综合工日	工日	140.00	79.030	36.540	26.230
材料	枋材	m³	1449.97	1.770	1.667	1.736
	铁钉	kg	3.56	3.600	3.700	2.370
机械	其他机械费占人工费	%	—	5.000	5.000	5.000

工作内容：1. 制作：放样、选料、运料、錾剥、刨光、划线、起线、凿眼、挖底、拨亥、锯榫；
2. 安装：安装、吊线、校正、临时支撑、伸入墙内部分刷水柏油。　　　　计量单位：m³

定　额　编　号				F1-4-74	F1-4-75	F1-4-76
项　目　名　称				木构架		
				茶壶档轩橡		
				周长＜25cm	周长＜35cm	周长＜45cm
基　　　价（元）				6972.20	5021.31	4213.97
其中	人　工　费（元）			4925.20	3137.40	2399.60
	材　料　费（元）			1800.74	1727.04	1694.39
	机　械　费（元）			246.26	156.87	119.98
名　　　称		单位	单价（元）	消　　耗		量
人工	综合工日	工日	140.00	35.180	22.410	17.140
材料	枋材	m³	1449.97	1.233	1.185	1.164
	铁钉	kg	3.56	3.630	2.480	1.860
机械	其他机械费占人工费	%	—	5.000	5.000	5.000

工作内容：1. 制作：放样、选料、运料、錾剥、刨光、划线、起线、凿眼、挖底、拨亥、锯榫；
2. 安装：安装、吊线、校正、临时支撑、伸入墙内部分刷水柏油。　　　　　计量单位：m³

定　额　编　号			F1-4-77	F1-4-78	F1-4-79
项　目　名　称			木构架		
			矩形飞橡		
			周长＜25cm	周长＜35cm	周长＜45cm
基　　　　　价（元）			5634.92	3467.87	2877.31
其中	人　工　费（元）		3605.00	1660.40	1127.00
	材　料　费（元）		1849.67	1724.45	1693.96
	机　械　费（元）		180.25	83.02	56.35
名　　称	单位	单价（元）	消　　耗　　量		
人工	综合工日	工日	140.00	25.750	11.860	8.050
材料	枋材	m³	1449.97	1.257	1.181	1.160
	铁钉	kg	3.56	7.600	3.380	3.370
机械	其他机械费占人工费	%	—	5.000	5.000	5.000

工作内容：1.制作：放样、选料、运料、錾剥、刨光、划线、起线、凿眼、挖底、拨亥、锯榫；
　　　　　2.安装：安装、吊线、校正、临时支撑、伸入墙内部分刷水柏油。　　　　　计量单位：m³

定　额　编　号			F1-4-80	F1-4-81	F1-4-82
项　目　名　称			木构架		
			圆形飞橼		
			周长＜φ7cm	周长＜φ10cm	周长＞φ10cm
基　　　价（元）			5953.22	4016.33	3494.91
其中	人　工　费（元）		3761.80	1990.80	1558.20
	材　料　费（元）		2003.33	1925.99	1858.80
	机　械　费（元）		188.09	99.54	77.91
名　　称	单位	单价（元）	消	耗	量
人工	综合工日	工日	140.00	26.870	14.220	11.130
材料	铁钉	kg	3.56	6.540	4.500	5.730
	原木	m³	1491.00	1.328	1.281	1.233
机械	其他机械费占人工费	%	—	5.000	5.000	5.000

268

6.戗角

工作内容：1.制作：放样、选料、运料、錾剥、刨光、划线、起线、凿眼、挖底、拨亥、锯榫；
2.安装：安装、校正、固定。 计量单位：m³

定 额 编 号					F1-4-83	F1-4-84
项 目 名 称					木构架	
					老戗木	
					周长＜60cm	周长＜80cm
基 价（元）					7061.33	5828.78
其中	人 工 费（元）				5252.80	4036.20
	材 料 费（元）				1703.47	1711.86
	机 械 费（元）				105.06	80.72
名 称		单位	单价（元）	消 耗 量		
人工	综合工日	工日	140.00	37.520		28.830
材料	枋材	m³	1449.97	1.156		1.167
	铁件	kg	4.19	5.300		3.490
	其他材料费占材料费	%	—	0.300		0.300
机械	其他机械费占人工费	%	—	2.000		2.000

269

工作内容：1.制作：放样、选料、运料、錾剥、刨光、划线、起线、凿眼、挖底、拨亥、锯榫；
2.安装：安装、校正、固定。 计量单位：m³

定 额 编 号					F1-4-85	F1-4-86
项 目 名 称					木构架	
					老戗木	
					周长<110cm	周长<140cm
基 价（元）					4359.71	3413.72
其中	人 工 费（元）				2709.00	1793.40
	材 料 费（元）				1596.53	1584.45
	机 械 费（元）				54.18	35.87
	名 称	单位	单价（元）		消 耗 量	
人工	综合工日	工日	140.00		19.350	12.810
材料	枋材	m³	1449.97		1.089	1.080
	铁件	kg	4.19		3.040	3.280
	其他材料费占材料费	%	—		0.300	0.300
机械	其他机械费占人工费	%	—		2.000	2.000

工作内容：1.制作：放样、选料、运料、錾剥、刨光、划线、起线、凿眼、挖底、拨亥、锯榫；
　　　　　2.安装：安装、校正、固定。　　　　　　　　　　　　　　　　　　计量单位：m³

定　额　编　号					F1-4-87	F1-4-88
项　目　名　称					木构架	
					嫩戗木	
					周长<55cm	周长<70cm
基　　　　　　价（元）					13141.61	8345.20
其中	人　工　费（元）				11274.20	6636.00
	材　料　费（元）				1641.93	1576.48
	机　械　费（元）				225.48	132.72
名　　称		单位	单价（元）	消　　　耗　　　量		
人工	综合工日	工日	140.00	80.530		47.400
材料	枋材	m³	1449.97	1.129		1.084
	其他材料费占材料费	%	—	0.300		0.300
机械	其他机械费占人工费	%	—	2.000		2.000

271

工作内容：1.制作：放样、选料、运料、錾剥、刨光、划线、起线、凿眼、挖底、拨亥、锯榫；
2.安装：安装、校正、固定。 计量单位：m³

定 额 编 号					F1-4-89	F1-4-90
项 目 名 称					木构架	
					嫩戗木	
					周长＜100cm	周长＜120cm
基 价（元）					5311.85	4916.76
其中	人 工 费（元）				3677.80	3264.80
	材 料 费（元）				1560.49	1586.66
	机 械 费（元）				73.56	65.30
名 称		单位	单价(元)		消 耗 量	
人工	综合工日	工日	140.00		26.270	23.320
材料	枋材	m³	1449.97		1.073	1.091
	其他材料费占材料费	%	—		0.300	0.300
机械	其他机械费占人工费	%	—		2.000	2.000

272

工作内容：1.制作：放样、选料、运料、錾剥、刨光、划线、起线、凿眼、挖底、拨亥、锯榫；
2.安装：安装、校正、固定。　　　　　　　　　　　　　　　　　　计量单位：m³

定　额　编　号				F1-4-91	F1-4-92
项　目　名　称				木构架	
				戗仚木	
				<120cm×11cm×7cm	<150cm×14cm×8cm
基　　　价（元）				6197.45	4801.24
其中	人　工　费（元）			4422.60	3077.20
	材　料　费（元）			1686.40	1662.50
	机　械　费（元）			88.45	61.54
名　　称		单位	单价（元）	消　　耗　　量	
人工	综合工日	工日	140.00	31.590	21.980
材料	枋材	m³	1449.97	1.119	1.110
	铁钉	kg	3.56	9.570	6.640
	其他材料费占材料费	%	—	1.800	1.800
机械	其他机械费占人工费	%	—	2.000	2.000

273

工作内容：1.制作：放样、选料、运料、錾剥、刨光、划线、起线、凿眼、挖底、拨亥、锯榫；
2.安装：安装、校正、固定。　　　　　　　　　　　　　　　　　　　计量单位：m³

定　额　编　号				F1-4-93	F1-4-94
项　目　名　称				木构架	
				戗仓木	
				＜170cm×16cm×10cm	＜220cm×18cm×12cm
基　　　　　价（元）				3898.87	3163.13
其中	人　工　费（元）			2212.00	1507.80
	材　料　费（元）			1642.63	1625.17
	机　械　费（元）			44.24	30.16
名　　　称		单位	单价（元）	消　　耗　　量	
人工	综合工日	工日	140.00	15.800	10.770
材料	枋材	m³	1449.97	1.100	1.092
	铁钉	kg	3.56	5.230	3.670
	其他材料费占材料费	%	—	1.800	1.800
机械	其他机械费占人工费	%	—	2.000	2.000

274

工作内容：1.制作：放样、选料、运料、鏨剥、刨光、划线、起线、凿眼、挖底、拨亥、锯榫；
2.安装：安装、校正、固定。 计量单位：m³

定 额 编 号					F1-4-95	F1-4-96	F1-4-97	F1-4-98
项 目 名 称					木构架			
					半圆荷包形摔网椽			
					Φ＜7cm	Φ＜8cm	Φ＜10cm	Φ＜12cm
基 价（元）					4860.02	4270.62	4103.47	3854.54
其中	人 工 费（元）				3284.40	2695.00	2230.20	2004.80
	材 料 费（元）				1575.62	1575.62	1828.67	1809.64
	机 械 费（元）				—	—	44.60	40.10
名 称		单位	单价（元）		消 耗		量	
人工	综合工日	工日	140.00		23.460	19.250	15.930	14.320
材料	铁钉	kg	3.56		2.830	2.830	3.130	2.810
	原木	m³	1491.00		1.050	1.050	1.219	1.207
机械	其他机械费占人工费	%			—	—	2.000	2.000

工作内容：1.制作：放样、选料、运料、錾剥、刨光、划线、起线、凿眼、挖底、拨亥、锯榫；
2.安装：安装、校正、固定。 计量单位：m³

定 额 编 号					F1-4-99	F1-4-100
项 目 名 称					木构架	
					矩形摔网椽	
					<5.5cm×8cm	<6.5cm×8.5cm
基 价 （元）					3386.64	3078.07
其中	人 工 费 （元）				1720.60	1425.20
	材 料 费 （元）				1631.63	1624.37
	机 械 费 （元）				34.41	28.50
名 称		单位	单价(元)		消 耗 量	
人工	综合工日	工日	140.00		12.290	10.180
材料	枋材	m³	1449.97		1.115	1.108
	铁钉	kg	3.56		4.190	5.000
机械	其他机械费占人工费	%	—		2.000	2.000

276

工作内容：1.制作：放样、选料、运料、錾剥、刨光、划线、起线、凿眼、挖底、拨亥、锯榫；
　　　　　2.安装：安装、校正、固定。　　　　　　　　　　　　　　　　计量单位：m³

定　额　编　号				F1-4-101	F1-4-102
项　目　名　称				木构架	
				矩形摔网椽	
				＜8cm×10.5cm	＜9cm×12cm
基　　　　价（元）				2781.35	2546.32
其中	人　工　费（元）			1149.40	908.60
	材　料　费（元）			1608.96	1619.55
	机　械　费（元）			22.99	18.17
名　　称		单位	单价（元）	消　　耗　　量	
人工	综合工日	工日	140.00	8.210	6.490
材料	枋材	m³	1449.97	1.100	1.109
	铁钉	kg	3.56	3.930	3.240
机械	其他机械费占人工费	%	—	2.000	2.000

工作内容：1.制作：放样、选料、运料、錾剥、刨光、划线、起线、凿眼、挖底、拨亥、锯榫；
2.安装：安装、校正、固定。 计量单位：m³

定 额 编 号				F1-4-103	F1-4-104
项 目 名 称				木构架	
				立脚飞椽	
				<7cm×8.5cm	<9cm×12cm
基 价（元）				6015.95	4922.04
其中	人 工 费（元）			4289.60	3245.20
	材 料 费（元）			1640.56	1611.94
	机 械 费（元）			85.79	64.90
名 称		单位	单价(元)	消 耗 量	
人工	综合工日	工日	140.00	30.640	23.180
材料	枋材	m³	1449.97	1.120	1.105
	铁钉	kg	3.56	4.660	2.730
机械	其他机械费占人工费	%	—	2.000	2.000

工作内容：1.制作：放样、选料、运料、錾剥、刨光、划线、起线、凿眼、挖底、拨亥、锯榫；
2.安装：安装、校正、固定。
计量单位：m³

定　额　编　号					F1-4-105	F1-4-106
项　目　名　称					木构架	
					立脚飞椽	
					<10cm×16cm	<12cm×18cm
基　　　　价（元）					4098.73	3490.53
其中	人　工　费（元）				2438.80	1863.40
	材　料　费（元）				1611.15	1589.86
	机　械　费（元）				48.78	37.27
名　　　称		单位	单价（元）	消　　耗　　量		
人工	综合工日	工日	140.00	17.420		13.310
材料	枋材	m³	1449.97	1.105		1.091
	铁钉	kg	3.56	2.510		2.230
机械	其他机械费占人工费	%	—	2.000		2.000

工作内容：1.制作：放样、选料、运料、鏨剥、刨光、划线、起线、凿眼、挖底、拨亥、锯榫；
2.安装：安装、校正、固定。 计量单位：m³

定 额 编 号				F1-4-107	F1-4-108
项 目 名 称				木构架	
				关刀里口木	
				<16cm×24cm/2	<20cm×26cm/2
基 价 （元）				6508.98	6077.18
其中	人 工 费 （元）			4839.80	4419.80
	材 料 费 （元）			1572.38	1568.98
	机 械 费 （元）			96.80	88.40
名 称		单位	单价（元）	消 耗 量	
人工	综合工日	工日	140.00	34.570	31.570
材料	枋材	m³	1449.97	1.080	1.078
	铁钉	kg	3.56	1.800	1.660
机械	其他机械费占人工费	%	—	2.000	2.000

280

工作内容：1.制作：放样、选料、运料、錾剥、刨光、划线、起线、凿眼、挖底、拨亥、锯榫；
2.安装：安装、校正、固定。

计量单位：m³

定　额　编　号				F1-4-109	F1-4-110
项　目　名　称				木构架	
				关刀里口木	
				＜21cm×29cm/2	＜24cm×32cm/2
基　　　价（元）				5655.89	5319.26
其中	人　工　费（元）			3985.80	3659.60
	材　料　费（元）			1590.37	1586.47
	机　械　费（元）			79.72	73.19
名　　称		单位	单价（元）	消　　耗　　量	
人工	综合工日	工日	140.00	28.470	26.140
材料	枋材	m³	1449.97	1.093	1.091
	铁钉	kg	3.56	1.560	1.280
机械	其他机械费占人工费	%	—	2.000	2.000

工作内容：1.制作：放样、选料、运料、錾剥、刨光、划线、起线、凿眼、挖底、拨亥、锯榫；
2.安装：安装、校正、固定。 　　　　　　　　　　　　　　　　　计量单位：m

定　额　编　号				F1-4-111	F1-4-112
项　目　名　称				木构架	
				关刀弯眼沿	
				<3cm×7cm/2	<3.5cm×24cm/2
基　　　　　价（元）				19.26	29.66
其中	人　工　费（元）			14.14	21.28
	材　料　费（元）			4.41	7.32
	机　械　费（元）			0.71	1.06
名　　　　称		单位	单价（元）	消　　耗　　量	
人工	综合工日	工日	140.00	0.101	0.152
材料	枋材	m³	1449.97	0.003	0.005
	铁钉	kg	3.56	0.016	0.020
机械	其他机械费占人工费	%	—	5.000	5.000

工作内容：1. 制作：放样、选料、运料、錾剥、刨光、划线、起线、凿眼、挖底、拨亥、锯榫；
2. 安装：安装、校正、固定。

计量单位：m

定 额 编 号				F1-4-113	F1-4-114
项 目 名 称				木构架	
				关刀弯眼沿	
				＜4cm×27cm/2	＜4.5cm×30cm/2
基 价 （元）				39.94	52.91
其中	人 工 费 （元）			28.28	39.20
	材 料 费 （元）			10.25	11.75
	机 械 费 （元）			1.41	1.96
名 称		单位	单价（元）	消 耗 量	
人工	综合工日	工日	140.00	0.202	0.280
材料	枋材	m³	1449.97	0.007	0.008
	铁钉	kg	3.56	0.029	0.041
机械	其他机械费占人工费	%	—	5.000	5.000

工作内容：1.制作：放样、选料、运料、錾剥、刨光、划线、起线、凿眼、挖底、拨亥、锯榫；
2.安装：安装、校正、固定。　　　　　　　　　　　　　　　　　　　计量单位：m

定　额　编　号					F1-4-115	F1-4-116
项　目　名　称					木构架	
					弯风沿(封檐)板	
					<20cm×2.5cm	<28cm×3cm
基　　　价（元）					36.52	55.58
其中	人　工　费（元）				25.06	37.66
	材　料　费（元）				10.21	16.04
	机　械　费（元）				1.25	1.88
名　　　称		单位	单价（元）		消　　耗　　量	
人工	综合工日	工日	140.00		0.179	0.269
材料	枋材	m³	1449.97		0.007	0.011
	铁钉	kg	3.56		0.016	0.024
机械	其他机械费占人工费	%	—		5.000	5.000

284

工作内容：1.制作：放样、选料、运料、錾剥、刨光、划线、起线、凿眼、挖底、拨亥、锯榫；
　　　　　2.安装：安装、校正、固定。　　　　　　　　　　　　　　　　　　　计量单位：m

定　额　编　号				F1-4-117	F1-4-118
项　目　名　称				木构架	
				弯风沿(封檐)板	
				＜30cm×3.5cm	＜35cm×4cm
基　　　价（元）				70.03	95.73
其中	人　工　费（元）			48.58	67.48
	材　料　费（元）			19.02	24.88
	机　械　费（元）			2.43	3.37
名　　　称		单位	单价(元)	消　　耗　　量	
人工	综合工日	工日	140.00	0.347	0.482
材料	枋材	m³	1449.97	0.013	0.017
	铁钉	kg	3.56	0.049	0.065
机械	其他机械费占人工费	%	—	5.000	5.000

工作内容：1.制作：放样、选料、运料、鋬剥、刨光、划线、起线、凿眼、挖底、拨亥、锯榫；
2.安装：安装、校正、固定。

计量单位：m²

定 额 编 号				F1-4-119	F1-4-120
项 目 名 称				木构架	
				摔网板	
				厚<1.5cm	厚<2cm
基 价（元）				67.19	78.01
其中	人 工 费（元）			36.12	39.20
	材 料 费（元）			29.26	36.85
	机 械 费（元）			1.81	1.96
名 称		单位	单价(元)	消 耗 量	
人工	综合工日	工日	140.00	0.258	0.280
材料	枋材	m³	1449.97	0.020	0.025
	铁钉	kg	3.56	0.074	0.169
机械	其他机械费占人工费	%	—	5.000	5.000

286

工作内容：1.制作：放样、选料、运料、錾剥、刨光、划线、起线、凿眼、挖底、拨亥、锯榫；
2.安装：安装、校正、固定。 计量单位：m²

定 额 编 号				F1-4-121	
项 目 名 称				木构架	
				卷戗板	
				厚<1cm	
基 价 （元）				76.66	
其中	人 工 费（元）			54.88	
	材 料 费（元）			19.04	
	机 械 费（元）			2.74	
名 称		单位	单价（元）	消 耗 量	
人工	综合工日	工日	140.00	0.392	
材料	枋材	m³	1449.97	0.013	
	铁钉	kg	3.56	0.053	
机械	其他机械费占人工费	%	—	5.000	

工作内容：1.制作：放样、选料、运料、錾剥、刨光、划线、起线、凿眼、挖底、拨亥、锯榫；
2.安装：安装、校正、固定。 计量单位：m²

定 额 编 号				F1-4-122	F1-4-123	F1-4-124
项 目 名 称				木构架		
				鳌角壳板		
				厚<2cm	厚<3.5cm	厚<5.5cm
基 价（元）				55.84	130.91	186.04
其中	人 工 费（元）			23.52	72.10	94.08
	材 料 费（元）			31.14	55.20	87.26
	机 械 费（元）			1.18	3.61	4.70
名 称		单位	单价（元）	消	耗	量
人工	综合工日	工日	140.00	0.168	0.515	0.672
材料	枋材	m³	1449.97	0.021	0.037	0.058
	铁钉	kg	3.56	0.193	0.436	0.887
机械	其他机械费占人工费	%	—	5.000	5.000	5.000

288

工作内容：1.制作：放样、选料、运料、錾剥、刨光、划线、起线、凿眼、挖底、拨亥、锯榫；
2.安装：安装、校正、固定。
计量单位：m³

定 额 编 号				F1-4-125	F1-4-126
项 目 名 称				木构架	
				凌角木(龙径木)	
				＜8cm×18cm	＜10cm×25cm
基 价 （元）				7054.04	4365.71
其中	人 工 费（元）			5203.80	2693.60
	材 料 费（元）			1590.05	1537.43
	机 械 费（元）			260.19	134.68
名 称		单位	单价(元)	消 耗 量	
人工	综合工日	工日	140.00	37.170	19.240
材料	枋材	m³	1449.97	1.089	1.053
	铁钉	kg	3.56	3.100	2.980
机械	其他机械费占人工费	%	—	5.000	5.000

工作内容：1.制作：放样、选料、运料、錾剥、刨光、划线、起线、凿眼、挖底、拨亥、锯榫；
2.安装：安装、校正、固定。 计量单位：m³

定 额 编 号					F1-4-127	F1-4-128
项 目 名 称					木构架	
					凌角木(龙径木)	
					<14cm×30cm	<18cm×46cm
基 价（元）					3337.11	2650.16
其中	人 工 费（元）				1723.40	1065.40
	材 料 费（元）				1527.54	1531.49
	机 械 费（元）				86.17	53.27
名 称		单位	单价(元)		消 耗 量	
人工	综合工日	工日	140.00		12.310	7.610
材料	枋材	m³	1449.97		1.048	1.052
	铁钉	kg	3.56		2.240	1.720
机械	其他机械费占人工费	%	—		5.000	5.000

290

工作内容：1.制作：放样、选料、运料、錾剥、刨光、划线、起线、凿眼、挖底、拨亥、锯榫；
　　　　　2.安装：安装、校正、固定。

计量单位：个

定　额　编　号					F1-4-129	F1-4-130
项　目　名　称					木构架	
					硬木千斤梢	
					<7cm×7cm	<12cm×12cm
基　　　价（元）					252.08	441.04
其中	人　工　费（元）				235.20	392.00
	材　料　费（元）				5.12	29.44
	机　械　费（元）				11.76	19.60
	名　　　称	单位	单价（元）	消　　　耗　　　量		
人工	综合工日	工日	140.00	1.680		2.800
材料	硬木成材	m³	1280.00	0.004		0.023
机械	其他机械费占人工费	%	—	5.000		5.000

291

7. 斗拱

工作内容：放样、选料、锯料、刨光、制作及安装(斗、升、拱、昂)。 计量单位：座

定 额 编 号			F1-4-131	F1-4-132	F1-4-133
项 目 名 称			木构架		
			一字型	丁字型	十字型
			一斗三升		
基 价（元）			427.74	588.89	692.83
其中	人 工 费（元）		407.40	564.20	658.00
	材 料 费（元）		20.34	24.69	34.83
	机 械 费（元）		—	—	—
名 称	单位	单价(元)	消	耗	量
人工	综合工日	工日	140.00	2.910	4.030	4.700
材料	枋材	m³	1449.97	0.014	0.017	0.024
	铁钉	kg	3.56	0.010	0.010	0.010

292

工作内容：放样、选料、锯料、刨光、制作及安装(斗、升、拱、昂)。 计量单位：座

定　额　编　号				F1-4-134	F1-4-135	F1-4-136
项　目　名　称				木构架		
				一字型	丁字型	十字型
				一斗六升		
基　　　　价（元）				691.38	1034.83	1389.38
其中	人　工　费（元）			658.00	988.40	1332.80
	材　料　费（元）			33.38	46.43	56.58
	机　械　费（元）			—	—	—
名　　　称	单位	单价(元)	消	耗		量
人工	综合工日	工日	140.00	4.700	7.060	9.520
材料	枋材	m³	1449.97	0.023	0.032	0.039
	铁钉	kg	3.56	0.010	0.010	0.010

293

工作内容：放样、选料、锯料、刨光、制作及安装(斗、升、拱、昂)。 计量单位：座

定 额 编 号				F1-4-137	F1-4-138
项 目 名 称				木构架	
				丁字型单昂斗拱	十字型单昂斗拱
				(一斗六升)	
基 价（元）				1058.97	1444.27
其中	人 工 费（元）			1003.80	1380.40
	材 料 费（元）			55.17	63.87
	机 械 费（元）			—	—
名 称		单位	单价（元）	消 耗 量	
人工	综合工日	工日	140.00	7.170	9.860
材料	枋材	m³	1449.97	0.038	0.044
	铁钉	kg	3.56	0.020	0.020

294

工作内容：放样、选料、锯料、刨光、制作及安装(斗、升、拱、昂)。　　　　　计量单位：座

定　额　编　号				F1-4-139	F1-4-140
项　目　名　称				木构架	
				丁字型重昂斗拱	十字型重昂斗拱
				（一斗六升）	
基　　　价（元）				1112.42	1452.97
其中	人　工　费（元）			1050.00	1380.40
	材　料　费（元）			62.42	72.57
	机　械　费（元）			—	—
名　　称		单位	单价（元）	消　耗　量	
人工	综合工日	工日	140.00	7.500	9.860
材料	枋材	m³	1449.97	0.043	0.050
	铁钉	kg	3.56	0.020	0.020

工作内容：放样、选料、锯料、刨光、制作及安装(斗、升、拱、昂)。　　　　　　计量单位：m³

定　额　编　号					F1-4-141	F1-4-142
项　目　名　称					木构架	
					柱头座斗	
					＜18cm×18cm×16cm	＜24cm×24cm×20cm
基　　　　价（元）					14423.60	12435.34
其中	人　工　费（元）				12518.80	10600.80
	材　料　费（元）				1654.42	1622.52
	机　械　费（元）				250.38	212.02
名　　称		单位	单价（元）		消　　耗　　量	
人工	综合工日	工日	140.00		89.420	75.720
材料	枋材	m³	1449.97		1.141	1.119
机械	其他机械费占人工费	%	—		2.000	2.000

工作内容：放样、选料、锯料、刨光、制作及安装(斗、升、拱、昂)。　　　　　　　　　计量单位：m³

定 额 编 号					F1-4-143	F1-4-144
项 目 名 称					木构架	
					柱头座斗	
					<30cm×30cm×24cm	<45cm×45cm×30cm
基　　　　　价（元）					9911.77	6481.41
其中	人 工 费（元）				8145.20	4802.00
	材 料 费（元）				1603.67	1583.37
	机 械 费（元）				162.90	96.04
名　　　　　称		单位	单价(元)		消　　耗　　量	
人工	综合工日	工日	140.00		58.180	34.300
材料	枋材	m³	1449.97		1.106	1.092
机械	其他机械费占人工费	%	—		2.000	2.000

297

8.枕头木、梁垫、蒲鞋头、山雾云等

工作内容：放样、选料、锯料、刨光、制作及安装(斗、升、拱、昂)。　　　　计量单位：m³

定　额　编　号	F1-4-145
项　目　名　称	木构架
	枕头木
	10cm×18cm
基　　　价（元）	**5608.56**

其中	人　工　费（元）	3865.40
	材　料　费（元）	1665.85
	机　械　费（元）	77.31

	名　　　称	单位	单价（元）	消　　耗　　量
人工	综合工日	工日	140.00	27.610
材料	枋材	m³	1449.97	1.129
	铁钉	kg	3.56	8.100
机械	其他机械费占人工费	%	—	2.000

298

工作内容：放样、选料、锯料、刨光、制作及安装(斗、升、拱、昂)。　　　　　　　　计量单位：副

定　额　编　号					F1-4-146	F1-4-147
项　目　名　称					木构架	
					梁垫	山雾云
					<14cm×18cm	<20cm×80cm/2
基　　　　　价（元）					65.49	354.77
其中	人　工　费（元）				47.04	266.56
	材　料　费（元）				17.51	82.88
	机　械　费（元）				0.94	5.33
名　　称		单位	单价(元)		消　　耗　　　量	
人工	综合工日	工日	140.00		0.336	1.904
材料	枋材	m³	1449.97		0.012	0.057
	铁钉	kg	3.56		0.031	—
	铁件	kg	4.19		—	0.056
机械	其他机械费占人工费	%	—		2.000	2.000

工作内容：放样、选料、锯料、刨光、制作及安装(斗、升、拱、昂)。　　　　　　　　计量单位：副

定　额　编　号				F1-4-148	F1-4-149
项　目　名　称				木构架	
				樟木	水浪机
				＜40cm×60cm	＜7cm×5.5cm
基　　　　价（元）				309.74	117.10
其中	人　工　费（元）			266.56	111.30
	材　料　费（元）			37.85	5.80
	机　械　费（元）			5.33	—
名　　称		单位	单价(元)	消　　耗　　量	
人工	综合工日	工日	140.00	1.904	0.795
材料	枋材	m³	1449.97	0.026	0.004
	铁件	kg	4.19	0.037	—
机械	其他机械费占人工费	%	—	2.000	—

300

工作内容：放样、选料、锯料、刨光、制作及安装(斗、升、拱、昂)。　　　　　　　　计量单位：副

定　额　编　号					F1-4-150	F1-4-151
项　目　名　称					木构架	
					光面机	蒲鞋头(含小斗)
					<7cm×5.5cm	<14cm×16cm
基　　　　价（元）					25.82	301.09
其中	人　工　费（元）				20.02	282.24
	材　料　费（元）				5.80	18.85
	机　械　费（元）				—	—
名　　称		单位	单价(元)	消　　耗　　量		
人工	综合工日	工日	140.00	0.143		2.016
材料	枋材	m³	1449.97	0.004		0.013

301

工作内容：放样、选料、锯料、刨光、制作及安装(斗、升、拱、昂)。 计量单位：副

定 额 编 号	F1-4-152
	木构架
项 目 名 称	拖(抱)梁云
	＜80cm×34cm×4cm
基 价（元）	131.51
其中 人 工 费（元）	109.76
材 料 费（元）	21.75
机 械 费（元）	—

	名 称	单位	单价(元)	消 耗 量
人工	综合工日	工日	140.00	0.784
材料	枋材	m³	1449.97	0.015

9. 里口木及其他配件

工作内容：放样、选料、锯料、刨光、制作及安装。   计量单位：m

定 额 编 号			F1-4-153	F1-4-154
项 目 名 称			木构架	
			里口木	封沿(封檐)板
			<6cm×8cm/2	<2.5cm×2cm
基 价（元）			38.91	19.94
其中	人 工 费（元）		32.90	7.84
	材 料 费（元）		4.36	11.71
	机 械 费（元）		1.65	0.39
名 称	单位	单价（元）	消 耗 量	
人工	综合工日	工日	140.00	0.235	0.056
材料	枋材	m³	1449.97	0.003	0.008
	铁钉	kg	3.56	0.002	0.031
机械	其他机械费占人工费	%	—	5.000	5.000

工作内容：放样、选料、锯料、刨光、制作及安装。 计量单位：m

定 额 编 号				F1-4-155	F1-4-156
项 目 名 称				木构架	
				瓦口板	眠沿(勒望)
				<2.5cm×1.5cm/2	<2cm×6cm
基 价 （元）				23.46	7.07
其中		人 工 费 （元）		18.76	3.92
		材 料 费 （元）		3.76	2.95
		机 械 费 （元）		0.94	0.20
名 称		单位	单价(元)	消 耗 量	
人工	综合工日	工日	140.00	0.134	0.028
材料	枋材	m³	1449.97	0.002	0.002
	铁钉	kg	3.56	0.016	0.015
	铁件	kg	4.19	0.191	—
机械	其他机械费占人工费	%	—	5.000	5.000

工作内容：放样、选料、锯料、刨光、制作及安装。 计量单位：m

定　额　编　号				F1-4-157	F1-4-158
项　目　名　称				木构架	
				椽碗板	闸椽安椽头(闸挡板)
				＜1cm×8cm	＜1cm×7cm
基　　　　　　价（元）				33.86	22.84
其中	人　工　费（元）			15.68	7.84
	材　料　费（元）			17.40	14.61
	机　械　费（元）			0.78	0.39
名　　　　称		单位	单价（元）	消　　耗　　量	
人工	综合工日	工日	140.00	0.112	0.056
材料	枋材	m³	1449.97	0.012	0.010
	铁钉	kg	3.56	—	0.030
机械	其他机械费占人工费	%	—	5.000	5.000

注：夹樘板板毛料规格，板厚1.8cm；与设计不符时，木材可换算。定额中夹堂板高以31.67cm进入，设计高度不符时可换算。

工作内容：放样、选料、锯料、刨光、制作及安装。 计量单位：m

定 额 编 号	F1-4-159
项 目 名 称	木构架
	夹樘板
基 价（元）	36.86

其中	人 工 费（元）	31.36
	材 料 费（元）	3.93
	机 械 费（元）	1.57

	名 称	单位	单价(元)	消 耗 量
人工	综合工日	工日	140.00	0.224
材料	杉木成材	m³	1311.37	0.003
机械	其他机械费占人工费	%	—	5.000

注：夹樘板板毛料规格，板厚1.8cm；与设计不符时，木材可换算。定额中夹堂板高以31.67cm进入，设计高度不符时可换算。

306

工作内容：放样、选料、锯料、刨光、制作及安装。 计量单位：m²

定 额 编 号				F1-4-160	F1-4-161	F1-4-162
项 目 名 称				木构架		
				垫拱板	疝(山)填板	排疝(山)板
基 价（元）				775.33	120.04	182.76
其中	人 工 费（元）			705.60	94.08	125.44
	材 料 费（元）			34.45	21.26	51.05
	机 械 费（元）			35.28	4.70	6.27
名 称		单位	单价（元）	消	耗	量
人工	综合工日	工日	140.00	5.040	0.672	0.896
材料	杉木成材	m³	1311.37	0.026	0.016	0.038
	铁件	kg	4.19	0.044	0.042	0.231
	其他材料费占材料费	%	—	0.500	0.500	0.500
机械	其他机械费占人工费	%	—	5.000	5.000	5.000

注：1.垫拱板板毛料规格，板厚2.5cm；与设计不符时，木材可换算；
　　2.疝(山)填板板毛料规格，板厚1.5cm；与设计不符时，木材可换算；
　　3.排疝(山)板板毛料规格，板厚3.5cm；与设计不符时，木材可换算。

工作内容：放样、选料、锯料、刨光、制作及安装。 计量单位：m²

定 额 编 号				F1-4-163	F1-4-164
项 目 名 称				木构架	
				清水望板	裙板
基 价（元）				58.78	85.84
其中	人 工 费（元）			31.36	54.88
	材 料 费（元）			25.85	28.22
	机 械 费（元）			1.57	2.74
名 称		单位	单价（元）	消 耗 量	
人工	综合工日	工日	140.00	0.224	0.392
材 料	杉木成材	m³	1311.37	0.019	0.021
	铁件	kg	4.19	0.192	0.128
	其他材料费占材料费	%	—	0.500	0.500
机 械	其他机械费占人工费	%	—	5.000	5.000

注：1.望板板毛料规格，板厚1.8cm；与设计不符时，木材可换算；
　　2.裙板板毛料规格，板厚2.0cm；与设计不符时，木材可换算。

工作内容：放样、选料、锯料、刨光、制作及安装。 计量单位：m²

定　额　编　号				F1-4-165	F1-4-166
项　目　名　称				木构架	
				门头板、余塞板	
				厚2cm	厚每±0.5cm
基　　　　价（元）				109.49	11.62
其中	人　工　费（元）			60.20	3.36
	材　料　费（元）			46.28	8.09
	机　械　费（元）			3.01	0.17
名　　　称		单位	单价（元）	消　　耗　　量	
人工	综合工日	工日	140.00	0.430	0.024
材料	乳胶	kg	4.98	0.250	0.030
	杉木成材	m³	1311.37	0.034	0.006
	铁钉	kg	3.56	0.060	0.010
	其他材料费占材料费	%	—	0.500	0.500
机械	其他机械费占人工费	%	—	5.000	5.000

309

第二节 木装修

1. 古式木窗

工作内容：1. 制作：窗扇、窗框、窗槛、抱枕、摇梗、榀子、窗门，伸入墙内部分刷水柏油；
2. 安装：窗扇、窗框、窗槛、抱枕、摇梗、榀子、窗装配五金，玻璃嵌油灰。　计量单位：m²

定　额　编　号				F1-4-167	F1-4-168	F1-4-169	F1-4-170
项　目　名　称				古式木长窗扇制作			
				宫式	葵式	万字式	乱纹式
基　　　价（元）				1458.52	1762.40	2009.44	2397.80
其中	人　工　费（元）			1348.48	1646.40	1888.60	2257.92
	材　料　费（元）			83.07	83.07	83.07	94.72
	机　械　费（元）			26.97	32.93	37.77	45.16
名　　称		单位	单价（元）	消	耗		量
人工	综合工日	工日	140.00	9.632	11.760	13.490	16.128
材料	枋材	m³	1449.97	0.057	0.057	0.057	0.065
	铁钉	kg	3.56	0.001	0.001	0.001	0.001
	其他材料费占材料费	%	—	0.500	0.500	0.500	0.500
机械	其他机械费占人工费	%	—	2.000	2.000	2.000	2.000

工作内容：1.制作：窗扇、窗框、窗槛、抱柱、摇梗、榻子、窗闩，伸入墙内部分刷水柏油；
　　　　　2.安装：窗扇、窗框、窗槛、抱柱、摇梗、榻子、窗装配五金，玻璃嵌油灰。　计量单位：m²

定　额　编　号				F1-4-171	F1-4-172	F1-4-173	F1-4-174
项　目　名　称				古式木短窗扇制作			
				宫式	葵式	万字式	乱纹式
基　　　　价（元）				1570.44	1906.30	2162.34	2608.60
其中	人　工　费（元）			1473.92	1803.20	2054.22	2477.44
	材　料　费（元）			67.04	67.04	67.04	81.61
	机　械　费（元）			29.48	36.06	41.08	49.55
名　　称		单位	单价（元）	消　　　耗　　　量			
人工	综合工日	工日	140.00	10.528	12.880	14.673	17.696
材料	枋材	m³	1449.97	0.046	0.046	0.046	0.056
	铁钉	kg	3.56	0.001	0.001	0.001	0.001
	其他材料费占材料费	%	—	0.500	0.500	0.500	0.500
机械	其他机械费占人工费	%	—	2.000	2.000	2.000	2.000

工作内容：1. 制作：窗扇、窗框、窗槛、抱枕、摇梗、楹子、窗闩，伸入墙内部分刷水柏油；
2. 安装：窗扇、窗框、窗槛、抱枕、摇梗、楹子、窗装配五金，玻璃嵌油灰。 计量单位：m²

定　额　编　号					F1-4-175	F1-4-176
项　目　名　称					古式多角、圆形短窗扇制作	
					宫式	葵式
基　　　　　价（元）					1861.20	2261.04
其中	人　工　费（元）				1771.84	2163.84
	材　料　费（元）				53.92	53.92
	机　械　费（元）				35.44	43.28
名　　　　称		单位	单价（元）		消　　耗　　量	
人工	综合工日	工日	140.00		12.656	15.456
材料	枋材	m³	1449.97		0.037	0.037
	铁钉	kg	3.56		0.002	0.002
	其他材料费占材料费	%	—		0.500	0.500
机械	其他机械费占人工费	%	—		2.000	2.000

312

工作内容：1.制作：窗扇、窗框、窗槛、抱枕、摇梗、榻子、窗闩，伸入墙内部分刷水柏油；
　　　　　2.安装：窗扇、窗框、窗槛、抱枕、摇梗、榻子、窗装配五金，玻璃嵌油灰。　计量单位：m²

定　额　编　号				F1-4-177	F1-4-178
项　目　名　称				古式多角、圆形短窗扇制作	
				万字式	乱纹式
基　　　　　价（元）				2564.92	3098.57
其中	人　工　费（元）			2461.76	2963.52
	材　料　费（元）			53.92	75.78
	机　械　费（元）			49.24	59.27
名　　称		单位	单价（元）	消　　耗　　量	
人工	综合工日	工日	140.00	17.584	21.168
材料	枋材	m³	1449.97	0.037	0.052
	铁钉	kg	3.56	0.002	0.002
	其他材料费占材料费	%	—	0.500	0.500
机械	其他机械费占人工费	%	—	2.000	2.000

工作内容：1.制作：窗扇、窗框、窗槛、抱枕、摇梗、榥子、窗闩，伸入墙内部分刷水柏油；
2.安装：窗扇、窗框、窗槛、抱枕、摇梗、榥子、窗装配五金，玻璃嵌油灰。 计量单位：m²

定　额　编　号					F1-4-179	F1-4-180
项　目　名　称					古式纱窗扇	
					普通镶边制作	押角乱纹嵌玻璃
基　　　　　价（元）					642.81	2237.80
其中	人　工　费（元）				564.48	2132.48
	材　料　费（元）				67.04	62.67
	机　械　费（元）				11.29	42.65
名　　　称		单位	单价（元）		消　耗　量	
人工	综合工日	工日	140.00		4.032	15.232
材料	枋材	m³	1449.97		0.046	0.043
	铁钉	kg	3.56		0.002	0.002
	其他材料费占材料费	%	—		0.500	0.500
机械	其他机械费占人工费	%	—		2.000	2.000

314

工作内容：1.制作：窗扇、窗框、窗槛、抱枕、摇梗、榻子、窗闩，伸入墙内部分刷水柏油；
2.安装：窗扇、窗框、窗槛、抱枕、摇梗、榻子、窗装配五金，玻璃嵌油灰。 计量单位：m²

定 额 编 号				F1-4-181	F1-4-182	F1-4-183
项 目 名 称				仿古式长窗扇		
				各方槟式	六、八角槟子	满天星
基 价 （元）				516.32	775.13	999.04
其中	人 工 费 （元）			439.04	689.92	909.44
	材 料 费 （元）			68.50	71.41	71.41
	机 械 费 （元）			8.78	13.80	18.19
名 称		单位	单价（元）	消	耗	量
人工	综合工日	工日	140.00	3.136	4.928	6.496
材料	枋材	m³	1449.97	0.047	0.049	0.049
	铁钉	kg	3.56	0.002	0.002	0.002
	其他材料费占材料费	%	—	0.500	0.500	0.500
机械	其他机械费占人工费	%	—	2.000	2.000	2.000

工作内容：1.制作：窗扇、窗框、窗槛、抱枕、摇梗、楹子、窗闩，伸入墙内部分刷水柏油；
　　　　　2.安装：窗扇、窗框、窗槛、抱枕、摇梗、楹子、窗装配五金，玻璃嵌油灰。　计量单位：m²

定　额　编　号				F1-4-184	F1-4-185	F1-4-186
项　目　名　称				仿古式短窗扇		
				各方槟式	六、八角槟子	满天星
基　　　　　价（元）				543.89	929.20	1140.02
其中	人　工　费（元）			486.08	862.40	1066.24
	材　料　费（元）			48.09	49.55	52.46
	机　械　费（元）			9.72	17.25	21.32
名　　称		单位	单价（元）	消　　耗		量
人工	综合工日	工日	140.00	3.472	6.160	7.616
材料	枋材	m³	1449.97	0.033	0.034	0.036
	铁钉	kg	3.56	0.001	0.001	0.001
	其他材料费占材料费	%	—	0.500	0.500	0.500
机械	其他机械费占人工费	%	—	2.000	2.000	2.000

316

工作内容：1. 制作：窗扇、窗框、窗槛、抱枕、摇梗、楹子、窗闩，伸入墙内部分刷水柏油；
2. 安装：窗扇、窗框、窗槛、抱枕、摇梗、楹子、窗装配五金，玻璃嵌油灰。 计量单位：m²

定 额 编 号					F1-4-187	F1-4-188
项 目 名 称					古式木长窗框制作	
					（包括摇梗、楹子）	（不包括摇梗、楹子）
基 价（元）					101.00	79.07
其中	人 工 费（元）				69.02	51.80
	材 料 费（元）				30.60	26.23
	机 械 费（元）				1.38	1.04
名 称		单位	单价（元）		消 耗 量	
人工	综合工日	工日	140.00		0.493	0.370
材料	枋材	m³	1449.97		0.021	0.018
	其他材料费占材料费	%	—		0.500	0.500
机械	其他机械费占人工费	%	—		2.000	2.000

317

工作内容：1.制作：窗扇、窗框、窗槛、抱枕、摇梗、楹子、窗闩，伸入墙内部分刷水柏油；
2.安装：窗扇、窗框、窗槛、抱枕、摇梗、楹子、窗装配五金，玻璃嵌油灰。 计量单位：㎡

定 额 编 号					F1-4-189	F1-4-190
项 目 名 称					古式木短窗框制作	
					（包括摇梗、楹子）	（不包括摇梗、楹子）
基 价（元）					87.29	55.53
其中	人 工 费（元）				62.72	34.44
	材 料 费（元）				23.32	20.40
	机 械 费（元）				1.25	0.69
名 称		单位	单价（元）		消 耗 量	
人工	综合工日	工日	140.00		0.448	0.246
材料	枋材	m³	1449.97		0.016	0.014
	其他材料费占材料费	%	—		0.500	0.500
机械	其他机械费占人工费	%	—		2.000	2.000

318

工作内容：1.制作：窗扇、窗框、窗槛、抱枕、摇梗、楹子、窗闩，伸入墙内部分刷水柏油；
2.安装：窗扇、窗框、窗槛、抱枕、摇梗、楹子、窗装配五金，玻璃嵌油灰。 计量单位：m²

定　额　编　号			F1-4-191	
项　目　名　称			多角形窗框制作	
基　　　价（元）			72.02	
其中	人　工　费（元）		54.88	
	材　料　费（元）		16.04	
	机　械　费（元）		1.10	
名　　　称	单位	单价（元）	消　　耗　　量	
人工	综合工日	工日	140.00	0.392
材料	枋材	m³	1449.97	0.011
	铁钉	kg	3.56	0.002
	其他材料费占材料费	%	—	0.500
机械	其他机械费占人工费	%	—	2.000

工作内容：1.制作：窗扇、窗框、窗槛、抱枕、摇梗、楹子、窗闩，伸入墙内部分刷水柏油；
　　　　　2.安装：窗扇、窗框、窗槛、抱枕、摇梗、楹子、窗装配五金，玻璃嵌油灰。　计量单位：m²

定　额　编　号				F1-4-192	F1-4-193
项　目　名　称				长窗框安装	
				（包括摇梗、楹子）	（不包括摇梗、楹子）
基　　　价（元）				145.44	76.05
其中	人　工　费（元）			131.60	65.80
	材　料　费（元）			7.26	6.96
	机　械　费（元）			6.58	3.29
名　　　称		单位	单价（元）	消　　耗　　量	
人工	综合工日	工日	140.00	0.940	0.470
材料	平板玻璃 δ3	m²	12.00	0.562	0.562
	铁钉	kg	3.56	0.135	0.050
	其他材料费占材料费	%	—	0.500	0.500
机械	其他机械费占人工费	%	—	5.000	5.000

320

工作内容：1.制作：窗扇、窗框、窗槛、抱枕、摇梗、楹子、窗闩，伸入墙内部分刷水柏油；
　　　　　2.安装：窗扇、窗框、窗槛、抱枕、摇梗、楹子、窗装配五金，玻璃嵌油灰。 计量单位：m²

定　额　编　号				F1-4-194	F1-4-195
项　目　名　称				短窗框安装	
				（包括摇梗、楹子）	（不包括摇梗、楹子）
基　　　价（元）				136.57	70.50
其中	人　工　费（元）			120.68	57.96
	材　料　费（元）			9.86	9.64
	机　械　费（元）			6.03	2.90
名　　　称	单位	单价（元）	消　　　　耗　　　　量		
人工	综合工日	工日	140.00	0.862	0.414
材料	平板玻璃 δ3	m²	12.00	0.792	0.792
	铁钉	kg	3.56	0.087	0.025
	其他材料费占材料费	%	—	0.500	0.500
机械	其他机械费占人工费	%	—	5.000	5.000

321

工作内容：1.制作：窗扇、窗框、窗槛、抱枕、摇梗、楹子、窗闩，伸入墙内部分刷水柏油；
2.安装：窗扇、窗框、窗槛、抱枕、摇梗、楹子、窗装配五金，玻璃嵌油灰。 计量单位：m²

定　额　编　号			F1-4-196
项　目　名　称			多角、圆形窗框扇
			安装
基　　　　价（元）			73.17
其中	人　工　费（元）		56.42
	材　料　费（元）		13.93
	机　械　费（元）		2.82
名　　　称	单位	单价（元）	消　　耗　　量
人工	综合工日	工日	140.00	0.403
材料	平板玻璃 δ3	m²	12.00	1.152
	铁钉	kg	3.56	0.010
	其他材料费占材料费	%	—	0.500
机械	其他机械费占人工费	%	—	5.000

322

2. 古式木门

工作内容：1. 制作：门扇、门闩、过墙板，伸入墙内部分刷水柏油；
2. 安装：门窗、门闩、过墙板，装配铁件五金。

计量单位：m²

定　额　编　号			F1-4-197	F1-4-198	F1-4-199	F1-4-200
项　目　名　称			直拼库门		贡式樘子对门	
			制作	安装	制作	安装
基　　　　价（元）			387.03	175.63	321.62	122.90
其中	人　工　费（元）		290.08	131.74	250.88	86.24
	材　料　费（元）		91.15	37.30	65.72	32.35
	机　械　费（元）		5.80	6.59	5.02	4.31
名　　　称	单位	单价（元）	消　　耗			量
人工	综合工日	工日	140.00	2.072	0.941	1.792	0.616
材料	枋材	m³	1449.97	0.061	0.024	0.044	0.021
	水柏油	kg	1.50	—	0.200	—	0.150
	铁钉	kg	3.56	—	—	—	0.001
	铁件（地方脚固等）	kg	3.30	0.292	0.610	0.094	0.459
	硬木成材	m³	1280.00	0.001	—	0.001	—
	其他材料费占材料费	%	—	0.500	0.500	0.500	0.500
机械	其他机械费占人工费	%	—	2.000	5.000	2.000	5.000

工作内容：1.制作：门扇、门闩、过墙板，伸入墙内部分刷水柏油；
2.安装：门窗、门闩、过墙板，装配铁件五金。

计量单位：m²

定 额 编 号				F1-4-201	F1-4-202
项 目 名 称				直拼屏门	单面敲框档屏门
				制作	
基 价 （元）				345.67	410.15
其中	人 工 费（元）			274.40	344.96
	材 料 费（元）			65.78	58.29
	机 械 费（元）			5.49	6.90
名 称		单位	单价（元）	消 耗 量	
人工	综合工日	工日	140.00	1.960	2.464
材料	枋材	m³	1449.97	0.044	0.040
	铁件(地方脚固等)	kg	3.30	0.113	—
	硬木成材	m³	1280.00	0.001	—
	其他材料费占材料费	%	—	0.500	0.500
机械	其他机械费占人工费	%	—	2.000	2.000

注：单面敲框档屏门边梃5cm×7cm，门板厚1.5cm，设计不同时枋材可进行换算。如做双面板，材料人工×1.35。

工作内容：1.制作：门扇、门闩、过墙板，伸入墙内部分刷水柏油；
2.安装：门窗、门闩、过墙板，装配铁件五金。

计量单位：m

定　额　编　号				F1-4-203	
项　目　名　称				屏门框档	
				制作	
基　　　价（元）				98.20	
其中	人　工　费（元）			70.56	
	材　料　费（元）			26.23	
	机　械　费（元）			1.41	
名　　　称	单位	单价（元）	消　　耗　　量		
人工	综合工日	工日	140.00	0.504	
材料	枋材	m³	1449.97	0.018	
	其他材料费占材料费	%	—	0.500	
机械	其他机械费占人工费	%	—	2.000	

325

工作内容：1.制作：门扇、门闩、过墙板，伸入墙内部分刷水柏油；
　　　　　2.安装：门窗、门闩、过墙板，装配铁件五金。

计量单位：㎡

定　额　编　号				F1-4-204	
项　目　名　称				屏门框档	
				安装	
基　　价（元）				123.96	
其中	人　工　费（元）			117.60	
	材　料　费（元）			0.48	
	机　械　费（元）			5.88	
名　　称		单位	单价（元）	消　耗　　量	
人工	综合工日	工日	140.00	0.840	
材料	铁钉	kg	3.56	0.135	
	其他材料费占材料费	%	—	0.500	
机械	其他机械费占人工费	%	—	5.000	

326

工作内容：1.制作：门扇、门闩、过墙板，伸入墙内部分刷水柏油；
　　　　　2.安装：门窗、门闩、过墙板，装配铁件五金。

计量单位：m²

定　额　编　号				F1-4-205	F1-4-206
项　目　名　称				将军门	
				制作	安装
基　　　价（元）				275.34	127.47
其中	人　工　费（元）			172.48	86.24
	材　料　费（元）			99.41	36.92
	机　械　费（元）			3.45	4.31
名　　称		单位	单价（元）	消　　耗　　量	
人工	综合工日	工日	140.00	1.232	0.616
材　　料	枋材	m³	1449.97	0.068	0.021
	铁钉	kg	3.56	0.088	—
	铁件	kg	4.19	—	1.500
	其他材料费占材料费	%	—	0.500	0.500
机械	其他机械费占人工费	%	—	2.000	5.000

327

工作内容：1.制作：门扇、门闩、过墙板，伸入墙内部分刷水柏油；
2.安装：门窗、门闩、过墙板，装配铁件五金。

计量单位：个

定　额　编　号				F1-4-207		
项　目　名　称				将军门刺		
				制作		
基　　　　价（元）				22.14		
其中	人　工　费（元）			20.44		
	材　料　费（元）			1.29		
	机　械　费（元）			0.41		
名　　称		单位	单价（元）	消　　耗　　量		
人工	综合工日	工日	140.00	0.146		
材料	硬木成材	m³	1280.00	0.001		
	其他材料费占材料费	%	—	0.500		
机械	其他机械费占人工费	%	—	2.000		

工作内容：1. 制作：门扇、门闩、过墙板，伸入墙内部分刷水柏油；
2. 安装：门窗、门闩、过墙板，装配铁件五金。

计量单位：m²

定 额 编 号	F1-4-208
项 目 名 称	门上钉竹丝
	制作
基 价（元）	528.89

其中	人 工 费（元）	492.52
	材 料 费（元）	26.52
	机 械 费（元）	9.85

	名 称	单位	单价(元)	消 耗 量
人工	综合工日	工日	140.00	3.518
材料	毛竹	根	15.60	1.500
	铁钉	kg	3.56	0.840
	其他材料费占材料费	%	—	0.500
机械	其他机械费占人工费	%	—	2.000

3. 古式栏杆

工作内容：1. 栏杆扇：抱枕制作、安装；
2. 雨达板：拼板、双面刨光、包括芯子、制作安装；
3. 座栏：拼板、起线制作、安装。

计量单位：m²

定　额　编　号				F1-4-209	F1-4-210	F1-4-211
项　目　名　称				古式栏杆制作		
				灯景式	葵式万川	葵式乱纹
基　　　　　价（元）				1625.66	1773.98	1970.34
其中	人　工　费（元）			1536.64	1677.76	1834.56
	材　料　费（元）			58.29	62.66	99.09
	机　械　费（元）			30.73	33.56	36.69
名　　　称		单位	单价（元）	消　　耗　　量		
人工	综合工日	工日	140.00	10.976	11.984	13.104
材料	枋材	m³	1449.97	0.040	0.043	0.068
	其他材料费占材料费	%	—	0.500	0.500	0.500
机械	其他机械费占人工费	%	—	2.000	2.000	2.000

330

工作内容：1.栏杆扇：抱枕制作、安装；
2.雨达板：拼板、双面刨光、包括芯子、制作安装；
3.座槛：拼板、起线制作、安装。

计量单位：m²

定 额 编 号				F1-4-212	F1-4-213	F1-4-214
项 目 名 称				栏杆	雨达板	座槛
				安装	制安	
基 价（元）				130.62	139.04	196.91
其中	人 工 费（元）			103.46	101.92	125.44
	材 料 费（元）			21.99	35.08	68.96
	机 械 费（元）			5.17	2.04	2.51
名 称		单位	单价（元）	消	耗	量
人工	综合工日	工日	140.00	0.739	0.728	0.896
材料	枋材	m³	1449.97	0.015	0.024	0.047
	铁钉	kg	3.56	0.038	0.029	—
	铁件	kg	4.19	—	—	0.111
	其他材料费占材料费	%	—	0.500	0.500	0.500
机械	其他机械费占人工费	%	—	5.000	2.000	2.000

331

4.天棚及其他木装修

工作内容：井口天花包括帽儿梁、支条、贴梁、井口板制作安装及铁件安装，五合板天棚包括压条制作、安装。

计量单位：m²

定　额　编　号				F1-4-215	F1-4-216	F1-4-217
项　目　名　称				井口天花(井口见方)		
				＜60cm	＜70cm	＜80cm
基　　　　　价（元）				372.89	411.89	458.62
其中	人　工　费（元）			200.20	209.30	218.40
	材　料　费（元）			152.67	181.66	218.38
	机　械　费（元）			20.02	20.93	21.84
名　称		单位	单价(元)	消　　耗　　量		
人工	综合工日	工日	140.00	1.430	1.495	1.560
材料	镀锌铁丝 8号	kg	3.57	0.110	0.110	0.110
	枋材	m³	1449.97	0.007	0.007	0.007
	枋材(松木)	m³	1923.00	0.072	0.087	0.106
	铁钉	kg	3.56	0.030	0.030	0.030
	铁件	kg	4.19	0.670	0.670	0.670
	其他材料费占材料费	%	—	0.500	0.500	0.500
机械	其他机械费占人工费	%	—	10.000	10.000	10.000

工作内容：井口天花包括帽儿梁、支条、贴梁、井口板制作安装及铁件安装，五合板天棚包括压条制作、安装。

计量单位：m²

定　额　编　号				F1-4-218	
项　目　名　称				五合板天棚	
				带压条(仿井口天花)	
基　　　价　（元）				167.95	
其中	人　工　费（元）			63.84	
	材　料　费（元）			97.73	
	机　械　费（元）			6.38	
名　　　称		单位	单价（元）	消　　耗　　量	
人工	综合工日	工日	140.00	0.456	
材料	镀锌铁丝 8号	kg	3.57	0.100	
	枋材	m³	1449.97	0.030	
	枋材(松木)	m³	1923.00	0.020	
	防腐油	kg	1.46	0.027	
	铁钉	kg	3.56	0.122	
	铁件	kg	4.19	0.302	
	五合板	m²	12.31	1.071	
	其他材料费占材料费	%	—	0.500	
机械	其他机械费占人工费	%	—	10.000	

工作内容：1. 紫竹片选料、防腐、天棚楞木下钉面层(包括五合板、紫竹片、木板条制作)；
    2. (1)木框制作：选料、制作全部过程；
       (2)油漆：配料、调色、刷面料、底灰、披、上、复、浆各类灰，磨砂纸、擦底油、面漆三度；
       (3)刻字：套放字样、雕刻、填色。   计量单位：m²

定 额 编 号				F1-4-219	F1-4-220	F1-4-221
项 目 名 称				紫竹天棚	混水匾，抱柱对子	
					木框制作	油漆
基 价（元）				116.97	38.30	109.51
其中	人 工 费 （元）			61.46	30.80	98.00
	材 料 费 （元）			49.36	4.42	1.71
	机 械 费 （元）			6.15	3.08	9.80
名 称		单位	单价（元）	消	耗	量
人工	综合工日	工日	140.00	0.439	0.220	0.700
材料	Φ20mm半圆紫竹 L=48cm	片	0.18	105.000		
	枋材	m³	1449.97	0.012	0.003	—
	老粉	kg	0.20	—	—	0.050
	铅油	kg	6.45	—	—	0.014
	清油	kg	9.70	—	—	0.006
	调和漆	kg	6.00	—	—	0.012
	铁钉	kg	3.56	0.245	0.014	—
	桐油	kg	8.13	—	—	0.007
	瓦灰	kg	0.84	—	—	0.350
	五合板	m²	12.31	0.970	—	—
	血料	kg	3.67	—	—	0.250
	油漆溶剂油	kg	2.62	—	—	0.017
	苎麻	kg	4.50	—	—	0.035
	其他材料费占材料费	%	—	0.500	0.500	0.500
机械	其他机械费占人工费	%	—	10.000	10.000	10.000

工作内容：1.紫竹片选料、防腐、天棚楞木下钉面层(包括五合板、紫竹片、木板条制作)；
　　　　2.(1)木框制作：选料、制作全部过程；
　　　　(2)油漆：配料、调色、刷面料、底灰、披、上、复、浆各类灰，磨砂纸、擦底油、面漆三
度；
　　　　(3)刻字：套放字样、雕刻、填色。　　　　　　　　　　　　　　　　　计量单位：个

定 额 编 号				F1-4-222	F1-4-223	F1-4-224	F1-4-225
项 目 名 称				混水匾，抱柱对子刻字，填字(字见方)			
				<10cm	<20cm	<30cm	<40cm
基 价（元）				39.00	48.80	60.00	74.00
其中	人 工 费（元）			21.00	30.80	42.00	56.00
	材 料 费（元）			18.00	18.00	18.00	18.00
	机 械 费（元）			—	—	—	—
名 称		单位	单价(元)	消 耗 量			
人工	综合工日	工日	140.00	0.150	0.220	0.300	0.400
材料	其他材料费	元	1.00	18.000	18.000	18.000	18.000

5.吴王靠、挂落及其他装饰

工作内容：1.制作：扇、抱枕；
2.安装：扇、抱枕、装配铁件。

计量单位：m

定 额 编 号					F1-4-226	F1-4-227	F1-4-228
项 目 名 称					吴王靠制作		
					竖芯式	宫万式	葵式
基 价（元）					697.90	890.44	1071.66
其中	人 工 费（元）				658.56	846.72	1019.20
	材 料 费（元）				39.34	43.72	52.46
	机 械 费（元）				—	—	—
名 称		单位	单价（元）	消	耗		量
人工	综合工日	工日	140.00	4.704	6.048		7.280
材料	枋材	m³	1449.97	0.027	0.030		0.036
	其他材料费占材料费	%	—	0.500	0.500		0.500

336

工作内容：1.制作：扇、抱柣；
　　　　　2.安装：扇、抱柣、装配铁件。

计量单位：m

定　额　编　号				F1-4-229	F1-4-230	F1-4-231
项　目　名　称				挂落制作		
				五纹头		七纹头
				宫万式	宫万弯脚头	句子头嵌桔子
基　　　　价（元）				453.61	567.74	877.32
其中	人　工　费（元）			439.04	548.80	846.72
	材　料　费（元）			14.57	18.94	30.60
	机　械　费（元）			—	—	—
名　　称		单位	单价（元）	消	耗	量
人工	综合工日	工日	140.00	3.136	3.920	6.048
材料	枋材	m³	1449.97	0.010	0.013	0.021
	其他材料费占材料费	%	—	0.500	0.500	0.500

工作内容：1.制作：扇、抱枨；
　　　　　2.安装：扇、抱枨、装配铁件。

計量單位：m

定　額　編　号				F1-4-232	F1-4-233	F1-4-234	F1-4-235
項　目　名　称				飞罩制作			
				宫万式	葵式	藤茎	乱纹嵌桔子
基　　　价（元）				522.16	616.24	678.96	1386.37
其中	人　工　费（元）			501.76	595.84	658.56	1348.48
	材　料　费（元）			20.40	20.40	20.40	37.89
	机　械　费（元）			—	—	—	—
名　　　称		单位	单价（元）	消　　耗　　量			
人工	综合工日	工日	140.00	3.584	4.256	4.704	9.632
材料	枋材	m³	1449.97	0.014	0.014	0.014	0.026
	铁钉	kg	3.56	—	—	—	0.001
	其他材料费占材料费	%	—	0.500	0.500	0.500	0.500

338

工作内容：1.制作：扇、抱枨；
　　　　　2.安装：扇、抱枨、装配铁件。

计量单位：座

定　额　编　号				F1-4-236	F1-4-237
项　目　名　称				须弥座制作安装	
				普通直叠	漏空乱纹
基　　　价（元）				174.36	770.30
其中	人　工　费（元）			156.80	548.80
	材　料　费（元）			17.56	221.50
	机　械　费（元）			—	—
名　　称		单位	单价（元）	消　　耗　　量	
人工	综合工日	工日	140.00	1.120	3.920
材料	枋材	m³	1449.97	0.012	0.152
	铁钉	kg	3.56	0.020	—
	其他材料费占材料费	%	—	0.500	0.500

工作内容：1.制作：扇、抱枨；
　　　　　2.安装：扇、抱枨、装配铁件。

计量单位：m

定　额　编　号				F1-4-238	F1-4-239
项　目　名　称				落地圆罩制作	
				宫葵式、凌角海棠、冰片梅花	乱纹嵌桔子
基　　　价（元）				1413.71	2617.05
其中	人　工　费（元）			1364.16	2555.84
	材　料　费（元）			49.55	61.21
	机　械　费（元）			—	—
名　　称	单位	单价（元）		消　　耗　　量	
人工	综合工日	工日	140.00	9.744	18.256
材料	枋材	m³	1449.97	0.034	0.042
	铁钉	kg	3.56	0.001	0.001
	其他材料费占材料费	%	—	0.500	0.500

340

工作内容：1.制作：扇、抱枕；
　　　　　2.安装：扇、抱枕、装配铁件。

计量单位：m

定　额　编　号					F1-4-240	F1-4-241
项　目　名　称					落地方罩制作	
					宫葵式、凌角海棠、冰片梅花	乱纹嵌桔子
基　　　价（元）					1252.19	2043.25
其中	人　工　费（元）				1223.04	2012.64
	材　料　费（元）				29.15	30.61
	机　械　费（元）				—	—
名　　称		单位	单价（元）		消　　耗　　量	
人工	综合工日	工日	140.00		8.736	14.376
材料	枋材	m³	1449.97		0.020	0.021
	铁钉	kg	3.56		0.001	0.001
	其他材料费占材料费	%	—		0.500	0.500

341

工作内容：1.制作：扇、抱枕；
　　　　　2.安装：扇、抱枕、装配铁件。

计量单位：m

定 额 编 号				F1-4-242	F1-4-243	F1-4-244
项 目 名 称				吴王靠	挂落	飞罩
				安装		
基 价（元）				39.13	47.09	71.53
其中	人 工 费（元）			37.66	47.04	62.72
	材 料 费（元）			1.47	0.05	8.81
	机 械 费（元）			—	—	—
名 称		单位	单价（元）	消	耗	量
人工	综合工日	工日	140.00	0.269	0.336	0.448
材料	枋材	m³	1449.97	—	—	0.006
	铁钉	kg	3.56	—	0.014	0.019
	铁件	kg	4.19	0.350	—	—
	其他材料费占材料费	%	—	0.500	0.500	0.500

342

工作内容：1.制作：扇、抱柷；
　　　　　2.安装：扇、抱柷、装配铁件。

计量单位：m

定　额　编　号				F1-4-245	F1-4-246
项　目　名　称				落地圆罩	落地方罩
				安装	
基　　　　价（元）				95.06	71.54
其中	人　工　费（元）			86.24	62.72
	材　料　费（元）			8.82	8.82
	机　械　费（元）			—	—
名　　　称	单位	单价（元）		消　　耗　　量	
人工	综合工日	工日	140.00	0.616	0.448
材料	枋材	m³	1449.97	0.006	0.006
	铁钉	kg	3.56	0.022	0.022
	其他材料费占材料费	%	—	0.500	0.500

第五章 油漆和彩绘工程

说　　明

一、本章由油漆和彩绘工程两部分组成。

二、油漆工程

（一）油漆工程包括：木材面油漆、混凝土仿古构件油漆、抹灰面油漆、金属油漆、水质涂料、贴壁纸等子目。

（二）油漆工程均按手工操作、喷涂用机械考虑，如采用不同施工方法，均执行本章定额。

（三）油漆人工中已包括配料、调色油漆人工在内，如供应成品漆，也按本章定额执行。

（四）斗拱、牌科、云头、戗角出檐及橡子等零星木构件，按以下规定增加油漆人工工日数：

1．广漆（明光）：

（1）二遍：每平方米增加0.07工日。

（2）三遍：每平方米增加0.121工日。

（3）四遍：每平方米增加0.155工日。

2．二遍调和漆：每平方米增加0.042工日。

3．底油一遍，调和漆二遍：每平方米增加0.047工日。

4．底油一遍，调和漆三遍：每平方米增加0.05工日。

5．熟桐油二遍：每平方米增加0.036工日。

6．底油、色油、清漆二遍：每平方米增加0.044工日。

7．润粉、刮腻子、油色、清漆三遍：每平方米增加0.155工日。

（五）斗拱、牌科、云头、戗角出檐及橡子等零星混凝土构件，按以下规定增加油漆人工日数：

1．广漆（国漆）：

（1）二遍：每平方米增加0.091工日。

（2）三遍：每平方米增加0.158工日。

（3）四遍：每平方米增加0.201工日。

2．批腻子底油调和漆二遍：每平方米增加0.061工日。

3．批腻子底油无光调和漆、调和漆各一遍：每平方米增加0.065工日。

4．批腻子乳胶漆三遍：每平方米增加0.066工日。

（六）门扇退光漆按单面考虑，如需双面做退光漆，其工料乘以系数2.11。

三、彩画工程

（一）本章定额由柱、梁、枋、桁、地仗，大门、街门、迎风板、走马板、木板墙、地仗，柱、梁、枋、桁、戗、板、天花苏式彩画，柱、梁、枋、桁、戗、板、天花新式彩画，大门、街门、木板墙贴金（铜）箔，匾及匾字等内容组成。

（二）彩画贴金（铜）箔定额中库金箔规格每张 93.3mm×93.3mm，赤金箔规格每张为 83.3mm×83.3mm，铜箔规格每张为 100mm×100mm。实际使用的金（铜）箔规格与定额不符时，箔的用量及价格可调整，其他不变。

（三）定额中凡包括贴金（铜）箔的彩画项目，若设计要求不贴金（铜）箔时，相应扣去金胶油、金（铜）箔及清洗的材料价值。

（四）和玺加苏画、金钱大点金加苏画及各项苏画的规矩活部分，定额包括绘梁头（或博古）、箍头、藻头、卡子及包袱线、聚锦线、枋心线，池子线、盒子线及内外规矩图案的绘制。

工程量计算规则

一、木材面油漆，不同油漆种类，均按刷油部位，分别采用系数乘以工程量，以"m²"或"延长米"计算。

1. 单层木门窗项目，计算工程量的系数（多面涂刷按单面计算工程量）：

项目	系数	备注
单层木门窗	1.00	
双层木门窗	1.36	
三层木门窗	2.40	
百页木门窗	1.40	
古式长窗(宫、葵、万、海棠、书条)	1.43	
古式短窗(宫、葵、万、海棠、书条)	1.45	
圆形、多角形窗(宫、葵、万、海棠、书条)	1.44	
古式长窗(冰、乱纹、龟六角)	1.55	
古式短窗(冰、乱纹、龟六角)	1.58	
圆形、多角形窗(冰、乱纹、龟六角)	1.56	框(扇)外围面积
石库门	1.15	
厂库大门	1.20	
屏门	1.26	
贡式橙子对子门	1.26	
间壁隔断	1.10	
木栏杆(带木扶手>)、木栅栏	1.10	长×宽(满外量、不展开)
古式木栏杆(带碰槛)	1.32	
吴王靠(美人靠)	1.46	
木挂落	0.45	延长米
飞罩	0.50	
地罩	0.54	框外围长度

2. 按单层组合窗项目，计算工程量的系数（多面涂刷按单面计算工程量）：

项目	系数	备注
单层组合窗	1.00	框外围面积
双层组合窗	1.40	

3. 按木扶手(不带托板)项目,计算工程量的系数:

项目	系数	备注
木扶手(不带托板)	1.00	延长米
木扶手(带托板)	2.50	
窗帘盒	2.00	
夹堂板、封檐板、博风板	2.20	
挂衣板、黑板框、生活圆地框	0.50	
挂镜线、窗帘棍、天棚压条	0.40	
瓦口板、眼沿、勒望、里口木	0.45	
木座槛	2.39	

4. 按其他木材面项目,计算工程量的系数(单面涂刷,按单面计算工程量):

项目	系教	备注
木板、胶合板天棚	1.00	长×宽
屋面板带桁条	1.10	斜长×宽
清水板条檐口天棚	1.10	长×宽
吸音板(墙面或天棚)	0.87	长×宽
鱼鳞板墙	2.40	长×宽
暖气罩	1.30	长×宽
出入口盖板、检查口	0.87	长×宽
筒子板	0.83	长×宽
木护墙、墙裙	0.90	长×宽
壁橱	0.83	投影面积之和,不展开
船蓬杆(带压条)	1.06	投影面积之和,不展开
竹片面	0.90	长×宽
竹结构	0.83	展开面积
望板	0.83	扣除椽面后的净面积
疝填板	0.83	扣除椽面后的净面积

5. 柱、梁、架、枋、古式木构件,按展开面积计算工程量;斗拱、牌科、云头、戗角出檐及椽子等零星木构件,按古式构件定额人工(合计)×1.2 计算,其余不变。零星构件工程量按展开面积计算。

6. 广漆(退光)，直接套用定额项目：

项目	系数 0	备注
木门扇（单面）	1.00 1	长×宽
木扶手（不带托板）	1.00 00	延长米
木柱	1.00	展开面积

7. 按木地板项目计算工程量的系数：

项目	系数	备注
木地板	1.00	长×宽
木搂梯	2.30	水平投影（不包括底面）
木踢脚线	0.16	延长米

二、混凝土仿古式构件油漆，按构件刷油展开面积计算工程量，直接套用相应项目。按混凝土仿古式构件油漆项目，计算工程量的系数（多面涂刷按单面计算工程量）：

项目	系数	备注
柱、梁、架、桁、枋仿古构件	1.00	展开面积
古式栏杆	2.90	长×宽（满外量，不展开）
吴王靠	3.21	长×宽（满外量，不展开）
挂落	1.00	延长米
封檐板、博风板	0.50	延长米
混凝土座槛	0.55	延长米

三、常用构件油漆展开面积，折算参考：

名称	断面规格	展开面积（m²）	备注
圆形：柱、梁、架、桁、梓術	φ120	33.36	
	φ140	28.55	
	φ160	25.00	
	φ180	22.24	
	φ200	20.00	
	φ250	15.99	
	φ300	13.33	
方形柱	边长120	33.33	凡不符合规格者，应按实际油漆涂刷展面积计算工程量
	边长140	28.57	
	边长160	25.00	
	边长180	22.22	
	边长200	20.00	
	边长250	16	
	边长300	13.33	
矩形：柱、梁、架、桁、梓術、枋子	120×120	21.67	
	200×300	13.33	
	240×300	11.67	
	240×400	10.83	
半圆形 椽子	φ60	67.29	凡不符合规格者，应按实际油漆涂刷展面积计算工程量
	φ80	50.04	
	φ100	40.26	
	φ120	33.35	
	φ150	26.67	

	40×50	65.00	
	40×60	58.33	
	50×70	48.57	凡不符合规格者，应按
矩形椽子	60×80	41.67	实际油漆涂刷展开面积
	100×100	30.00	计算工程量
	120×120	25.00	
	150×150	20.00	

四、木作彩画

1．木构件、地仗彩画均按构件图示的展开面积（彩面不扣除白活所占面积），以平方米计算。

2．天花板地仗彩画同木作相应平顶的工程量。

3．木门按双面垂直投影面积，以平方米计算。

五、抹灰面彩画

抹灰面刷浆按相应抹灰工程量计算，墙裙、墙边彩画按实际展开面积以平方米计算。

六、匾油漆及匾字均按匾的垂直投影面积以平方米计算。

第一节 木材面油漆

1. 广漆(国漆)明光漆

工作内容：1.清扫灰土，磨各遍砂纸，找、抹或满刮腻子；
2.润油、水粉；
3.涂刷各遍色漆、清漆或广漆；
4.广漆(退光)披灰、上麻丝、麻布、棉筋纸、生漆。

计量单位：m²

定 额 编 号				F1-5-1
项 目 名 称				广漆(国漆)明光二遍
				单层木门窗
基 价（元）				118.93
其中	人 工 费（元）			94.64
	材 料 费（元）			24.29
	机 械 费（元）			—
名 称	单位	单价(元)	消 耗 量	
人工	综合工日	工日	140.00	0.676
材料	坯油	kg	8.13	0.130
	砂纸	张	0.47	0.356
	生漆	kg	163.80	0.130
	石膏粉	kg	0.40	0.055
	松香水	kg	4.70	0.112
	血料	kg	3.67	0.062
	氧化铁红	kg	4.38	0.046
	银珠	kg	80.00	0.004
	其他材料费占材料费	%	—	2.000

工作内容：1.清扫灰土，磨各遍砂纸，找、抹或满刮腻子；
　　　　　2.润油、水粉；
　　　　　3.涂刷各遍色漆、清漆或广漆；
　　　　　4.广漆(退光)披灰、上麻丝、麻布、棉筋纸、生漆。　　　　　计量单位：m

定　额　编　号				F1-5-2		
项　目　名　称				广漆(国漆)明光二遍		
				木扶手(不带托板)		
基　　　　价（元）				14.98		
其中	人　工　费（元）			12.32		
	材　料　费（元）			2.66		
	机　械　费（元）			—		
名　　称		单位	单价(元)	消　　耗　　　量		
人工	综合工日	工日	140.00	0.088		
材料	坯油	kg	8.13	0.014		
	砂纸	张	0.47	0.037		
	生漆	kg	163.80	0.014		
	石膏粉	kg	0.40	0.006		
	松香水	kg	4.70	0.012		
	血料	kg	3.67	0.006		
	氧化铁红	kg	4.38	0.005		
	银珠	kg	80.00	0.001		
	其他材料费占材料费	%	—	2.000		

工作内容：1.清扫灰土，磨各遍砂纸，找、抹或满刮腻子；
　　　　　2.润油、水粉；
　　　　　3.涂刷各遍色漆、清漆或广漆；
　　　　　4.广漆(退光)披灰、上麻丝、麻布、棉筋纸、生漆。

计量单位：m²

定　额　编　号				F1-5-3	F1-5-4
项　目　名　称				广漆(国漆)明光二遍	
				其他木材面	柱、梁、架、枋、桁古式木构件
基　　　价（元）				59.04	60.09
其中	人　工　费（元）			45.78	48.86
	材　料　费（元）			13.26	11.23
	机　械　费（元）			—	—
名　　称		单位	单价（元）	消　　耗　　量	
人工	综合工日	工日	140.00	0.327	0.349
材料	坯油	kg	8.13	0.071	0.060
	砂纸	张	0.47	0.196	0.165
	生漆	kg	163.80	0.071	0.060
	石膏粉	kg	0.40	0.030	0.026
	松香水	kg	4.70	0.062	0.052
	血料	kg	3.67	0.034	0.029
	氧化铁红	kg	4.38	0.025	0.021
	银珠	kg	80.00	0.002	0.002
	其他材料费占材料费	%	—	2.000	2.000

357

工作内容：1. 清扫灰土，磨各遍砂纸，找、抹或满刮腻子；
2. 润油、水粉；
3. 涂刷各遍色漆、清漆或广漆；
4. 广漆(退光)披灰、上麻丝、麻布、棉筋纸、生漆。

计量单位：m²

定 额 编 号				F1-5-5		
项 目 名 称				广漆(国漆)明光三遍		
				单层木门窗		
基 价（元）				132.83		
其中	人 工 费（元）			103.60		
	材 料 费（元）			29.23		
	机 械 费（元）			—		
名 称		单位	单价(元)	消 耗 量		
人工	综合工日	工日	140.00	0.740		
材料	坯油	kg	8.13	0.156		
	砂纸	张	0.47	0.410		
	生漆	kg	163.80	0.156		
	石膏粉	kg	0.40	0.066		
	松香水	kg	4.70	0.121		
	血料	kg	3.67	0.080		
	氧化铁红	kg	4.38	0.062		
	银珠	kg	80.00	0.006		
	其他材料费占材料费	%	—	2.000		

358

工作内容：1. 清扫灰土，磨各遍砂纸，找、抹或满刮腻子；
　　　　　2. 润油、水粉；
　　　　　3. 涂刷各遍色漆、清漆或广漆；
　　　　　4. 广漆(退光)披灰、上麻丝、麻布、棉筋纸、生漆。

计量单位：m

定　额　编　号				F1-5-6
项　目　名　称				广漆(国漆)明光三遍
				木扶手(不带托板)
基　　　　　价（元）				24.87
其中	人　工　费（元）			21.84
	材　料　费（元）			3.03
	机　械　费（元）			—
	名　　称	单位	单价（元）	消　　耗　　量
人工	综合工日	工日	140.00	0.156
材料	坯油	kg	8.13	0.016
	砂纸	张	0.47	0.043
	生漆	kg	163.80	0.016
	石膏粉	kg	0.40	0.007
	松香水	kg	4.70	0.013
	血料	kg	3.67	0.009
	氧化铁红	kg	4.38	0.006
	银珠	kg	80.00	0.001
	其他材料费占材料费	%	—	2.000

359

工作内容：1.清扫灰土，磨各遍砂纸，找、抹或满刮腻子；
2.润油、水粉；
3.涂刷各遍色漆、清漆或广漆；
4.广漆(退光)披灰、上麻丝、麻布、棉筋纸、生漆。

计量单位：m²

定 额 编 号				F1-5-7	F1-5-8
项 目 名 称				广漆(国漆)明光三遍	
				其他木材面	柱、梁、架、枋、桁古式木构件
基 价（元）				90.14	98.49
其中	人 工 费（元）			74.06	84.98
	材 料 费（元）			16.08	13.51
	机 械 费（元）			—	—
名 称		单位	单价(元)	消 耗 量	
人工	综合工日	工日	140.00	0.529	0.607
材料	坯油	kg	8.13	0.086	0.072
	砂纸	张	0.47	0.204	0.189
	生漆	kg	163.80	0.086	0.072
	石膏粉	kg	0.40	0.036	0.031
	松香水	kg	4.70	0.067	0.056
	血料	kg	3.67	0.045	0.038
	氧化铁红	kg	4.38	0.034	0.029
	银珠	kg	80.00	0.003	0.003
	其他材料费占材料费	%	—	2.000	2.000

工作内容：1.清扫灰土，磨各遍砂纸，找、抹或满刮腻子；
　　　　　2.润油、水粉；
　　　　　3.涂刷各遍色漆、清漆或广漆；
　　　　　4.广漆(退光)拔灰、上麻丝、麻布、棉筋纸、生漆。　　　　　计量单位：m²

定　额　编　号				F1-5-9
项　目　名　称				广漆(国漆)明光四遍
				单层木门窗
基　　　　　价（元）				160.53
其中	人　工　费（元）			126.70
	材　料　费（元）			33.83
	机　械　费（元）			—
名　　　称	单位	单价(元)	消　　耗　　量	
人工	综合工日	工日	140.00	0.905
材料	坯油	kg	8.13	0.180
	砂纸	张	0.47	0.510
	生漆	kg	163.80	0.180
	石膏粉	kg	0.40	0.075
	松香水	kg	4.70	0.152
	血料	kg	3.67	0.101
	氧化铁红	kg	4.38	0.070
	银珠	kg	80.00	0.007
	其他材料费占材料费	%	—	2.000

工作内容：1.清扫灰土，磨各遍砂纸，找、抹或满刮腻子；
　　　　　2.润油、水粉；
　　　　　3.涂刷各遍色漆、清漆或广漆；
　　　　　4.广漆(退光)披灰、上麻丝、麻布、棉筋纸、生漆。　　　　　计量单位：m

定　额　编　号				F1-5-10	
项　目　名　称				广漆(国漆)明光四遍	
				木扶手(不带托板)	
基　　　价（元）				31.03	
其中	人　工　费（元）			27.44	
	材　料　费（元）			3.59	
	机　械　费（元）			—	
名　　称	单位	单价（元）	消　　耗　　量		
人工	综合工日	工日	140.00	0.196	
材料	坯油	kg	8.13	0.019	
	砂纸	张	0.47	0.053	
	生漆	kg	163.80	0.019	
	石膏粉	kg	0.40	0.008	
	松香水	kg	4.70	0.016	
	血料	kg	3.67	0.011	
	氧化铁红	kg	4.38	0.007	
	银珠	kg	80.00	0.001	
	其他材料费占材料费	%	—	2.000	

工作内容：1.清扫灰土，磨各遍砂纸，找、抹或满刮腻子；
　　　　　2.润油、水粉；
　　　　　3.涂刷各遍色漆、清漆或广漆；
　　　　　4.广漆(退光)披灰、上麻丝、麻布、棉筋纸、生漆。

计量单位：m²

定　额　编　号				F1-5-11	F1-5-12
项　目　名　称				广漆(国漆)明光四遍	
				其他木材面	柱、梁、架、枋、桁古式木构件
基　　　　价（元）				112.84	123.98
其中	人　工　费（元）			94.22	108.22
	材　料　费（元）			18.62	15.76
	机　械　费（元）			—	—
名　　　称	单位	单价（元）		消　　耗　　量	
人工	综合工日	工日	140.00	0.673	0.773
材料	坯油	kg	8.13	0.099	0.084
	砂纸	张	0.47	0.280	0.236
	生漆	kg	163.80	0.099	0.084
	石膏粉	kg	0.40	0.041	0.035
	松香水	kg	4.70	0.083	0.070
	血料	kg	3.67	0.056	0.047
	氧化铁红	kg	4.38	0.039	0.033
	银珠	kg	80.00	0.004	0.003
	其他材料费占材料费	%	—	2.000	2.000

363

2.广漆(国漆)退光漆

工作内容: 1.清扫灰土,磨各遍砂纸,找、抹或满刮腻子;
2.润油、水粉;
3.涂刷各遍色漆、清漆或广漆;
4.广漆(退光)披灰、上麻丝、麻布、棉筋纸、生漆。

计量单位: m²

定 额 编 号				F1-5-13	F1-5-14
项 目 名 称				广漆(国漆)退光四遍	
				木柱	单门扇
基 价 (元)				233.51	178.28
其中	人 工 费(元)			184.24	118.72
	材 料 费(元)			49.27	59.56
	机 械 费(元)			—	—
名 称		单位	单价(元)	消 耗 量	
人工	综合工日	工日	140.00	1.316	0.848
材料	麻布	kg	2.99	0.250	0.303
	麻丝	kg	7.44	0.150	0.182
	棉筋纸	kg	2.74	0.100	0.121
	砂纸	张	0.47	0.500	0.605
	生漆	kg	163.80	0.240	0.290
	石膏粉	kg	0.40	0.150	0.182
	石性颜料	kg	5.98	0.025	0.030
	松香水	kg	4.70	0.120	0.145
	血料	kg	3.67	0.350	0.424
	砖灰	kg	1.68	3.000	3.630
	其他材料费占材料费	%	—	1.000	1.000

工作内容：1.清扫灰土，磨各遍砂纸，找、抹或满刮腻子；
　　　　　2.润油、水粉；
　　　　　3.涂刷各遍色漆、清漆或广漆；
　　　　　4.广漆(退光)披灰、上麻丝、麻布、棉筋纸、生漆。　　　　　　计量单位：m

定　额　编　号				F1-5-15
项　目　名　称				广漆(国漆)退光四遍
				木扶手(不带托板)
基　　　　价（元）				57.33
其中	人　工　费（元）			47.04
	材　料　费（元）			10.29
	机　械　费（元）			—
名　　　称	单位	单价(元)	消　　耗　　量	
人工	综合工日	工日	140.00	0.336
材料	麻布	kg	2.99	0.058
	麻丝	kg	7.44	0.035
	棉筋纸	kg	2.74	0.023
	砂纸	张	0.47	0.115
	生漆	kg	163.80	0.055
	石膏粉	kg	0.40	0.035
	石性颜料	kg	5.98	0.006
	松香水	kg	4.70	0.028
	血料	kg	3.67	0.081
	砖灰	kg	1.68	0.090
	其他材料费占材料费	%	—	1.000

3.调和漆二遍

工作内容：1.清扫灰土，磨各遍砂纸，找、抹或满刮腻子；
2.润油、水粉；
3.涂刷各遍色漆、清漆或广漆；
4.广漆(退光)披灰、上麻丝、麻布、棉筋纸、生漆。

计量单位：m²

定　额　编　号				F1-5-16	F1-5-17
项　目　名　称				调和漆二遍	
				单层	
				木门窗	组合窗
基　　价（元）				37.99	44.05
其中	人　工　费（元）			33.18	41.58
	材　料　费（元）			4.81	2.47
	机　械　费（元）			—	—
名　称		单位	单价(元)	消　耗	量
人工	综合工日	工日	140.00	0.237	0.297
材料	石膏粉	kg	0.40	0.046	0.249
	调和漆	kg	6.00	0.202	0.017
	桐油	kg	8.13	0.023	0.035
	无光调和漆	kg	12.82	0.257	0.151
	其他材料费占材料费	%	—	2.000	2.000

工作内容：1.清扫灰土，磨各遍砂纸，找、抹或满刮腻子；
2.润油、水粉；
3.涂刷各遍色漆、清漆或广漆；
4.广漆(退光)披灰、上麻丝、麻布、棉筋纸、生漆。

计量单位：m

定 额 编 号				F1-5-18	
项 目 名 称				调和漆二遍	
				木扶手(不带托板)	
基 价（元）				2.60	
其中	人 工 费（元）			2.10	
	材 料 费（元）			0.50	
	机 械 费（元）			—	
名 称		单位	单价(元)	消 耗 量	
人工	综合工日	工日	140.00	0.015	
材料	石膏粉	kg	0.40	0.005	
	调和漆	kg	6.00	0.021	
	桐油	kg	8.13	0.002	
	无光调和漆	kg	12.82	0.027	
	其他材料费占材料费	%	—	2.000	

工作内容：1. 清扫灰土，磨各遍砂纸，找、抹或满刮腻子；
2. 润油、水粉；
3. 涂刷各遍色漆、清漆或广漆；
4. 广漆(退光)披灰、上麻丝、麻布、棉筋纸、生漆。

计量单位：m²

定　额　编　号				F1-5-19	F1-5-20
项　目　名　称				调和漆二遍	
				其他木材面	柱、梁、架、枋、桁古式构件
基　　　价（元）				15.17	37.03
其中	人　工　费（元）			12.88	34.86
	材　料　费（元）			2.29	2.17
	机　械　费（元）			—	—
名　　称		单位	单价（元）	消　　耗　　量	
人工	综合工日	工日	140.00	0.092	0.249
材料	石膏粉	kg	0.40	0.025	0.021
	调和漆	kg	6.00	0.111	0.092
	桐油	kg	8.13	0.013	0.010
	无光调和漆	kg	12.82	0.114	0.116
	其他材料费占材料费	%	—	2.000	2.000

368

4.底油一遍、调和漆二遍

工作内容：1.清扫灰土，磨各遍砂纸，找、抹或满刮腻子；
　　　　　2.润油、水粉；
　　　　　3.涂刷各遍色漆、清漆或广漆；
　　　　　4.广漆(退光)拔灰、上麻丝、麻布、棉筋纸、生漆。

计量单位：m²

定　额　编　号			F1-5-21	F1-5-22
项　目　名　称			底油一遍、调和漆二遍	
			单层木门窗	单层组合窗
基　　　价（元）			43.15	51.58
其中	人　工　费（元）		38.22	47.88
	材　料　费（元）		4.93	3.70
	机　械　费（元）		—	—
名　　称	单位	单价（元）	消　　耗　　量	
人工	综合工日	工日	140.00	0.273	0.342
材料	清油	kg	9.70	0.016	0.012
	石膏粉	kg	0.40	0.046	0.035
	调和漆	kg	6.00	0.202	0.151
	桐油	kg	8.13	0.039	0.029
	无光调和漆	kg	12.82	0.229	0.172
	油漆溶剂油	kg	2.62	0.075	0.056
	其他材料费占材料费	%	—	2.000	2.000

工作内容：1.清扫灰土，磨各遍砂纸，找、抹或满刮腻子；
2.润油、水粉；
3.涂刷各遍色漆、清漆或广漆；
4.广漆(退光)披灰、上麻丝、麻布、棉筋纸、生漆。

计量单位：m

定　额　编　号				F1-5-23	
项　目　名　称				底油一遍、调和漆二遍	
				木扶手(不带托板)	
基　　　价（元）				2.90	
其中	人　工　费（元）			2.38	
	材　料　费（元）			0.52	
	机　械　费（元）			—	
名　　　称		单位	单价(元)	消　　耗　　　量	
人工	综合工日	工日	140.00	0.017	
材料	清油	kg	9.70	0.002	
	石膏粉	kg	0.40	0.005	
	调和漆	kg	6.00	0.021	
	桐油	kg	8.13	0.004	
	无光调和漆	kg	12.82	0.024	
	油漆溶剂油	kg	2.62	0.008	
	其他材料费占材料费	%	—	2.000	

工作内容：1.清扫灰土，磨各遍砂纸，找、抹或满刮腻子；
2.润油、水粉；
3.涂刷各遍色漆、清漆或广漆；
4.广漆(退光)披灰、上麻丝、麻布、棉筋纸、生漆。

计量单位：m²

定 额 编 号				F1-5-24	F1-5-25
项 目 名 称				底油一遍、调和漆二遍	
				其他木材面	柱、梁、架、枋、桁古式构件
基 价（元）				16.99	41.30
其中	人 工 费（元）			14.28	39.06
	材 料 费（元）			2.71	2.24
	机 械 费（元）			—	—
名 称		单位	单价（元）	消 耗 量	
人工	综合工日	工日	140.00	0.102	0.279
材料	清油	kg	9.70	0.009	0.007
	石膏粉	kg	0.40	0.025	0.021
	调和漆	kg	6.00	0.111	0.092
	桐油	kg	8.13	0.021	0.018
	无光调和漆	kg	12.82	0.126	0.104
	油漆溶剂油	kg	2.62	0.041	0.034
	其他材料费占材料费	%	—	2.000	2.000

5.底油一遍、调和漆三遍

工作内容：1.清扫灰土，磨各遍砂纸，找、抹或满刮腻子；
2.润油、水粉；
3.涂刷各遍色漆、清漆或广漆；
4.广漆(退光)拔灰、上麻丝、麻布、棉筋纸、生漆。

计量单位：m²

定　额　编　号				F1-5-26	F1-5-27
项　目　名　称				底油一遍、调和漆三遍	
				单层木门窗	单层组合窗
基　　价（元）				53.15	62.63
其中	人　工　费（元）			45.22	56.70
	材　料　费（元）			7.93	5.93
	机　械　费（元）			—	—
名　称		单位	单价（元）	消　　耗　　量	
人工	综合工日	工日	140.00	0.323	0.405
材料	清油	kg	9.70	0.016	0.012
	石膏粉	kg	0.40	0.046	0.035
	调和漆	kg	6.00	0.202	0.151
	桐油	kg	8.13	0.039	0.029
	无光调和漆	kg	12.82	0.458	0.343
	油漆溶剂油	kg	2.62	0.075	0.056
	其他材料费占材料费	%	—	2.000	2.000

工作内容：1.清扫灰土，磨各遍砂纸，找、抹或满刮腻子；
　　　　　2.润油、水粉；
　　　　　3.涂刷各遍色漆、清漆或广漆；
　　　　　4.广漆(退光)披灰、上麻丝、麻布、棉筋纸、生漆。

计量单位：m

定　额　编　号			F1-5-28
项　目　名　称			底油一遍、调和漆三遍
			木扶手(不带托板)
基　　　　价（元）			4.89
其中	人　工　费（元）		4.06
	材　料　费（元）		0.83
	机　械　费（元）		—
名　　称	单位	单价（元）	消　　耗　　量
人工 综合工日	工日	140.00	0.029
材料 清油	kg	9.70	0.002
石膏粉	kg	0.40	0.005
调和漆	kg	6.00	0.021
桐油	kg	8.13	0.004
无光调和漆	kg	12.82	0.048
油漆溶剂油	kg	2.62	0.008
其他材料费占材料费	%	—	2.000

工作内容：1.清扫灰土，磨各遍砂纸，找、抹或满刮腻子；
　　　　　2.润油、水粉；
　　　　　3.涂刷各遍色漆、清漆或广漆；
　　　　　4.广漆(退光)披灰、上麻丝、麻布、棉筋纸、生漆。

计量单位：m²

定　额　编　号				F1-5-29	F1-5-30
项　目　名　称				底油一遍、调和漆三遍	
				其他木材面	柱、梁、架、枋、桁古式构件
基　　　　价（元）				22.20	44.48
其中	人　工　费（元）			18.20	40.88
	材　料　费（元）			4.00	3.60
	机　械　费（元）			—	—
	名　　称	单位	单价（元）	消　　耗　　量	
人工	综合工日	工日	140.00	0.130	0.292
材料	清油	kg	9.70	0.009	0.007
	石膏粉	kg	0.40	0.025	0.021
	调和漆	kg	6.00	0.111	0.092
	桐油	kg	8.13	0.021	0.018
	无光调和漆	kg	12.82	0.225	0.208
	油漆溶剂油	kg	2.62	0.041	0.034
	其他材料费占材料费	%	—	2.000	2.000

374

6.熟桐油(清油)二遍

工作内容：1.清扫灰土，磨各遍砂纸，找、抹或满刮腻子；
2.润油、水粉；
3.涂刷各遍色漆、清漆或广漆；
4.广漆(退光)披灰、上麻丝、麻布、棉筋纸、生漆。

计量单位：m²

定　额　编　号			F1-5-31
项　目　名　称			熟桐油(清油)二遍
			单层木门窗
基　　　　价（元）			28.91
其中	人　工　费（元）		27.02
	材　料　费（元）		1.89
	机　械　费（元）		—
名　　称	单位	单价(元)	消　耗　量
人工	综合工日	工日	140.00	0.193
材料	桐油	kg	8.13	0.206
	油漆溶剂油	kg	2.62	0.069
	其他材料费占材料费	%	—	2.000

工作内容：1.清扫灰土，磨各遍砂纸，找、抹或满刮腻子；
 2.润油、水粉；
 3.涂刷各遍色漆、清漆或广漆；
 4.广漆(退光)披灰、上麻丝、麻布、棉筋纸、生漆。

计量单位：m

定　额　编　号	F1-5-32
项　目　名　称	熟桐油(清油)二遍
	木扶手(不带托板)
基　　　　　价（元）	2.02

其中	人　工　费（元）	1.82
	材　料　费（元）	0.20
	机　械　费（元）	—

	名　　称	单位	单价(元)	消　　耗　　量
人工	综合工日	工日	140.00	0.013
材料	桐油	kg	8.13	0.022
	油漆溶剂油	kg	2.62	0.007
	其他材料费占材料费	%	—	2.000

376

工作内容：1.清扫灰土，磨各遍砂纸，找、抹或满刮腻子；
　　　　　2.润油、水粉；
　　　　　3.涂刷各遍色漆、清漆或广漆；
　　　　　4.广漆(退光)披灰、上麻丝、麻布、棉筋纸、生漆。

计量单位：m²

定　额　编　号				F1-5-33	F1-5-34
项　目　名　称				熟桐油(清油)二遍	
				其他木材面	柱、梁、架、枋、桁古式构件
基　　　　　价（元）				11.40	31.23
其中	人　工　费（元）			10.36	30.38
	材　料　费（元）			1.04	0.85
	机　械　费（元）			—	—
名　　称		单位	单价（元）	消　耗　量	
人工	综合工日	工日	140.00	0.074	0.217
材料	桐油	kg	8.13	0.113	0.093
	油漆溶剂油	kg	2.62	0.038	0.031
	其他材料费占材料费	%	—	2.000	2.000

7.底油、油色、清漆二遍

工作内容：1.清扫灰土，磨各遍砂纸，找、抹或满刮腻子；
2.润油、水粉；
3.涂刷各遍色漆、清漆或广漆；
4.广漆(退光)披灰、上麻丝、麻布、棉筋纸、生漆。

计量单位：m²

定 额 编 号				F1-5-35	
项 目 名 称				底油、油色、清漆二遍	
				单层木门窗	
基 价（元）				42.37	
其中	人 工 费（元）			39.20	
	材 料 费（元）			3.17	
	机 械 费（元）			—	
名 称		单位	单价（元）	消 耗 量	
人工	综合工日	工日	140.00	0.280	
材料	酚醛清漆	kg	10.16	0.212	
	清油	kg	9.70	0.023	
	石膏粉	kg	0.40	0.046	
	调和漆	kg	6.00	0.008	
	桐油	kg	8.13	0.039	
	油漆溶剂油	kg	2.62	0.134	
	其他材料费占材料费	%	—	2.000	

378

工作内容：1.清扫灰土，磨各遍砂纸，找、抹或满刮腻子；
　　　　　2.润油、水粉；
　　　　　3.涂刷各遍色漆、清漆或广漆；
　　　　　4.广漆(退光)披灰、上麻丝、麻布、棉筋纸、生漆。

计量单位：m

定　额　编　号				F1-5-36
项　目　名　称				底油、油色、清漆二遍
				木扶手(不带托板)
基　　　　　价（元）				2.57
其中	人　工　费（元）			2.24
	材　料　费（元）			0.33
	机　械　费（元）			—
	名　　　称	单位	单价（元）	消　　耗　　量
人工	综合工日	工日	140.00	0.016
材料	酚醛清漆	kg	10.16	0.022
	清油	kg	9.70	0.002
	石膏粉	kg	0.40	0.005
	调和漆	kg	6.00	0.001
	桐油	kg	8.13	0.004
	油漆溶剂油	kg	2.62	0.014
	其他材料费占材料费	%	—	2.000

工作内容：1.清扫灰土，磨各遍砂纸，找、抹或满刮腻子；
　　　　　2.润油、水粉；
　　　　　3.涂刷各遍色漆、清漆或广漆；
　　　　　4.广漆(退光)披灰、上麻丝、麻布、棉筋纸、生漆。

计量单位：m²

定　额　编　号				F1-5-37	F1-5-38
项　目　名　称				底油、油色、清漆二遍	
				其他木材面	柱、梁、架、枋、桁古式构件
基　　　　　价（元）				16.45	38.41
其中	人　工　费（元）			14.70	36.96
	材　料　费（元）			1.75	1.45
	机　械　费（元）			—	—
名　　称		单位	单价（元）	消　　耗　　量	
人工	综合工日	工日	140.00	0.105	0.264
材料	酚醛清漆	kg	10.16	0.117	0.097
	清油	kg	9.70	0.013	0.010
	石膏粉	kg	0.40	0.025	0.021
	调和漆	kg	6.00	0.005	0.004
	桐油	kg	8.13	0.021	0.018
	油漆溶剂油	kg	2.62	0.074	0.061
	其他材料费占材料费	%	—	2.000	2.000

8.润粉、刮腻子、油色、清漆三遍

工作内容：1.清扫灰土，磨各遍砂纸，找、抹或满刮腻子；
2.润油、水粉；
3.涂刷各遍色漆、清漆或广漆；
4.广漆(退光)披灰、上麻丝、麻布、棉筋纸、生漆。
计量单位：m²

定 额 编 号			F1-5-39
项 目 名 称			润粉、刮腻子、油色、清漆三遍
			单层木门窗
基 价（元）			109.17
其中	人 工 费（元）		104.58
	材 料 费（元）		4.59
	机 械 费（元）		—

	名 称	单位	单价（元）	消 耗 量
人工	综合工日	工日	140.00	0.747
材料	大白粉	kg	0.27	0.171
	酚醛清漆	kg	10.16	0.315
	清油	kg	9.70	0.028
	石膏粉	kg	0.40	0.049
	调和漆	kg	6.00	0.031
	桐油	kg	8.13	0.055
	油漆溶剂油	kg	2.62	0.124
	其他材料费占材料费	%	—	2.000

381

工作内容：1.清扫灰土，磨各遍砂纸，找、抹或满刮腻子；
2.润油、水粉；
3.涂刷各遍色漆、清漆或广漆；
4.广漆(退光)披灰、上麻丝、麻布、棉筋纸、生漆。　　　　　　　计量单位：m

定　额　编　号			F1-5-40
项　目　名　称			润粉、刮腻子、油色、清漆三遍
			木扶手(不带托板)
基　　　　价（元）			28.20
其中	人　工　费（元）		27.72
	材　料　费（元）		0.48
	机　械　费（元）		—
名　　称	单位	单价（元）	消　　耗　　量
人工 综合工日	工日	140.00	0.198
材料 大白粉	kg	0.27	0.018
酚醛清漆	kg	10.16	0.033
清油	kg	9.70	0.003
石膏粉	kg	0.40	0.005
调和漆	kg	6.00	0.003
桐油	kg	8.13	0.006
油漆溶剂油	kg	2.62	0.013
其他材料费占材料费	%	—	2.000

工作内容：1.清扫灰土，磨各遍砂纸，找、抹或满刮腻子；
　　　　　2.润油、水粉；
　　　　　3.涂刷各遍色漆、清漆或广漆；
　　　　　4.广漆(退光)披灰、上麻丝、麻布、棉筋纸、生漆。　　　　　　　　计量单位：m²

定 额 编 号				F1-5-41	F1-5-42
项 目 名 称				润粉、刮腻子、油色、清漆三遍	
				其他木材面	柱、梁、架、枋、桁古式构件
基 价（元）				76.14	110.29
其中	人 工 费（元）			73.64	108.22
	材 料 费（元）			2.50	2.07
	机 械 费（元）			—	—
名 称		单位	单价（元）	消　　　耗　　　量	
人工	综合工日	工日	140.00	0.526	0.773
材料	大白粉	kg	0.27	0.094	0.078
	酚醛清漆	kg	10.16	0.173	0.143
	清油	kg	9.70	0.014	0.012
	石膏粉	kg	0.40	0.027	0.022
	调和漆	kg	6.00	0.017	0.014
	桐油	kg	8.13	0.030	0.025
	油漆溶剂油	kg	2.62	0.068	0.056
	其他材料费占材料费	%	—	2.000	2.000

383

9. 磁漆(一底三油、磁漆三遍)

工作内容：1. 清扫灰土，磨各遍砂纸，找、抹或满刮腻子；
2. 润油、水粉；
3. 涂刷各遍色漆、清漆或广漆；
4. 广漆(退光)披灰、上麻丝、麻布、棉筋纸、生漆。

计量单位：m²

定 额 编 号				F1-5-43		
项 目 名 称				一底三油、磁漆三遍		
				单层木门窗		
基 价 （元）				95.56		
其中	人 工 费 （元）			88.20		
	材 料 费 （元）			7.36		
	机 械 费 （元）			—		
	名 称	单位	单价(元)	消 耗 量		
人工	综合工日	工日	140.00	0.630		
材料	醇酸磁漆	kg	10.70	0.465		
	醇酸漆稀释剂	kg	11.97	0.035		
	大白粉	kg	0.27	0.147		
	铅油	kg	6.45	0.107		
	清油	kg	9.70	0.028		
	石膏粉	kg	0.40	0.042		
	桐油	kg	8.13	0.055		
	油漆溶剂油	kg	2.62	0.134		
	其他材料费占材料费	%	—	2.000		

384

工作内容：1.清扫灰土，磨各遍砂纸，找、抹或满刮腻子；
　　　　　2.润油、水粉；
　　　　　3.涂刷各遍色漆、清漆或广漆；
　　　　　4.广漆(退光)披灰、上麻丝、麻布、棉筋纸、生漆。　　　　　　　　计量单位：m

定　额　编　号			F1-5-44
项　目　名　称			一底三油、磁漆三遍
			木扶手(不带托板)
基　　　　价（元）			31.57
其中	人　工　费（元）		30.38
	材　料　费（元）		1.19
	机　械　费（元）		—
名　　　称	单位	单价（元）	消　　耗　　量
人工 综合工日	工日	140.00	0.217
材　　料 醇酸磁漆	kg	10.70	0.056
醇酸漆稀释剂	kg	11.97	0.004
大白粉	kg	0.27	0.018
铅油	kg	6.45	0.013
清油	kg	9.70	0.034
石膏粉	kg	0.40	0.005
桐油	kg	8.13	0.007
油漆溶剂油	kg	2.62	0.017
其他材料费占材料费	%	—	2.000

工作内容：1.清扫灰土，磨各遍砂纸，找、抹或满刮腻子；
　　　　　2.润油、水粉；
　　　　　3.涂刷各遍色漆、清漆或广漆；
　　　　　4.广漆(退光)披灰、上麻丝、麻布、棉筋纸、生漆。

计量单位：m²

定　额　编　号				F1-5-45	F1-5-46
项　目　名　称				一底三油、磁漆三遍	
				其他木材面	柱、梁、架、枋、桁古式木构件
基　　　价（元）				81.28	116.42
其中	人　工　费（元）			76.58	112.56
	材　料　费（元）			4.70	3.86
	机　械　费（元）			—	—
名　　　称	单位	单价（元）		消　　耗　　量	
人工 综合工日	工日	140.00		0.547	0.804
材料 醇酸磁漆	kg	10.70		0.297	0.245
醇酸漆稀释剂	kg	11.97		0.022	0.018
大白粉	kg	0.27		0.094	0.078
铅油	kg	6.45		0.069	0.057
清油	kg	9.70		0.018	0.015
石膏粉	kg	0.40		0.027	0.022
桐油	kg	8.13		0.035	0.027
油漆溶剂油	kg	2.62		0.087	0.072
其他材料费占材料费	%	—		2.000	2.000

10.木地板广漆(国漆)明光二遍

工作内容：1.清扫灰土，磨各遍砂纸，找、抹或满刮腻子；
2.润油、水粉、广漆、擦蜡见光出亮；
3.弹线、分隔、描线。

计量单位：m²

定 额 编 号			F1-5-47	
项 目 名 称			木地板、广漆(国漆)明光二遍	
基 价（元）			**48.80**	
其中	人 工 费（元）		37.94	
	材 料 费（元）		10.86	
	机 械 费（元）		—	
名 称	单位	单价(元)	消 耗 量	
人工	综合工日	工日	140.00	0.271
材料	坯油	kg	8.13	0.059
	生漆	kg	163.80	0.059
	石膏粉	kg	0.40	0.025
	血料	kg	3.67	0.028
	氧化铁红	kg	4.38	0.021
	银珠	kg	80.00	0.002
	油漆溶剂油	kg	2.62	0.051
	其他材料费占材料费	%	—	2.000

387

11. 木质面仿面砖油漆

工作内容：1. 清扫灰土，磨各遍砂纸，找、抹或满刮腻子；
　　　　　2. 润油、水粉、广漆、擦蜡见光出亮；
　　　　　3. 弹线、分隔、描线。

计量单位：㎡

定　额　编　号				F1-5-48	
项　目　名　称				木质面仿面砖油漆	
基　　　价（元）				32.11	
其中	人　工　费（元）			30.66	
	材　料　费（元）			1.45	
	机　械　费（元）			—	
名　　　称		单位	单价（元）	消　　耗　　量	
人工	综合工日	工日	140.00	0.219	
材料	清油	kg	9.70	0.009	
	石膏粉	kg	0.40	0.026	
	调和漆	kg	6.00	0.117	
	桐油	kg	8.13	0.022	
	无光调和漆	kg	12.82	0.026	
	油漆溶剂油	kg	2.62	0.043	
	其他材料费占材料费	%	—	2.000	

第二节 混凝土构件油漆

1. 广漆(国漆)明光漆

工作内容：清扫，金刚砂打磨，打各遍砂纸，找、抹或满刮腻子，刷各遍油漆。　　　　　　　　计量单位：m²

定 额 编 号				F1-5-49	F1-5-50	F1-5-51
项 目 名 称				混凝土柱、梁、架、桁、枋、仿古式构件		
				广漆(国漆)明光二遍	广漆(国漆)明光三遍	广漆(国漆)明光四遍
基 价（元）				75.71	125.20	164.07
其中	人 工 费（元）			63.56	110.60	147.00
	材 料 费（元）			12.15	14.60	17.07
	机 械 费（元）			—	—	—
名 称		单位	单价（元）	消	耗	量
人工	综合工日	工日	140.00	0.454	0.790	1.050
材料	坯油	kg	8.13	0.066	0.079	0.092
	生漆	kg	163.80	0.066	0.079	0.092
	石膏粉	kg	0.40	0.028	0.034	0.032
	血料	kg	3.67	0.037	0.049	0.061
	氧化铁红	kg	4.38	0.024	0.031	0.036
	银珠	kg	80.00	0.002	0.003	0.004
	油漆溶剂油	kg	2.62	0.057	0.062	0.077
	其他材料费占材料费	%	—	2.000	2.000	2.000

389

2.底油、调和漆二遍

工作内容：清扫，金刚砂打磨，打各遍砂纸，找、抹或满刮腻子，刷各遍油漆。 计量单位：m²

定 额 编 号			F1-5-52		
项 目 名 称			混凝土柱、梁、架、桁、枋、仿古式构件		
			调和漆批腻子、底油、调和漆二遍		
基 价（元）			45.27		
其中	人 工 费（元）		42.70		
	材 料 费（元）		2.57		
	机 械 费（元）		—		
名 称	单位	单价（元）	消 耗 量		
人工	综合工日	工日	140.00	0.305	
材料	滑石粉	kg	0.85	0.139	
	聚醋酸乙烯乳胶	kg	5.76	0.016	
	清油	kg	9.70	0.016	
	石膏粉	kg	0.40	0.033	
	羧甲基纤维素	kg	10.51	0.003	
	调和漆	kg	6.00	0.093	
	桐油	kg	8.13	0.024	
	无光调和漆	kg	12.82	0.093	
	油漆溶剂油	kg	2.62	0.061	
	其他材料费占材料费	%	—	2.000	

3.底油、调和漆、无光调和漆各一遍

工作内容：清扫，金刚砂打磨，打各遍砂纸，找、抹或满刮腻子，刷各遍油漆。　　　　　计量单位：m²

定　额　编　号				F1-5-53
项　目　名　称				混凝土柱、梁、架、桁、枋、仿古式构件
				抹腻子底油无光调和漆、调和漆、无光调和漆各一遍
基　　　价（元）				49.09
其中	人　工　费（元）			45.50
	材　料　费（元）			3.59
	机　械　费（元）			—
	名　　　称	单位	单价（元）	消　　耗　　量
人工	综合工日	工日	140.00	0.325
材料	滑石粉	kg	0.85	0.139
	聚醋酸乙烯乳胶	kg	5.76	0.016
	清油	kg	9.70	0.016
	石膏粉	kg	0.40	0.033
	羧甲基纤维素	kg	10.51	0.003
	调和漆	kg	6.00	0.093
	桐油	kg	8.13	0.024
	无光调和漆	kg	12.82	0.171
	油漆溶剂油	kg	2.62	0.061
	其他材料费占材料费	%	—	2.000

4. 批腻子、乳胶漆二遍

工作内容：清扫，金刚砂打磨，打各遍砂纸，找、抹或满刮腻子，刷各遍油漆。　　　　　计量单位：m²

定　额　编　号			F1-5-54
项　目　名　称			混凝土柱、梁、架、桁、枋、仿古式构件
			批腻子、乳胶漆三遍
基　　　　　价（元）			49.49
其中	人　工　费（元）		46.20
	材　料　费（元）		3.29
	机　械　费（元）		—
名　　称	单位	单价（元）	消　　耗　　量
人工	综合工日	工日	140.00	0.330
材料	大白粉	kg	0.27	0.014
	滑石粉	kg	0.85	0.139
	聚醋酸乙烯乳胶	kg	5.76	0.017
	乳胶漆	kg	6.84	0.433
	石膏粉	kg	0.40	0.023
	羧甲基纤维素	kg	10.51	0.003
	其他材料费占材料费	%	—	2.000

392

5.水泥仿琉璃瓦顶油漆

工作内容：清扫，金刚砂打磨，打各遍砂纸，找、抹或满刮腻子，刷各遍油漆。　　　　计量单位：m²

定　额　编　号			F1-5-55		
项　目　名　称			混凝土柱、梁、架、桁、枋、仿古式构件		
			油漆水泥仿琉璃瓦围墙顶		
基　　　价（元）			80.13		
其中	人　工　费（元）		76.02		
	材　料　费（元）		4.11		
	机　械　费（元）		—		
名　　称	单位	单价（元）	消　　耗　　量		
人工	综合工日	工日	140.00	0.543	
材料	清油	kg	9.70	0.028	
	调和漆	kg	6.00	0.166	
	桐油	kg	8.13	0.043	
	无光调和漆	kg	12.82	0.166	
	油漆溶剂油	kg	2.62	0.109	
	其他材料费占材料费	%	—	2.000	

393

第三节 柱、梁、枋、桁地仗

工作内容：基层清理、调制灰料、刷油、找抹刷浆、披灰、打磨、压麻、糊布。　　　　　计量单位：10m²

定　额　编　号			F1-5-56	F1-5-57
项　目　名　称			地仗一麻五灰	
			23～58cm	23cm以下
基　　价（元）			1076.62	1168.77
其中	人　工　费（元）		711.20	813.40
	材　料　费（元）		365.42	355.37
	机　械　费（元）		—	—
名　　称	单位	单价（元）	消　　耗　　量	
人工	综合工日	工日	140.00	5.080	5.810
材料	光油	kg	8.50	3.130	3.130
	灰油	kg	1.80	14.450	13.660
	精梳麻	kg	8.00	3.000	2.500
	面粉	kg	2.34	2.570	2.430
	汽油	kg	6.77	0.100	0.100
	砂布	张	1.03	1.650	1.650
	生石灰	kg	0.32	0.480	0.450
	桐油	kg	8.13	2.500	2.500
	细灰	kg	0.74	60.590	60.590
	血料	kg	3.67	58.610	57.440

工作内容：基层清理、调制灰料、刷油、找抹刷浆、披灰、打磨、压麻、糊布。　　　计量单位：10m²

定　额　编　号				F1-5-58	F1-5-59
项　目　名　称				地仗一布五灰	
				23～58cm	23cm以下
基　　　　价（元）				1084.97	1132.79
其中	人　工　费（元）			653.80	709.80
	材　料　费（元）			431.17	422.99
	机　械　费（元）			—	—
名　　称		单位	单价(元)	消　　耗　　量	
人工	综合工日	工日	140.00	4.670	5.070
材料	玻璃布 300×0.15	m	1.99	52.000	52.000
	光油	kg	8.50	3.130	2.950
	灰油	kg	1.80	13.490	12.860
	面粉	kg	2.34	2.400	2.150
	汽油	kg	6.77	0.100	0.100
	砂布	张	1.03	1.650	1.650
	生石灰	kg	0.32	0.440	0.340
	桐油	kg	8.13	2.500	2.500
	细灰	kg	0.74	58.520	58.000
	血料	kg	3.67	55.870	54.640

工作内容：基层清理、调制灰料、刷油、找抹刷浆、披灰、打磨、压麻、糊布。　　　　计量单位：10m²

定　额　编　号				F1-5-60	F1-5-61
项　目　名　称				地仗一布四灰	
				23～58cm	23cm以下
基　　　　　价（元）				1009.71	1083.91
其中	人　工　费（元）			611.80	686.00
	材　料　费（元）			397.91	397.91
	机　械　费（元）			—	—
名　　　称		单位	单价（元）	消　　耗　　量	
人工	综合工日	工日	140.00	4.370	4.900
材料	玻璃布 300×0.15	m	1.99	52.000	52.000
	光油	kg	8.50	3.130	3.130
	灰油	kg	1.80	11.570	11.570
	面粉	kg	2.34	2.060	2.060
	汽油	kg	6.77	0.100	0.100
	砂布	张	1.03	1.650	1.650
	生石灰	kg	0.32	0.380	0.380
	桐油	kg	8.13	2.500	2.500
	细灰	kg	0.74	50.480	50.480
	血料	kg	3.67	49.590	49.590

工作内容：基层清理、调制灰料、刷油、找抹刷浆、披灰、打磨、压麻、糊布。 计量单位：10m²

定 额 编 号				F1-5-62	F1-5-63
项 目 名 称				地仗	
				四道灰	三道灰
基 价 （元）				707.25	603.29
其中	人 工 费（元）			442.40	387.80
	材 料 费（元）			264.85	215.49
	机 械 费（元）			—	—
名 称		单位	单价(元)	消 耗	量
人工	综合工日	工日	140.00	3.160	2.770
材料	光油	kg	8.50	4.300	3.100
	灰油	kg	1.80	8.300	4.200
	面粉	kg	2.34	1.500	0.800
	桐油	kg	8.13	2.400	1.700
	细灰	kg	0.74	50.900	36.700
	血料	kg	3.67	41.600	37.800

工作内容：基层清理、调制灰料、刷油、找抹刷浆、披灰、打磨、压麻、糊布。　　　　　计量单位：10㎡

定　额　编　号				F1-5-64	F1-5-65
项　目　名　称				地仗混凝土构件	
				乳胶水泥	血料砖灰
基　　　价（元）				444.65	455.48
其中	人　工　费（元）			386.40	294.00
	材　料　费（元）			58.25	161.48
	机　械　费（元）			—	—
名　　称		单位	单价（元）	消　　耗　　量	
人工	综合工日	工日	140.00	2.760	2.100
材料	光油	kg	8.50	—	2.400
	灰油	kg	1.80	—	3.000
	面粉	kg	2.34	—	0.500
	乳胶	kg	4.98	1.000	—
	水泥 32.5级	kg	0.29	3.500	—
	桐油	kg	8.13	1.800	1.600
	细灰	kg	0.74	45.700	27.800
	纤维素	kg	3.80	1.000	—
	血料	kg	3.67	—	27.500

398

第四节 大门、街门、迎风板、走马板、木板墙地仗

工作内容：基层清理、调制灰料、刷油、找抹刷浆、披灰、打磨、糊布。　　　　　　　　计量单位：10㎡

定　额　编　号			F1-5-66	F1-5-67	F1-5-68	F1-5-69
项　目　名　称			地仗			
			一麻五灰	一布五灰	一布四灰	单皮灰
基　　　　价（元）			1299.82	1267.65	1095.90	852.03
其中	人　工　费（元）		859.60	775.60	691.60	586.60
	材　料　费（元）		440.22	492.05	404.30	265.43
	机　械　费（元）		—	—	—	—
名　　　称	单位	单价（元）	消　　耗　　量			
人工 综合工日	工日	140.00	6.140	5.540	4.940	4.190
材 料 玻璃布 300×0.15	m	1.99	—	52.000	52.000	—
光油	kg	8.50	3.300	3.300	3.130	3.130
灰油	kg	1.80	19.350	17.640	11.690	8.620
精梳麻	kg	8.00	3.500	—	—	—
面粉	kg	2.34	3.440	3.140	2.080	1.530
汽油	kg	6.77	0.100	0.100	0.100	0.100
砂布	张	1.03	1.650	1.650	1.650	1.650
生石灰	kg	0.32	0.640	0.580	0.380	0.280
桐油	kg	8.13	2.500	2.500	2.500	2.500
细灰	kg	0.74	76.980	74.160	52.920	52.920
血料	kg	3.67	71.230	66.390	50.770	42.990

工作内容：基层清理、调制灰料、刷油、找抹刷浆、披灰、打磨、糊布。　　　　　　　　计量单位：10㎡

定　额　编　号				F1-5-70	F1-5-71
项　目　名　称				地仗	
				磨生刮浆灰	满刮血料腻子刷四道醇酸磁漆
基　　　　　价（元）				40.91	226.75
其中	人　工　费（元）			36.40	177.80
	材　料　费（元）			4.51	48.95
	机　械　费（元）			—	—
名　　称		单位	单价（元）	消　　耗　　量	
人工	综合工日	工日	140.00	0.260	1.270
材料	醇酸磁漆	kg	10.70	—	3.620
	醇酸稀释剂	kg	11.97	—	0.110
	光油	kg	8.50	—	0.500
	滑石粉	kg	0.85	—	1.250
	淋浆灰	kg	0.70	1.100	—
	砂布	张	1.03	1.100	—
	砂纸	张	0.47	—	2.000
	石膏粉	kg	0.40	—	0.100
	血料	kg	3.67	0.710	0.710

400

第五节 柱、梁、枋、桁、𣏢、板、天花苏式彩画

工作内容：基层清理、调制颜料、绘制图案、刷金胶油、贴金（铜）箔、罩清漆。　　　计量单位：10m²

定　额　编　号			F1-5-72	F1-5-73	F1-5-74
项　目　名　称			和玺加苏画(规矩活)彩画		
			打贴库金 23～58cm	打贴赤金 23～58cm	打贴铜箔描清漆23～58cm
基　　　价（元）			4218.59	4883.59	2009.02
其中		人　工　费（元）	1230.60	1230.60	1271.20
		材　料　费（元）	2987.99	3652.99	737.82
		机　械　费（元）	—	—	—
名　　称	单位	单价（元）	消	耗	量
人工	综合工日	工日	140.00	8.790	8.790	9.080
材　　　　料	巴黎绿	kg	220.00	1.375	1.375	1.375
	丙烯酸清漆	kg	17.09	—	—	0.440
	赤金箔 74% 83.3mm×83.3mm	张	7.00	—	471.000	—
	大白粉	kg	0.27	2.100	2.100	2.100
	二甲苯	kg	7.77	—	—	0.040
	高丽纸	张	2.60	2.000	2.000	2.000
	光油	kg	8.50	0.190	0.190	0.190
	滑石粉	kg	0.85	1.580	1.580	1.580
	金胶油	kg	15.00	0.440	0.440	0.440
	库金箔 98% 93.3mm×93.3mm	张	7.00	376.000	—	—
	棉花	kg	26.00	0.030	0.030	0.030
	牛皮纸	张	1.03	4.500	4.500	4.500
	汽油	kg	6.77	0.110	0.110	0.110
	群青	kg	22.00	0.263	0.263	0.263
	乳胶	kg	4.98	1.100	1.100	1.100
	乳胶漆	kg	6.84	1.100	1.100	1.100
	砂纸	张	0.47	1.000	1.000	1.000
	石黄	kg	3.80	0.053	0.053	0.053
	松烟	kg	2.80	0.070	0.070	0.070
	调和漆	kg	6.00	0.315	0.315	0.315
	铜箔	张	1.00	—	—	374.000
	银珠	kg	80.00	0.090	0.090	0.090
	樟丹	kg	6.20	0.525	0.525	0.525

工作内容：基层清理、调制颜料、绘制图案、刷金胶油、贴金(铜)箔、罩清漆。　　　　计量单位：10m²

定　额　编　号				F1-5-75	F1-5-76
项　目　名　称				金线大点金加苏画(规矩活部分)	
				打贴库金23～58cm	打贴赤金23～58cm
基　　　价（元）				3124.41	3565.41
其中	人　工　费（元）			1079.40	1079.40
	材　料　费（元）			2045.01	2486.01
	机　械　费（元）			—	—
名　　称		单位	单价（元）	消　　耗　　量	
人工	综合工日	工日	140.00	7.710	7.710
材料	巴黎绿	kg	220.00	1.100	1.100
	赤金箔 74% 83.3mm×83.3mm	张	7.00	—	314.000
	大白粉	kg	0.27	1.575	1.575
	高丽纸	张	2.60	2.000	2.000
	光油	kg	8.50	0.147	0.147
	滑石粉	kg	0.85	1.050	1.050
	金胶油	kg	15.00	0.330	0.330
	库金箔 98% 93.3mm×93.3mm	张	7.00	251.000	—
	棉花	kg	26.00	0.030	0.030
	牛皮纸	张	1.03	4.500	4.500
	汽油	kg	6.77	0.110	0.110
	群青	kg	22.00	0.368	0.368
	乳胶	kg	4.98	1.100	1.100
	乳胶漆	kg	6.84	0.550	0.550
	砂纸	张	0.47	1.100	1.100
	石黄	kg	3.80	0.053	0.053
	松烟	kg	2.80	0.200	0.200
	调和漆	kg	6.00	0.210	0.210
	银珠	kg	80.00	0.050	0.050
	樟丹	kg	6.20	0.525	0.525

工作内容：基层清理、调制颜料、绘制图案、刷金胶油、贴金(铜)箔、罩清漆。　　　　　计量单位：10m²

定　额　编　号				F1-5-77	F1-5-78
项　目　名　称				金线大点金加苏画(规矩活部分)	
				打贴库金23cm以下	打贴赤金23cm以下
基　　　价（元）				3295.21	3771.21
其中	人　工　费（元）			1145.20	1145.20
	材　料　费（元）			2150.01	2626.01
	机　械　费（元）			—	—
名　　称		单位	单价（元）	消　　耗　　量	
人工	综合工日	工日	140.00	8.180	8.180
材料	巴黎绿	kg	220.00	1.100	1.100
	赤金箔 74% 83.3mm×83.3mm	张	7.00	—	334.000
	大白粉	kg	0.27	1.575	1.575
	高丽纸	张	2.60	2.000	2.000
	光油	kg	8.50	0.147	0.147
	滑石粉	kg	0.85	1.050	1.050
	金胶油	kg	15.00	0.330	0.330
	库金箔 98% 93.3mm×93.3mm	张	7.00	266.000	—
	棉花	kg	26.00	0.030	0.030
	牛皮纸	张	1.03	4.500	4.500
	汽油	kg	6.77	0.110	0.110
	群青	kg	22.00	0.368	0.368
	乳胶	kg	4.98	1.100	1.100
	乳胶漆	kg	6.84	0.550	0.550
	砂纸	张	0.47	1.100	1.100
	石黄	kg	3.80	0.053	0.053
	松烟	kg	2.80	0.200	0.200
	调和漆	kg	6.00	0.210	0.210
	银珠	kg	80.00	0.050	0.050
	樟丹	kg	6.20	0.525	0.525

工作内容：基层清理、调制颜料、绘制图案、刷金胶油、贴金(铜)箔、罩清漆。　计量单位：10m²

定　额　编　号				F1-5-79	F1-5-80
项　目　名　称				金线大点金加苏画(规矩活部分)	
				打贴铜箔描清漆	
				23～58cm	23cm以下
基　　　价（元）				1648.30	1741.70
其中	人　工　费（元）			1104.60	1183.00
	材　料　费（元）			543.70	558.70
	机　械　费（元）			—	—
名　　称		单位	单价(元)	消　耗	量
人工	综合工日	工日	140.00	7.890	8.450
材料	巴黎绿	kg	220.00	1.100	1.100
	丙烯酸清漆	kg	17.09	0.263	0.263
	大白粉	kg	0.27	1.575	1.575
	二甲苯	kg	7.77	0.026	0.026
	高丽纸	张	2.60	2.000	2.000
	光油	kg	8.50	0.147	0.147
	滑石粉	kg	0.85	1.050	1.050
	金胶油	kg	15.00	0.330	0.330
	棉花	kg	26.00	0.030	0.030
	牛皮纸	张	1.03	4.500	4.500
	汽油	kg	6.77	0.110	0.110
	群青	kg	22.00	0.368	0.368
	乳胶	kg	4.98	1.100	1.100
	乳胶漆	kg	6.84	0.550	0.550
	砂纸	张	0.47	1.100	1.100
	石黄	kg	3.80	0.053	0.053
	松烟	kg	2.80	0.200	0.200
	调和漆	kg	6.00	0.210	0.210
	铜箔	张	1.00	251.000	266.000
	银珠	kg	80.00	0.050	0.050
	樟丹	kg	6.20	0.525	0.525

工作内容：基层清理、调制颜料、绘制图案、刷金胶油、贴金(铜)箔、罩清漆。 计量单位：10㎡

定 额 编 号			F1-5-81	F1-5-82
项 目 名 称			金琢墨苏式彩画(规矩活部分)	
			打贴库金23~58cm	打贴赤金23~58cm
基 价 （元）			5164.97	5857.97
其中	人 工 费（元）		2164.40	2164.40
	材 料 费（元）		3000.57	3693.57
	机 械 费（元）		—	—
名 称	单位	单价(元)	消 耗 量	
人工	综合工日	工日	140.00	15.460	15.460
材料	巴黎绿	kg	220.00	0.935	0.935
	赤金箔 74% 83.3mm×83.3mm	张	7.00	—	490.000
	大白粉	kg	0.27	1.650	1.650
	高丽纸	张	2.60	2.000	2.000
	光油	kg	8.50	0.063	0.063
	滑石粉	kg	0.85	1.050	1.050
	金胶油	kg	15.00	0.550	0.550
	库金箔 98% 93.3mm×93.3mm	张	7.00	391.000	—
	棉花	kg	26.00	0.010	0.010
	牛皮纸	张	1.03	4.500	4.500
	汽油	kg	6.77	0.110	0.110
	群青	kg	22.00	0.420	0.420
	乳胶	kg	4.98	1.100	1.100
	乳胶漆	kg	6.84	0.550	0.550
	砂纸	张	0.47	1.100	1.100
	石黄	kg	3.80	0.525	0.525
	松烟	kg	2.80	0.090	0.090
	调和漆	kg	6.00	0.315	0.315
	氧化铁红	kg	4.38	0.210	0.210
	银珠	kg	80.00	0.120	0.120
	樟丹	kg	6.20	0.525	0.525

工作内容：基层清理、调制颜料、绘制图案、刷金胶油、贴金(铜)箔、罩清漆。　　　　　　　　计量单位：10m²

定　额　编　号				F1-5-83	F1-5-84
项　目　名　称				金琢墨苏式彩画(规矩活部分)	
				打贴库金23cm以下	打贴赤金23cm以下
基　　　　价（元）				5635.37	6377.37
其中	人　工　费（元）			2473.80	2473.80
	材　料　费（元）			3161.57	3903.57
	机　械　费（元）			—	—
名　　称		单位	单价(元)	消　　耗　　　　量	
人工	综合工日	工日	140.00	17.670	17.670
材料	巴黎绿	kg	220.00	0.935	0.935
	赤金箔 74% 83.3mm×83.3mm	张	7.00	—	520.000
	大白粉	kg	0.27	1.650	1.650
	高丽纸	张	2.60	2.000	2.000
	光油	kg	8.50	0.063	0.063
	滑石粉	kg	0.85	1.050	1.050
	金胶油	kg	15.00	0.550	0.550
	库金箔 98% 93.3mm×93.3mm	张	7.00	414.000	—
	棉花	kg	26.00	0.010	0.010
	牛皮纸	张	1.03	4.500	4.500
	汽油	kg	6.77	0.110	0.110
	群青	kg	22.00	0.420	0.420
	乳胶	kg	4.98	1.100	1.100
	乳胶漆	kg	6.84	0.550	0.550
	砂纸	张	0.47	1.100	1.100
	石黄	kg	3.80	0.525	0.525
	松烟	kg	2.80	0.090	0.090
	调和漆	kg	6.00	0.315	0.315
	氧化铁红	kg	4.38	0.210	0.210
	银珠	kg	80.00	0.120	0.120
	樟丹	kg	6.20	0.525	0.525

工作内容：基层清理、调制颜料、绘制图案、刷金胶油、贴金(铜)箔、罩清漆。　　　　　计量单位：10m²

定　额　编　号				F1-5-85	F1-5-86
项　目　名　称				金琢墨苏式彩画(规矩活部分)	
				打贴铜箔描清漆	
				23～58cm	23cm以下
基　　　　价（元）				2852.60	3190.60
其中	人　工　费（元）			2188.20	2503.20
	材　料　费（元）			664.40	687.40
	机　械　费（元）			—	—
名　　　　称		单位	单价（元）	消　　耗　　量	
人工	综合工日	工日	140.00	15.630	17.880
材料	巴黎绿	kg	220.00	0.935	0.935
	丙烯酸清漆	kg	17.09	0.550	0.550
	大白粉	kg	0.27	1.650	1.650
	二甲苯	kg	7.77	0.055	0.055
	高丽纸	张	2.60	2.000	2.000
	光油	kg	8.50	0.063	0.063
	滑石粉	kg	0.85	1.050	1.050
	金胶油	kg	15.00	0.550	0.550
	棉花	kg	26.00	0.010	0.010
	牛皮纸	张	1.03	4.500	4.500
	汽油	kg	6.77	0.110	0.110
	群青	kg	22.00	0.420	0.420
	乳胶	kg	4.98	1.100	1.100
	乳胶漆	kg	6.84	0.550	0.550
	砂纸	张	0.47	1.100	1.100
	石黄	kg	3.80	0.525	0.525
	松烟	kg	2.80	0.090	0.090
	调和漆	kg	6.00	0.315	0.315
	铜箔	张	1.00	391.000	414.000
	氧化铁红	kg	4.38	0.210	0.210
	银珠	kg	80.00	0.120	0.120
	樟丹	kg	6.20	0.525	0.525

工作内容：基层清理、调制颜料、绘制图案、刷金胶油、贴金(铜)箔、罩清漆。　　　　　　计量单位：10㎡

定 额 编 号				F1-5-87	F1-5-88
项 目 名 称				金线苏画片金箍头卡子(规矩活部分)	
				打贴库金23～58cm	打贴赤金23～58cm
基 价（元）				3956.56	4516.56
其中	人 工 费（元）			1486.80	1486.80
	材 料 费（元）			2469.76	3029.76
	机 械 费（元）			—	—
名 称		单位	单价（元）	消　　耗　　量	
人工	综合工日	工日	140.00	10.620	10.620
材　　　　料	巴黎绿	kg	220.00	0.935	0.935
	赤金箔 74% 83.3mm×83.3mm	张	7.00	—	396.000
	大白粉	kg	0.27	1.470	1.470
	高丽纸	张	2.60	2.000	2.000
	光油	kg	8.50	0.063	0.063
	滑石粉	kg	0.85	1.050	1.050
	金胶油	kg	15.00	0.368	0.368
	库金箔 98% 93.3mm×93.3mm	张	7.00	316.000	—
	棉花	kg	26.00	0.030	0.030
	牛皮纸	张	1.03	4.500	4.500
	汽油	kg	6.77	0.110	0.110
	群青	kg	22.00	0.420	0.420
	乳胶	kg	4.98	0.880	0.880
	乳胶漆	kg	6.84	0.440	0.440
	砂纸	张	0.47	1.100	1.100
	石黄	kg	3.80	0.158	0.158
	松烟	kg	2.80	0.090	0.090
	调和漆	kg	6.00	0.263	0.263
	氧化铁红	kg	4.38	0.210	0.210
	银珠	kg	80.00	0.120	0.120
	樟丹	kg	6.20	0.525	0.525

工作内容：基层清理、调制颜料、绘制图案、刷金胶油、贴金(铜)箔、罩清漆。　　　　计量单位：10㎡

定　额　编　号				F1-5-89	F1-5-90
项　目　名　称				金线苏画片金箍头卡子(规矩活部分)	
				打贴库金23cm以下	打贴赤金23cm以下
基　　　价　（元）				4223.96	4783.96
其中	人　工　费（元）			1614.20	1614.20
	材　料　费（元）			2609.76	3169.76
	机　械　费（元）			—	—
名　　称		单位	单价（元）	消　　耗　　量	
人工	综合工日	工日	140.00	11.530	11.530
材料	巴黎绿	kg	220.00	0.935	0.935
	赤金箔 74% 83.3mm×83.3mm	张	7.00	—	416.000
	大白粉	kg	0.27	1.470	1.470
	高丽纸	张	2.60	2.000	2.000
	光油	kg	8.50	0.063	0.063
	滑石粉	kg	0.85	1.050	1.050
	金胶油	kg	15.00	0.368	0.368
	库金箔 98% 93.3mm×93.3mm	张	7.00	336.000	
	棉花	kg	26.00	0.030	0.030
	牛皮纸	张	1.03	4.500	4.500
	汽油	kg	6.77	0.110	0.110
	群青	kg	22.00	0.420	0.420
	乳胶	kg	4.98	0.880	0.880
	乳胶漆	kg	6.84	0.440	0.440
	砂纸	张	0.47	1.100	1.100
	石黄	kg	3.80	0.158	0.158
	松烟	kg	2.80	0.090	0.090
	调和漆	kg	6.00	0.263	0.263
	氧化铁红	kg	4.38	0.210	0.210
	银珠	kg	80.00	0.120	0.120
	樟丹	kg	6.20	0.525	0.525

工作内容：基层清理、调制颜料、绘制图案、刷金胶油、贴金(铜)箔、罩清漆。　　　　　计量单位：10㎡

定　额　编　号				F1-5-91	F1-5-92
项　目　名　称				金线苏画片金箍头卡子(规矩活部分)	
				打贴铜箔描清漆	
				23～58cm	23cm以下
基　　　　价（元）				2096.56	2250.96
其中	人　工　费（元）			1516.20	1650.60
	材　料　费（元）			580.36	600.36
	机　械　费（元）			—	—
名　　　　称		单位	单价（元）	消　耗　　　量	
人工	综合工日	工日	140.00	10.830	11.790
材料	巴黎绿	kg	220.00	0.935	0.935
	丙烯酸清漆	kg	17.09	0.368	0.368
	大白粉	kg	0.27	1.470	1.470
	二甲苯	kg	7.77	0.040	0.040
	高丽纸	张	2.60	2.000	2.000
	光油	kg	8.50	0.063	0.063
	滑石粉	kg	0.85	1.050	1.050
	金胶油	kg	15.00	0.368	0.368
	棉花	kg	26.00	0.030	0.030
	牛皮纸	张	1.03	4.500	4.500
	汽油	kg	6.77	0.110	0.110
	群青	kg	22.00	0.420	0.420
	乳胶	kg	4.98	0.880	0.880
	乳胶漆	kg	6.84	0.440	0.440
	砂纸	张	0.47	1.100	1.100
	石黄	kg	3.80	0.158	0.158
	松烟	kg	2.80	0.090	0.090
	调和漆	kg	6.00	0.263	0.263
	铜箔	张	1.00	316.000	336.000
	氧化铁红	kg	4.38	0.210	0.210
	银珠	kg	80.00	0.120	0.120
	樟丹	kg	6.20	0.525	0.525

工作内容：基层清理、调制颜料、绘制图案、刷金胶油、贴金(铜)箔、罩清漆。　　　　　　　计量单位：10m²

定　额　编　号				F1-5-93	F1-5-94
项　目　名　称				金线苏画片金卡子(规矩活部分)	
				打贴库金23～58cm	打贴赤金23～58cm
基　　　　价（元）				3728.31	4246.31
其中	人　工　费（元）			1442.00	1442.00
	材　料　费（元）			2286.31	2804.31
	机　械　费（元）			—	—
名　　称		单位	单价（元）	消　　耗　　量	
人工	综合工日	工日	140.00	10.300	10.300
材料	巴黎绿	kg	220.00	0.935	0.935
	赤金箔 74% 83.3mm×83.3mm	张	7.00	—	364.000
	大白粉	kg	0.27	1.470	1.470
	高丽纸	张	2.60	2.000	2.000
	光油	kg	8.50	0.063	0.063
	滑石粉	kg	0.85	1.050	1.050
	金胶油	kg	15.00	0.275	0.275
	库金箔 98% 93.3mm×93.3mm	张	7.00	290.000	—
	棉花	kg	26.00	0.030	0.030
	牛皮纸	张	1.03	4.500	4.500
	汽油	kg	6.77	0.110	0.110
	群青	kg	22.00	0.420	0.420
	乳胶	kg	4.98	0.880	0.880
	乳胶漆	kg	6.84	0.440	0.440
	砂纸	张	0.47	1.100	1.100
	石黄	kg	3.80	0.158	0.158
	松烟	kg	2.80	0.090	0.090
	调和漆	kg	6.00	0.210	0.210
	氧化铁红	kg	4.38	0.270	0.270
	银珠	kg	80.00	0.120	0.120
	樟丹	kg	6.20	0.525	0.525

411

工作内容：基层清理、调制颜料、绘制图案、刷金胶油、贴金(铜)箔、罩清漆。 计量单位：10㎡

定 额 编 号				F1-5-95	F1-5-96
项 目 名 称				金线苏画片金卡子(规矩活部分)	
				打贴库金23cm以下	打贴赤金23cm以下
基 价 （元）				4481.51	4523.51
其中	人 工 费（元）			1565.20	1565.20
	材 料 费（元）			2916.31	2958.31
	机 械 费（元）			—	—
名 称	单位	单价（元）	消 耗 量		
人工	综合工日	工日	140.00	11.180	11.180
材料	巴黎绿	kg	220.00	0.935	0.935
	赤金箔 74% 83.3mm×83.3mm	张	7.00	—	386.000
	大白粉	kg	0.27	1.470	1.470
	高丽纸	张	2.60	2.000	2.000
	光油	kg	8.50	0.063	0.063
	滑石粉	kg	0.85	1.050	1.050
	金胶油	kg	15.00	0.275	0.275
	库金箔 98% 93.3mm×93.3mm	张	7.00	380.000	
	棉花	kg	26.00	0.030	0.030
	牛皮纸	张	1.03	4.500	4.500
	汽油	kg	6.77	0.110	0.110
	群青	kg	22.00	0.420	0.420
	乳胶	kg	4.98	0.880	0.880
	乳胶漆	kg	6.84	0.440	0.440
	砂纸	张	0.47	1.100	1.100
	石黄	kg	3.80	0.158	0.158
	松烟	kg	2.80	0.090	0.090
	调和漆	kg	6.00	0.210	0.210
	氧化铁红	kg	4.38	0.270	0.270
	银珠	kg	80.00	0.120	0.120
	樟丹	kg	6.20	0.525	0.525

412

工作内容：基层清理、调制颜料、绘制图案、刷金胶油、贴金(铜)箔、罩清漆。　　　　　计量单位：10m²

定　额　编　号				F1-5-97	F1-5-98
项　目　名　称				金线苏画片金卡子(规矩活部分)	
				打贴铜箔描清漆	
				23～58cm	23cm以下
基　　　　　　　价（元）				2012.84	2161.04
其中	人　工　费（元）			1461.60	1591.80
	材　料　费（元）			551.24	569.24
	机　械　费（元）			—	—
名　　　　称	单位	单价（元）	消　　　耗　　　量		
人工 综合工日	工日	140.00	10.440		11.370
材料 巴黎绿	kg	220.00	0.935		0.935
丙烯酸清漆	kg	17.09	0.275		0.275
大白粉	kg	0.27	1.470		1.470
二甲苯	kg	7.77	0.030		0.030
高丽纸	张	2.60	2.000		2.000
光油	kg	8.50	0.063		0.063
滑石粉	kg	0.85	1.050		1.050
金胶油	kg	15.00	0.275		0.275
棉花	kg	26.00	0.030		0.030
牛皮纸	张	1.03	4.500		4.500
汽油	kg	6.77	0.110		0.110
群青	kg	22.00	0.420		0.420
乳胶	kg	4.98	0.880		0.880
乳胶漆	kg	6.84	0.440		0.440
砂纸	张	0.47	1.100		1.100
石黄	kg	3.80	0.158		0.158
松烟	kg	2.80	0.090		0.090
调和漆	kg	6.00	0.210		0.210
铜箔	张	1.00	290.000		308.000
氧化铁红	kg	4.38	0.270		0.270
银珠	kg	80.00	0.120		0.120
樟丹	kg	6.20	0.525		0.525

工作内容：基层清理、调制颜料、绘制图案、刷金胶油、贴金(铜)箔、罩清漆。 计量单位：10m²

定 额 编 号				F1-5-99	F1-5-100
项 目 名 称				金线苏画色卡子(规矩活部分)	
				打贴库金23～58cm	打贴赤金23～58cm
基 价 （元）				3494.53	3942.53
其中	人 工 费 （元）			1493.80	1493.80
	材 料 费 （元）			2000.73	2448.73
	机 械 费 （元）			—	—
名 称	单位	单价(元)		消 耗 量	
人工	综合工日	工日	140.00	10.670	10.670
材料	巴黎绿	kg	220.00	0.800	0.800
	赤金箔 74% 83.3mm×83.3mm	张	7.00	—	317.000
	大白粉	kg	0.27	1.155	1.155
	高丽纸	张	2.60	2.000	2.000
	光油	kg	8.50	0.525	0.525
	滑石粉	kg	0.85	0.840	0.840
	金胶油	kg	15.00	0.220	0.220
	库金箔 98% 93.3mm×93.3mm	张	7.00	253.000	—
	棉花	kg	26.00	0.020	0.020
	牛皮纸	张	1.03	4.500	4.500
	汽油	kg	6.77	0.110	0.110
	群青	kg	22.00	0.368	0.368
	乳胶	kg	4.98	1.100	1.100
	乳胶漆	kg	6.84	0.660	0.660
	砂纸	张	0.47	1.100	1.100
	石黄	kg	3.80	0.158	0.158
	松烟	kg	2.80	0.050	0.050
	调和漆	kg	6.00	0.158	0.158
	氧化铁红	kg	4.38	0.158	0.158
	银珠	kg	80.00	0.120	0.120
	樟丹	kg	6.20	0.525	0.525

工作内容：基层清理、调制颜料、绘制图案、刷金胶油、贴金(铜)箔、罩清漆。　　　　　　计量单位：10m²

定　额　编　号				F1-5-101	F1-5-102
项　目　名　称				金线苏画色卡子(规矩活部分)	
				打贴库金23cm以下	打贴赤金23cm以下
基　　　价（元）				3778.73	4254.73
其中	人　工　费（元）			1673.00	1673.00
	材　料　费（元）			2105.73	2581.73
	机　械　费（元）			—	—
名　　称	单位	单价（元）		消　　耗　　量	
人工	综合工日	工日	140.00	11.950	11.950
材料	巴黎绿	kg	220.00	0.800	0.800
	赤金箔 74% 83.3mm×83.3mm	张	7.00	—	336.000
	大白粉	kg	0.27	1.155	1.155
	高丽纸	张	2.60	2.000	2.000
	光油	kg	8.50	0.525	0.525
	滑石粉	kg	0.85	0.840	0.840
	金胶油	kg	15.00	0.220	0.220
	库金箔 98% 93.3mm×93.3mm	张	7.00	268.000	—
	棉花	kg	26.00	0.020	0.020
	牛皮纸	张	1.03	4.500	4.500
	汽油	kg	6.77	0.110	0.110
	群青	kg	22.00	0.368	0.368
	乳胶	kg	4.98	1.100	1.100
	乳胶漆	kg	6.84	0.660	0.660
	砂纸	张	0.47	1.100	1.100
	石黄	kg	3.80	0.158	0.158
	松烟	kg	2.80	0.050	0.050
	调和漆	kg	6.00	0.158	0.158
	氧化铁红	kg	4.38	0.158	0.158
	银珠	kg	80.00	0.120	0.120
	樟丹	kg	6.20	0.525	0.525

工作内容：基层清理、调制颜料、绘制图案、刷金胶油、贴金(铜)箔、罩清漆。　　　　计量单位：10m²

定　额　编　号				F1-5-103	F1-5-104
项　目　名　称				金线苏画色卡子(规矩活部分)	
				打贴铜箔描清漆	
				23～58cm	23cm以下
基　　　　价　（元）				1994.44	2195.64
其中	人　工　费（元）			1507.80	1694.00
	材　料　费（元）			486.64	501.64
	机　械　费（元）			—	—
名　　　称		单位	单价(元)	消　　耗　　量	
人工	综合工日	工日	140.00	10.770	12.100
材料	巴黎绿	kg	220.00	0.800	0.800
	丙烯酸清漆	kg	17.09	0.220	0.220
	大白粉	kg	0.27	1.155	1.155
	二甲苯	kg	7.77	0.020	0.020
	高丽纸	张	2.60	2.000	2.000
	光油	kg	8.50	0.525	0.525
	滑石粉	kg	0.85	0.840	0.840
	金胶油	kg	15.00	0.220	0.220
	棉花	kg	26.00	0.020	0.020
	牛皮纸	张	1.03	4.500	4.500
	汽油	kg	6.77	0.110	0.110
	群青	kg	22.00	0.368	0.368
	乳胶	kg	4.98	1.100	1.100
	乳胶漆	kg	6.84	0.660	0.660
	砂纸	张	0.47	1.100	1.100
	石黄	kg	3.80	0.158	0.158
	松烟	kg	2.80	0.050	0.050
	调和漆	kg	6.00	0.158	0.158
	铜箔	张	1.00	253.000	268.000
	氧化铁红	kg	4.38	0.158	0.158
	银珠	kg	80.00	0.120	0.120
	樟丹	kg	6.20	0.525	0.525

416

工作内容：基层清理、调制颜料、绘制图案、刷金胶油、贴金(铜)箔、罩清漆。　　　　计量单位：10m²

定　额　编　号				F1-5-105
项　目　名　称				黄线苏画(规矩活部分)
基　　　　价（元）				1267.85
其中	人　工　费（元）			1019.20
	材　料　费（元）			248.65
	机　械　费（元）			—
名　　　称	单位	单价(元)	消　　耗　　量	
人工 综合工日	工日	140.00	7.280	
材料 巴黎绿	kg	220.00	0.935	
大白粉	kg	0.27	0.840	
高丽纸	张	2.60	2.000	
滑石粉	kg	0.85	0.840	
牛皮纸	张	1.03	4.500	
群青	kg	22.00	0.420	
乳胶	kg	4.98	0.880	
乳胶漆	kg	6.84	0.440	
砂纸	张	0.47	1.100	
石黄	kg	3.80	0.263	
松烟	kg	2.80	0.090	
氧化铁红	kg	4.38	0.210	
银珠	kg	80.00	0.120	
樟丹	kg	6.20	0.525	

工作内容：基层清理、调制颜料、绘制图案、刷金胶油、贴金(铜)箔、罩清漆。　　　　　　计量单位：10m²

定　额　编　号			F1-5-106	F1-5-107
项　目　名　称			海墁苏画有卡子	海墁苏画无卡子
基　　　　价（元）			1024.38	882.98
其中	人　工　费（元）		777.00	635.60
	材　料　费（元）		247.38	247.38
	机　械　费（元）		—	—
名　　称	单位	单价（元）	消　　耗	量
人工 综合工日	工日	140.00	5.550	4.540
材料 巴黎绿	kg	220.00	0.935	0.935
高丽纸	张	2.60	2.000	2.000
牛皮纸	张	1.03	4.500	4.500
群青	kg	22.00	0.420	0.420
乳胶	kg	4.98	0.770	0.770
乳胶漆	kg	6.84	0.440	0.440
砂纸	张	0.47	1.100	1.100
石黄	kg	3.80	0.210	0.210
松烟	kg	2.80	0.090	0.090
氧化铁红	kg	4.38	0.158	0.158
银珠	kg	80.00	0.120	0.120
樟丹	kg	6.20	0.630	0.630

第六节 柱、梁、枋、桁、戗、板、天花新式彩画

工作内容：基层清理、调制颜料、绘制图案、刷金胶油、贴金(铜)箔、罩清漆。　　　　计量单位：10m²

定　额　编　号			F1-5-108	F1-5-109	F1-5-110
项　目　名　称			新式油地沥粉贴金彩画		
			满做打贴库金	满做打贴赤金	满做打贴铜箔描清漆
基　　　　价（元）			5671.73	6735.73	2117.92
其中	人　工　费（元）		1435.00	1435.00	1471.40
	材　料　费（元）		4236.73	5300.73	646.52
	机　械　费（元）		—	—	—
名　　　称	单位	单价（元）	消	耗	量
人工　综合工日	工日	140.00	10.250	10.250	10.510
材料　丙烯酸清漆	kg	17.09	—	—	0.550
赤金箔 74% 83.3mm×83.3mm	张	7.00	—	752.000	—
大白粉	kg	0.27	2.415	2.415	2.415
二甲苯	kg	7.77	—	—	0.050
高丽纸	张	2.60	2.000	2.000	2.000
光油	kg	8.50	0.315	0.315	0.315
滑石粉	kg	0.85	2.100	2.100	2.100
金胶油	kg	15.00	0.660	0.660	0.660
库金箔 98% 93.3mm×93.3mm	张	7.00	600.000	—	—
棉花	kg	26.00	0.030	0.030	0.030
牛皮纸	张	1.03	4.500	4.500	4.500
汽油	kg	6.77	0.220	0.220	0.220
乳胶	kg	4.98	1.320	1.320	1.320
砂纸	张	0.47	1.100	1.100	1.100
调和漆	kg	6.00	0.420	0.420	0.420
铜箔	张	1.00	—	—	600.000

工作内容：基层清理、调制颜料、绘制图案、刷金胶油、贴金(铜)箔、罩清漆。 计量单位：10m²

定 额 编 号				F1-5-111	F1-5-112	F1-5-113
项 目 名 称				新式油地沥粉贴金彩画		
				掐箍头 打贴库金	掐箍头 打贴赤金	掐箍头打贴 铜箔描清漆
基 价（元）				2917.89	3512.89	908.33
其 中	人 工 费（元）			546.00	546.00	555.80
	材 料 费（元）			2371.89	2966.89	352.53
	机 械 费（元）			—	—	—
	名 称	单位	单价（元）	消	耗	量
人 工	综合工日	工日	140.00	3.900	3.900	3.970
材 料	丙烯酸清漆	kg	17.09	—	—	0.150
	赤金箔 74% 83.3mm×83.3mm	张	7.00	—	422.000	—
	大白粉	kg	0.27	0.740	0.740	0.740
	二甲苯	kg	7.77	—	—	0.010
	高丽纸	张	2.60	1.000	1.000	1.000
	光油	kg	8.50	0.105	0.105	0.105
	滑石粉	kg	0.85	0.700	0.700	0.700
	金胶油	kg	15.00	0.220	0.220	0.220
	库金箔 98% 93.3mm×93.3mm	张	7.00	337.000	—	—
	棉花	kg	26.00	0.010	0.010	0.010
	牛皮纸	张	1.03	1.500	1.500	1.500
	乳胶	kg	4.98	0.440	0.440	0.440
	砂纸	张	0.47	1.000	1.000	1.000
	调和漆	kg	6.00	0.140	0.140	0.140
	铜箔	张	1.00	—	—	337.000

420

工作内容：基层清理、调制颜料、绘制图案、刷金胶油、贴金(铜)箔、罩清漆。　　　　　　计量单位：10㎡

定　额　编　号			F1-5-114	F1-5-115	F1-5-116
项　目　名　称			新式满金琢墨彩画		
			打贴库金	打贴赤金	打贴铜箔描清漆
基　　　　价（元）			6447.10	7686.10	2369.44
其中	人　工　费（元）		1428.00	1428.00	1499.40
	材　料　费（元）		5019.10	6258.10	870.04
	机　械　费（元）		—	—	—
名　　称	单位	单价(元)	消	耗	量
人工	综合工日	工日	140.00	10.200	10.200	10.710
材料	巴黎绿	kg	220.00	0.400	0.400	0.400
	丙烯酸清漆	kg	17.09	—	—	0.500
	赤金箔 74% 83.3mm×83.3mm	张	7.00	—	870.000	—
	大白粉	kg	0.27	1.800	1.800	1.800
	二甲苯	kg	7.77	—	—	0.050
	高丽纸	张	2.60	1.000	1.000	1.000
	广告色	支	5.53	5.000	5.000	5.000
	金胶油	kg	15.00	0.700	0.700	0.700
	库金箔 98% 93.3mm×93.3mm	张	7.00	693.000	—	—
	棉花	kg	26.00	0.020	0.020	0.020
	牛皮纸	张	1.03	4.500	4.500	4.500
	汽油	kg	6.77	0.050	0.050	0.050
	群青	kg	22.00	0.100	0.100	0.100
	乳胶	kg	4.98	0.800	0.800	0.800
	乳胶漆	kg	6.84	3.500	3.500	3.500
	砂纸	张	0.47	1.000	1.000	1.000
	石黄	kg	3.80	0.100	0.100	0.100
	调和漆	kg	6.00	0.400	0.400	0.400
	铜箔	张	1.00	—	—	693.000

工作内容：基层清理、调制颜料、绘制图案、刷金胶油、贴金(铜)箔、罩清漆。　　　　　计量单位：10m²

定　额　编　号				F1-5-117	F1-5-118	F1-5-119
项　目　名　称				新式金琢墨彩画		
				素箍头活枋心		
				打贴库金	打贴赤金	打贴 铜箔描清漆
基　　　　　价（元）				5043.45	5967.45	2011.28
其 中	人　工　费（元）			1260.00	1260.00	1316.00
	材　料　费（元）			3783.45	4707.45	695.28
	机　械　费（元）			—	—	—
名　　　　称		单位	单价(元)	消	耗	量
人 工	综合工日	工日	140.00	9.000	9.000	9.400
材 料	巴黎绿	kg	220.00	0.400	0.400	0.400
	丙烯酸清漆	kg	17.09	—	—	0.440
	赤金箔 74% 83.3mm×83.3mm	张	7.00	—	648.000	—
	大白粉	kg	0.27	1.800	1.800	1.800
	二甲苯	kg	7.77	—	—	0.040
	高丽纸	张	2.60	1.000	1.000	1.000
	光油	kg	8.50	0.100	0.100	0.100
	广告色	支	5.53	5.000	5.000	5.000
	金胶油	kg	15.00	0.600	0.600	0.600
	库金箔 98% 93.3mm×93.3mm	张	7.00	516.000	—	—
	棉花	kg	26.00	0.020	0.020	0.020
	牛皮纸	张	1.03	4.500	4.500	4.500
	汽油	kg	6.77	0.050	0.050	0.050
	群青	kg	22.00	0.100	0.100	0.100
	乳胶	kg	4.98	0.800	0.800	0.800
	乳胶漆	kg	6.84	3.500	3.500	3.500
	砂纸	张	0.47	1.000	1.000	1.000
	石黄	kg	3.80	0.100	0.100	0.100
	调和漆	kg	6.00	0.400	0.400	0.400
	铜箔	张	1.00	—	—	516.000
	银珠	kg	80.00	0.050	0.050	0.050

工作内容：基层清理、调制颜料、绘制图案、刷金胶油、贴金(铜)箔、罩清漆。　　　　　　计量单位：10m²

定　额　编　号				F1-5-120	F1-5-121	F1-5-122
项　目　名　称				新式金琢墨彩画		
				素箍头素枋心		
				打贴库金	打贴赤金	打贴铜箔描清漆
基　　　　价（元）				4173.95	4915.95	1723.99
其中	人　工　费（元）			1092.00	1092.00	1132.60
	材　料　费（元）			3081.95	3823.95	591.39
	机　械　费（元）			—	—	—
	名　　称	单位	单价(元)	消	耗	量
人工	综合工日	工日	140.00	7.800	7.800	8.090
材料	巴黎绿	kg	220.00	0.400	0.400	0.400
	丙烯酸清漆	kg	17.09	—	—	0.300
	赤金箔 74% 83.3mm×83.3mm	张	7.00	—	522.000	—
	大白粉	kg	0.27	1.800	1.800	1.800
	二甲苯	kg	7.77	—	—	0.040
	高丽纸	张	2.60	1.000	1.000	1.000
	光油	kg	8.50	0.100	0.100	0.100
	广告色	支	5.53	5.000	5.000	5.000
	金胶油	kg	15.00	0.500	0.500	0.500
	库金箔 98% 93.3mm×93.3mm	张	7.00	416.000	—	—
	棉花	kg	26.00	0.020	0.020	0.020
	牛皮纸	张	1.03	4.500	4.500	4.500
	汽油	kg	6.77	0.050	0.050	0.050
	群青	kg	22.00	0.100	0.100	0.100
	乳胶	kg	4.98	0.800	0.800	0.800
	乳胶漆	kg	6.84	3.500	3.500	3.500
	砂纸	张	0.47	1.000	1.000	1.000
	石黄	kg	3.80	0.100	0.100	0.100
	调和漆	kg	6.00	0.400	0.400	0.400
	铜箔	张	1.00	—	—	416.000
	银珠	kg	80.00	0.050	0.050	0.050

工作内容：基层清理、调制颜料、绘制图案、刷金胶油、贴金(铜)箔、罩清漆。　　　　计量单位：10㎡

定　额　编　号				F1-5-123	F1-5-124	F1-5-125
项　目　名　称				新式局部贴金彩画		
				打贴库金	打贴赤金	打贴铜箔描清漆
基　　　　　价（元）				2534.13	2905.13	1339.84
其中	人　工　费（元）			924.00	924.00	961.80
	材　料　费（元）			1610.13	1981.13	378.04
	机　械　费（元）			—	—	—
名　　称		单位	单价（元）	消	耗	量
人工	综合工日	工日	140.00	6.600	6.600	6.870
材料	巴黎绿	kg	220.00	0.400	0.400	0.400
	丙烯酸清漆	kg	17.09	—	—	0.220
	赤金箔 74% 83.3mm×83.3mm	张	7.00	—	259.000	—
	大白粉	kg	0.27	1.800	1.800	1.800
	二甲苯	kg	7.77	—	—	0.020
	高丽纸	张	2.60	1.000	1.000	1.000
	光油	kg	8.50	0.100	0.100	0.100
	广告色	支	5.53	5.000	5.000	5.000
	金胶油	kg	15.00	0.400	0.400	0.400
	库金箔 98% 93.3mm×93.3mm	张	7.00	206.000	—	—
	棉花	kg	26.00	0.010	0.010	0.010
	牛皮纸	张	1.03	4.500	4.500	4.500
	汽油	kg	6.77	0.040	0.040	0.040
	群青	kg	22.00	0.100	0.100	0.100
	乳胶	kg	4.98	0.800	0.800	0.800
	乳胶漆	kg	6.84	3.500	3.500	3.500
	砂纸	张	0.47	1.000	1.000	1.000
	石黄	kg	3.80	0.100	0.100	0.100
	调和漆	kg	6.00	0.400	0.400	0.400
	铜箔	张	1.00	—	—	206.000
	银珠	kg	80.00	0.050	0.050	0.050

工作内容：基层清理、调制颜料、绘制图案、刷金胶油、贴金(铜)箔、罩清漆。　　　　计量单位：10m²

定　额　编　号	F1-5-126
项　目　名　称	新式各种无金彩画
基　　　　价（元）	932.00

其中	人　工　费（元）	772.80
	材　料　费（元）	159.20
	机　械　费（元）	—

	名　　称	单位	单价（元）	消　　　　耗　　　　量
人工	综合工日	工日	140.00	5.520
材料	巴黎绿	kg	220.00	0.400
	大白粉	kg	0.27	1.800
	高丽纸	张	2.60	1.000
	光油	kg	8.50	0.100
	广告色	支	5.53	5.000
	牛皮纸	张	1.03	4.500
	群青	kg	22.00	0.100
	乳胶	kg	4.98	0.800
	乳胶漆	kg	6.84	3.500
	砂纸	张	0.47	1.000
	石黄	kg	3.80	0.100
	银珠	kg	80.00	0.050

工作内容：基层清理、调制颜料、绘制图案、刷金胶油、贴金(铜)箔、罩清漆。　　　　　计量单位：10m²

定　额　编　号				F1-5-127	F1-5-128
项　目　名　称				天花新式金琢墨彩画	
				打贴库金边长	打贴赤金边长
				在50cm以上	
基　　　　　价（元）				6937.75	8176.75
其中	人　工　费（元）			1883.00	1883.00
	材　料　费（元）			5054.75	6293.75
	机　械　费（元）			—	—
名　　称		单位	单价（元）	消　耗　　　　量	
人工	综合工日	工日	140.00	13.450	13.450
材料	巴黎绿	kg	220.00	0.550	0.550
	白矾(明矾)	kg	7.50	0.200	0.200
	赤金箔 74% 83.3mm×83.3mm	张	7.00	—	870.000
	大白粉	kg	0.27	2.000	2.000
	高丽纸	张	2.60	18.000	18.000
	光油	kg	8.50	0.110	0.110
	金胶油	kg	15.00	0.550	0.550
	库金箔 98% 93.3mm×93.3mm	张	7.00	693.000	—
	棉花	kg	26.00	0.020	0.020
	牛皮纸	张	1.03	2.500	2.500
	汽油	kg	6.77	0.330	0.330
	群青	kg	22.00	0.140	0.140
	乳胶	kg	4.98	1.100	1.100
	乳胶漆	kg	6.84	0.650	0.650
	砂纸	张	0.47	1.450	1.450
	石黄	kg	3.80	0.150	0.150
	松烟	kg	2.80	0.010	0.010
	调和漆	kg	6.00	0.440	0.440
	银珠	kg	80.00	0.020	0.020
	樟丹	kg	6.20	0.140	0.140

工作内容：基层清理、调制颜料、绘制图案、刷金胶油、贴金(铜)箔、罩清漆。　　　　计量单位：10m²

定　额　编　号			F1-5-129	F1-5-130
项　目　名　称			天花新式金琢墨彩画	
			打贴库金边长	打贴赤金边长
			在50cm以下	
基　　　　　价（元）			7326.95	8565.95
其中	人　工　费（元）		2272.20	2272.20
	材　料　费（元）		5054.75	6293.75
	机　械　费（元）		—	—
名　　称	单位	单价（元）	消　　耗　　量	
人工	综合工日	工日	140.00	16.230	16.230
材料	巴黎绿	kg	220.00	0.550	0.550
	白矾(明矾)	kg	7.50	0.200	0.200
	赤金箔 74% 83.3mm×83.3mm	张	7.00	—	870.000
	大白粉	kg	0.27	2.000	2.000
	高丽纸	张	2.60	18.000	18.000
	光油	kg	8.50	0.110	0.110
	金胶油	kg	15.00	0.550	0.550
	库金箔 98% 93.3mm×93.3mm	张	7.00	693.000	—
	棉花	kg	26.00	0.020	0.020
	牛皮纸	张	1.03	2.500	2.500
	汽油	kg	6.77	0.330	0.330
	群青	kg	22.00	0.140	0.140
	乳胶	kg	4.98	1.100	1.100
	乳胶漆	kg	6.84	0.650	0.650
	砂纸	张	0.47	1.450	1.450
	石黄	kg	3.80	0.150	0.150
	松烟	kg	2.80	0.010	0.010
	调和漆	kg	6.00	0.440	0.440
	银珠	kg	80.00	0.020	0.020
	樟丹	kg	6.20	0.140	0.140

工作内容：基层清理、调制颜料、绘制图案、刷金胶油、贴金(铜)箔、罩清漆。　　　　　　　计量单位：10㎡

定　额　编　号				F1-5-131	F1-5-132
项　目　名　称				天花新式金琢墨彩画	
				打贴铜箔描清漆边长	
				在50cm以上	在50cm以下
基　　　　　　价（元）				2856.73	3244.53
其中	人　工　费（元）			1950.20	2338.00
	材　料　费（元）			906.53	906.53
	机　械　费（元）			—	—
名　　　称		单位	单价(元)	消　　耗　　量	
人工	综合工日	工日	140.00	13.930	16.700
材料	巴黎绿	kg	220.00	0.550	0.550
	白矾(明矾)	kg	7.50	0.200	0.200
	丙烯酸清漆	kg	17.09	0.550	0.550
	大白粉	kg	0.27	2.000	2.000
	二甲苯	kg	7.77	0.050	0.050
	高丽纸	张	2.60	18.000	18.000
	光油	kg	8.50	0.110	0.110
	金胶油	kg	15.00	0.550	0.550
	棉花	kg	26.00	0.020	0.020
	牛皮纸	张	1.03	2.500	2.500
	汽油	kg	6.77	0.330	0.330
	群青	kg	22.00	0.140	0.140
	乳胶	kg	4.98	1.100	1.100
	乳胶漆	kg	6.84	0.650	0.650
	砂纸	张	0.47	1.450	1.450
	石黄	kg	3.80	0.150	0.150
	松烟	kg	2.80	0.010	0.010
	调和漆	kg	6.00	0.440	0.440
	铜箔	张	1.00	693.000	693.000
	银珠	kg	80.00	0.020	0.020
	樟丹	kg	6.20	0.140	0.140

第七节 大门、街门、木板墙贴金(铜)箔

工作内容：基层清理、调制颜料、绘制图案、刷金胶油、贴金(铜)箔、罩清漆。　　　　计量单位：10m²

定　额　编　号			F1-5-133	F1-5-134	F1-5-135
项　目　名　称			门钉、门钹贴金		
			打贴库金	打贴赤金	打贴铜箔描清漆
基　　　　　价（元）			13120.16	16144.16	3213.17
其中	人　工　费（元）		1349.60	1349.60	1512.00
	材　料　费（元）		11770.56	14794.56	1701.17
	机　械　费（元）		—	—	—
名　　称	单位	单价（元）	消	耗	量
人工	综合工日	工日	140.00	9.640	9.640	10.800
材料	丙烯酸清漆	kg	17.09	—	—	0.594
	赤金箔 74% 83.3mm×83.3mm	张	7.00	—	2112.000	—
	大白粉	kg	0.27	0.420	0.420	0.420
	二甲苯	kg	7.77	—	—	0.059
	金胶油	kg	15.00	0.594	0.594	0.594
	库金箔 98% 93.3mm×93.3mm	张	7.00	1680.000	—	—
	棉花	kg	26.00	0.050	0.050	0.050
	砂纸	张	0.47	0.500	0.500	0.500
	铜箔	张	1.00	—	—	1680.000

第八节 匾及匾字

工作内容：基层清理、调制颜料、绘制图案、刷金胶油、贴金(铜)箔、罩清漆。　　　　　　　　计量单位：10m²

定 额 编 号				F1-5-136	F1-5-137	F1-5-138
项 目 名 称				匾额		
				翻拓字样	木刻文字	灰刻文字
基 价（元）				525.00	5692.16	5273.78
其中	人 工 费（元）			525.00	5691.00	5250.00
	材 料 费（元）			—	1.16	23.78
	机 械 费（元）			—	—	—
名 称		单位	单价(元)	消 耗		量
人工	综合工日	工日	140.00	3.750	40.650	37.500
材料	其他材料费	元	1.00	—	1.160	23.780

工作内容：基层清理、调制颜料、绘制图案、刷金胶油、贴金(铜)箔、罩清漆。　　　　　　　　计量单位：10m²

定　额　编　号				F1-5-139	F1-5-140
项　目　名　称				匾额	
				匾地扫青	匾地扫绿
基　　　价（元）				598.95	599.29
其中	人　工　费（元）			525.00	525.00
	材　料　费（元）			73.95	74.29
	机　械　费（元）			—	—
名　　称		单位	单价（元）	消　　耗　　量	
人工	综合工日	工日	140.00	3.750	3.750
材料	巴黎绿	kg	220.00	—	0.300
	群青	kg	22.00	3.000	—
	其他材料费	元	1.00	7.950	8.290

工作内容：基层清理、调制颜料、绘制图案、刷金胶油、贴金(铜)箔、罩清漆。　　　　　　　　　计量单位：10m²

定　额　编　号				F1-5-141	F1-5-142
项　目　名　称				匾额	
				字刷银珠油	字刷洋绿油
基　　价（元）				568.87	553.98
其中	人　工　费（元）			518.00	518.00
	材　料　费（元）			50.87	35.98
	机　械　费（元）			—	—
名　　称		单位	单价（元）	消　　耗　　量	
人工	综合工日	工日	140.00	3.700	3.700
材料	醇酸磁漆	kg	10.70	—	3.300
	银珠	kg	80.00	0.300	—
	其他材料费	元	1.00	26.870	0.670

工作内容：基层清理、调制颜料、绘制图案、刷金胶油、贴金(铜)箔、罩清漆。　　　　　　　计量单位：10m²

定　额　编　号					F1-5-143	F1-5-144
项　目　名　称					匾额	
					匾字	
					打金胶贴库金	打金胶贴赤金
基　　　　　价（元）					1171.81	1444.81
其中	人　工　费（元）				245.00	287.00
	材　料　费（元）				926.81	1157.81
	机　械　费（元）				—	—
	名　　称	单位	单价（元）		消　　耗　　量	
人工	综合工日	工日	140.00		1.750	2.050
材料	赤金箔 74% 83.3mm×83.3mm	张	7.00		—	165.000
	金胶油	kg	15.00		0.170	0.170
	库金箔 98% 93.3mm×93.3mm	张	7.00		132.000	—
	棉花	kg	26.00		0.010	0.010

工作内容：基层清理、调制颜料、绘制图案、刷金胶油、贴金(铜)箔、罩清漆。　　　　　计量单位：10m²

定　额　编　号			F1-5-145	F1-5-146
项　目　名　称			匾额	
			匾字	
			打金胶贴铜箔描清漆	刷化学铜粉描清漆
基　　　价（元）			4004.22	2749.06
其中	人　工　费（元）		2625.00	2493.40
	材　料　费（元）		1379.22	255.66
	机　械　费（元）		—	—
名　　称	单位	单价(元)	消　　耗　　量	
人工	综合工日	工日	140.00	18.750	17.810
材料	丙烯酸清漆	kg	17.09	1.700	1.700
	化学铜粉	千克	90.00	—	2.460
	金胶油	kg	15.00	1.700	—
	铜箔	张	1.00	1320.000	—
	其他材料费	元	1.00	4.670	5.210

434

工作内容：基层清理、调制颜料、绘制图案、刷金胶油、贴金(铜)箔、罩清漆。　　　　　　计量单位：10m²

定　额　编　号				F1-5-147	F1-5-148
项　目　名　称				匾额	
				新匾磨砂纸	旧匾洗刮剔字
基　　　价（元）				231.00	916.49
其中	人　工　费（元）			231.00	875.00
	材　料　费（元）			—	41.49
	机　械　费（元）			—	—
名　　称	单位	单价（元）	消　　耗　　量		
人工	综合工日	工日	140.00	1.650	6.250
材料	脱漆剂	kg	13.69	—	3.000
	其他材料费	元	1.00	—	0.420

435

第二部分 徽派做法工程

第一章 木作工程

第一章　木框工程

说　　明

一、本章定额由木构架、木装修及徽派马头墙三部分构成，本章定额实用于徽派做法的工程。

二、本章定额中的木构架，除说明者外，均以刨光为准，刨光损耗已包括在定额内，定额中木材数量均为毛料。如糙介不刨光者，木工乘以系数 0.5，原木、枋材改为 1.05 ㎥，其他不变。

三、木材树种分类：一、二类木材树种：红松、水桐木、樟子松、白松、冷杉、杉木、杨柳木、椴木、云杉、洋松。三、四类木材树种：一、二类以外的其他木材树种。

四、本章定额中的木构架及木装修木材均以一、二类为准，若木材使用三、四类木种时，其制作人工乘以系数 1.3，安装人工乘以系数 1.15。

五、圆木体积工程量以图示尺寸查木材材积表（国标 GB/T 4814—2013《原木材积表》）。矩形构件体积按设计最大矩形截面乘以构件长度。

六、如实际使用圆木与设计圆木直径不符（即大改小）时，经甲方确认，可按实换算。

七、本章木材均按三个切断面（三指材）规格料编制的，圆木改制成定额三个切断面规格材的出材率为：杉原（圆）木56%。

八、本章定额中木材以自然干燥为准，如需烘干时，其干燥费用及干燥损耗率另行计算。

九、本章定额为圆形童柱，设计为矩形时，以大边尺寸为准套用相应圆形童柱子目。

十、本章定额未包括木雕，如设计需要雕刻者，雕刻工另计。

十一、本章定额铺作子目均以 8cm 斗口为基准，斗口尺寸变化按下表调整工料：

斗口	5cm	6cm	7cm	8cm	9cm	10 cm
人工调整系数	0.7	0.78	0.88	1.00	1.13	1.28
材料调整系数	0.25	0.43	0.67	1.00	1.42	1.95

十二、设计中为包柱包梁时，套用相应子目并扣除混凝土体积。包柱人工乘 1.8 系数，包梁人工乘 1.6 系数，安装铁件另计，其他不变。

工程量计算规则

一、工程量计算所取定的尺寸除另有注明者外，均以图示尺寸为准。

二、木构件制作、安装均按长乘以最大圆形或矩形截面积，以立方米为单位计算工程量。

1. 月梁、直梁一律按构件图示最大矩形截面积（含挖底部分）乘以构件长度，构件长度如为半榫则算至柱中，如为透榫则算至榫头外端，如为梁头出榫拱则算至榫拱外则（计算铺作时按一跳榫拱扣除）。

2. 柱类高按图示尺寸加管脚榫和馒头榫长度乘以最大截面积计算。

3. 博风板按上沿长乘以最大宽计算面积。

4. 木楼梯按水平投影面计算，不扣除宽度 20cm 以内楼梯井所占面积；木楼梯以古式做法、其帮板与地面夹角小于 45°为准，帮板与地面夹角大于 45°小于 60°时工料乘以 1.4 系数，大于 60°时工料乘以 2.7 系数。

5. 木楼板按实铺面积计算，不扣除柱所占面积。

第一节 木构架
1. 木柱

工作内容：制作：排制丈杆、样板、选配料、画线、砍圆、制作、榫眼加式刨光、圆楞卷杀雕凿制作成型、弹安装线、编写安装编号、试装等。

计量单位：m³

定 额 编 号				F2-1-1	F2-1-2	F2-1-3	F2-1-4
项 目 名 称				梭形柱制作			
				Φ＜30cm	Φ＜35cm	Φ＜40cm	Φ＜45cm
基 价 （元）				4691.84	4232.28	3836.00	3454.38
其中	人 工 费（元）			2814.28	2392.18	2033.36	1687.70
	材 料 费（元）			1877.56	1840.10	1802.64	1766.68
	机 械 费（元）			—	—	—	—
	名 称	单位	单价（元）	消 耗			量
人工	综合工日	工日	140.00	20.102	17.087	14.524	12.055
材料	原木	m³	1491.00	1.253	1.228	1.203	1.179
	其他材料费占材料费	%	—	0.500	0.500	0.500	0.500

工作内容：制作：排制丈杆、样板、选配料、画线、砍圆、制作、榫眼加式刨光、圆楞卷杀雕凿制作成
型、弹安装线、编写安装编号、试装等。

计量单位：m³

定　额　编　号				F2-1-5	F2-1-6	F2-1-7
项　目　名　称				圆形直柱制作		
				φ＜25cm	φ＜30cm	φ＜35cm
基　　价（元）				4763.51	4165.93	3827.44
其中	人　工　费（元）			3026.80	2447.20	2125.20
	材　料　费（元）			1736.71	1718.73	1702.24
	机　械　费（元）			—	—	—
名　　称		单位	单价（元）	消　　耗　　量		
人工	综合工日	工日	140.00	21.620	17.480	15.180
材料	原木	m³	1491.00	1.159	1.147	1.136
	其他材料费占材料费	%	—	0.500	0.500	0.500

工作内容：制作：排制丈杆、样板、选配料、画线、砍圆、制作、榫眼加式刨光、圆楞卷杀雕凿制作成
型、弹安装线、编写安装编号、试装等。

计量单位：m³

定　额　编　号			F2-1-8	F2-1-9	F2-1-10
项　目　名　称			圆形直柱制作		
			Φ＜40cm	Φ＜45cm	Φ＞45cm
基　　　　　价（元）			3488.96	3279.28	3069.60
其中	人　工　费（元）		1803.20	1610.00	1416.80
	材　料　费（元）		1685.76	1669.28	1652.80
	机　械　费（元）		—	—	—
名　　　称	单位	单价（元）	消　　耗　　量		
人工	综合工日	工日	140.00	12.880	11.500	10.120
材料	原木	m³	1491.00	1.125	1.114	1.103
	其他材料费占材料费	%	—	0.500	0.500	0.500

工作内容：安装：垂直起重、翻身就位、修整榫卯、入位、安替木或丁头拱、校正、钉拉杆、绑戗杆、挪
移抱杆及完成吊装后拆除戗、拉杆，伸入墙内部分刷水柏油。 计量单位：m³

定　额　编　号			F2-1-11	F2-1-12	F2-1-13	F2-1-14
项　目　名　称			梭形柱、圆形直柱安装			
			φ＜25cm	φ＜35cm	φ＜45cm	φ＞45cm
基　　　　价（元）			717.18	702.76	695.04	681.03
其中	人　工　费（元）		710.78	696.64	689.64	675.92
	材　料　费（元）		3.24	3.24	3.24	3.24
	机　械　费（元）		3.16	2.88	2.16	1.87
名　　称		单位	单价（元）	消　　耗　　量		
人工	综合工日	工日	140.00	5.077	4.976	4.926	4.828
材料	水柏油	kg	1.50	0.500	0.500	0.500	0.500
	铁钉	kg	3.56	0.700	0.700	0.700	0.700
机械	中小型机械	元	1.00	3.160	2.880	2.160	1.870

446

工作内容：制作：排制丈杆、样板、选配料、画线、砍圆、制作、榫眼加式刨光、圆楞卷杀雕凿制作成
型、弹安装线、编写安装编号、试装等。 计量单位：m³

定 额 编 号				F2-1-15	F2-1-16	F2-1-17	F2-1-18
项 目 名 称				童柱制作			
				φ＜30cm	φ＜35cm	φ＜40cm	φ＞45cm
基 价（元）				4855.61	4573.34	4264.33	3913.72
其中	人 工 费（元）			3097.92	2850.12	2565.08	2257.22
	材 料 费（元）			1757.69	1723.22	1699.25	1656.50
	机 械 费（元）			—	—	—	—
名 称		单位	单价(元)	消 耗			量
人工	综合工日	工日	140.00	22.128	20.358	18.322	16.123
材料	原木	m³	1491.00	1.173	1.150	1.134	1.111
	其他材料费占材料费	%	—	—	0.500	0.500	0.500	—

注：1.设计梭形童柱时人工乘系数1.2，原木乘系数1.18，其他不变；
　　2.设计童柱为鹰嘴榫时人工乘系数1.15，其他不变。

447

工作内容：安装：垂直起重、翻身就位、修整榫卯、入位、安替木或丁头拱、校正、钉拉杆、绑戗杆、挪移抱杆及完成吊装后拆除戗、拉杆，伸入墙内部分刷水柏油。　　　　　　　　　　计量单位：m³

定　额　编　号				F2-1-19	F2-1-20	F2-1-21	F2-1-22
项　目　名　称				童柱安装			
				φ＜30cm	φ＜35cm	φ＜40cm	φ＞45cm
基　　　　　价（元）				1273.65	1248.26	1198.65	1174.80
其中	人　工　费（元）			1265.32	1239.98	1190.42	1166.62
	材　料　费（元）			3.24	3.24	3.24	3.24
	机　械　费（元）			5.09	5.04	4.99	4.94
名　　　称		单位	单价（元）	消　　耗			量
人工	综合工日	工日	140.00	9.038	8.857	8.503	8.333
材料	水柏油	kg	1.50	0.500	0.500	0.500	0.500
	铁钉	kg	3.56	0.700	0.700	0.700	0.700
机械	中小型机械	元	1.00	5.090	5.039	4.989	4.939

448

2.梁、枋、替木、橡椀

工作内容：制作：排制丈杆、样板、选配料、画线、砍圆、制作、榫卯加工、雕刻梁眉、刨光、圆楞卷杀雕凿制作成型、弹安装线、编写安装编号、试装等。

计量单位：m³

定　额　编　号					F2-1-23	F2-1-24
项　目　名　称					月梁(冬瓜梁)制作	
					梁高<30cm	梁高<40cm
基　　　价（元）					5871.11	5517.54
其中	人　工　费（元）				4218.62	3881.08
	材　料　费（元）				1652.49	1636.46
	机　械　费（元）				—	—
名　　称		单位	单价（元）		消　　耗　　量	
人工	综合工日	工日	140.00		30.133	27.722
材料	枋材	m³	1449.97		1.134	1.123
	其他材料费占材料费	%	—		0.500	0.500

449

工作内容：制作：排制丈杆、样板、选配料、画线、砍圆、制作、榫卯加工、雕刻梁眉、刨光、圆楞卷杀雕凿制作成型、弹安装线、编写安装编号、试装等。

计量单位：m³

定　额　编　号				F2-1-25	F2-1-26
项　目　名　称				月梁(冬瓜梁)制作	
				梁高＜50cm	梁高＞50cm
基　　　　价（元）				5113.43	4732.07
其中	人　工　费（元）			3493.00	3143.70
	材　料　费（元）			1620.43	1588.37
	机　械　费（元）			—	—
名　　　称		单位	单价(元)	消　　耗　　量	
人工	综合工日	工日	140.00	24.950	22.455
材料	枋材	m³	1449.97	1.112	1.090
	其他材料费占材料费	%	—	0.500	0.500

450

工作内容：安装：垂直起重、翻身就位、修整榫卯、入位、安替木或丁头拱、校正、钉拉杆、绑戗杆、挪移抱杆及完成吊装后拆除戗、拉杆等。

计量单位：m³

定　额　编　号				F2-1-27	F2-1-28
项　目　名　称				月梁(冬瓜梁)安装	
				梁高＜30cm	梁高＜40cm
基　　　价（元）				624.02	561.13
其中	人　工　费（元）			616.00	553.00
	材　料　费（元）			2.49	2.49
	机　械　费（元）			5.53	5.64
名　　　称		单位	单价（元）	消　耗　量	
人工	综合工日	工日	140.00	4.400	3.950
材料	铁钉	kg	3.56	0.700	0.700
机械	中小型机械	元	1.00	5.530	5.641

工作内容：安装：垂直起重、翻身就位、修整榫卯、入位、安替木或丁头拱、校正、钉拉杆、绑戗杆、挪移抱杆及完成吊装后拆除戗、拉杆等。

计量单位：m³

定　额　编　号					F2-1-29	F2-1-30
项　目　名　称					月梁(冬瓜梁)安装	
					梁高<50cm	梁高>50cm
基　　　价（元）					526.41	499.01
其中	人　工　费（元）				518.00	490.00
	材　料　费（元）				2.49	2.49
	机　械　费（元）				5.92	6.52
名　　称		单位	单价（元）	消　耗		量
人工	综合工日	工日	140.00	3.700		3.500
材料	铁钉	kg	3.56	0.700		0.700
机械	中小型机械	元	1.00	5.923		6.515

工作内容：制作：排制丈杆、样板、选配料、画线、砍圆、制作、榫卯加工、雕刻梁眉、刨光、圆楞卷杀
　　　　雕凿制作成型、弹安装线、编写安装编号、试装等。　　　　　　　　　　计量单位：m³

定　额　编　号				F2-1-31	F2-1-32	F2-1-33
项　目　名　称				承椽枋制作		
				截面高＜30cm	截面高＜40cm	截面高＜50cm
基　　　　价（元）				2818.53	2737.35	2594.28
其中	人　工　费（元）			1155.84	1109.64	998.62
	材　料　费（元）			1662.69	1627.71	1595.66
	机　械　费（元）			—	—	—
名　　　称		单位	单价（元）	消　　耗　　量		
人工	综合工日	工日	140.00	8.256	7.926	7.133
材料	枋材	m³	1449.97	1.141	1.117	1.095
	其他材料费占材料费	%	—	0.500	0.500	0.500

工作内容：安装：垂直起重、翻身就位、修整榫卯、入位、安替木或丁头拱、校正、钉拉杆、绑戗杆、挪移抱杆及完成吊装后拆除戗、拉杆等。

计量单位：m³

定 额 编 号				F2-1-34	F2-1-35	F2-1-36
项 目 名 称				承橡枋安装		
				截面高<30cm	截面高<40cm	截面高<50cm
基 价（元）				501.56	482.26	474.54
其中	人 工 费（元）			494.06	474.32	464.80
	材 料 费（元）			1.96	1.96	1.96
	机 械 费（元）			5.54	5.98	7.78
名 称		单位	单价（元）	消	耗	量
人工	综合工日	工日	140.00	3.529	3.388	3.320
材料	铁钉	kg	3.56	0.550	0.550	0.550
机械	中小型机械	元	1.00	5.540	5.983	7.778

454

工作内容：1.制作：排制丈杆、样板、选配料、画线、刨光、制作成型、弹安装线、编写安装编号、试装等；
2.安装：垂直起重、翻身就位、修整榫卯、入位、校正等。　　　　　　　　　　　计量单位：m³

定　额　编　号				F2-1-37	F2-1-38	F2-1-39
项　目　名　称				椽椀制作、安装		
				椽径<6cm	椽径<8cm	椽径>10cm
基　　　　价（元）				4598.29	4364.12	4239.35
其中	人　工　费（元）			2650.06	2453.78	2404.78
	材　料　费（元）			1948.23	1910.34	1834.57
	机　械　费（元）			—	—	—
名　　称		单位	单价（元）	消	耗	量
人工	综合工日	工日	140.00	18.929	17.527	17.177
材料	枋材	m³	1449.97	1.335	1.309	1.257
	水柏油	kg	1.50	0.700	0.700	0.700
	铁钉	kg	3.56	0.500	0.500	0.500
	其他材料费占材料费	%	—	0.500	0.500	0.500

工作内容：制作：排制丈杆、样板、选配料、画线、刨光、制作成型、弹安装线、编写安装编号、试装等。

计量单位：m³

定　额　编　号				F2-1-40	F2-1-41	F2-1-42	F2-1-43
项　目　名　称				替木制作			
				高<14cm	高<17cm	高<20cm	高>20cm
基　　　　价（元）				3572.72	3452.50	3352.22	3286.50
其中		人　工　费（元）		1759.94	1692.18	1642.90	1610.70
		材　料　费（元）		1812.78	1760.32	1709.32	1675.80
		机　械　费（元）		—	—	—	—
名　　称		单位	单价(元)	消	耗		量
人工	综合工日	工日	140.00	12.571	12.087	11.735	11.505
材料	枋材	m³	1449.97	1.244	1.208	1.173	1.150
	其他材料费占材料费	%	—	0.500	0.500	0.500	0.500

工作内容：安装：垂直起重、翻身就位、修整榫卯、入位、校正等。 计量单位：m³

定　额　编　号			F2-1-44	F2-1-45	F2-1-46	F2-1-47
项　目　名　称			替木安装			
			高＜14cm	高＜17cm	高＜20cm	高＞20cm
基　　　价（元）			554.58	538.63	523.46	513.53
其中	人　工　费（元）		545.86	529.90	514.50	504.42
	材　料　费（元）		4.60	4.69	5.06	5.29
	机　械　费（元）		4.12	4.04	3.90	3.82
名　　称	单位	单价（元）	消	耗		量
人工	综合工日	工日	140.00	3.899	3.785	3.675	3.603
材料	铁钉	kg	3.56	1.285	1.311	1.414	1.478
	其他材料费占材料费	%	—	0.500	0.500	0.500	0.500
机械	中小型机械	元	1.00	4.120	4.039	3.896	3.820

3. 铺作

工作内容：1.制作：翘、昂、耍头、撑头、桁椀、正心拱、单材拱及斗、升、销等全部部件制作及挖翘、拱眼，雕刻麻叶云、三幅云及草架摆验，做样板等；

2.安装：斗拱安装包括斗拱本身各部件及所有附件。

计量单位：件

定 额 编 号				F2-1-48	
项 目 名 称				丁头拱	
基 价 （元）				183.25	
其中	人 工 费（元）			147.98	
	材 料 费（元）			20.30	
	机 械 费（元）			14.97	
名 称	单位	单价（元）		消 耗 量	
人工	综合工日	工日	140.00	1.057	
材料	枋材	m³	1449.97	0.014	
机械	中小型机械	元	1.00	14.970	

注：构件尺寸:50cm×21cm×9cm以内，设计尺寸不同时，枋材按比例换算，其他不变。

458

工作内容：1.制作：翘、昂、耍头、撑头、桁椀、正心拱、单材拱及斗、升、销等全部部件制作及挖翘、拱眼，雕刻麻叶云、三幅云及草架摆验，做样板等；

2.安装：斗拱安装包括斗拱本身各部件及所有附件。

计量单位：件

定　额　编　号				F2-1-49	F2-1-50	F2-1-51
项　目　名　称				一跳	二跳	三跳
				插拱		
基　　　　价（元）				133.52	162.06	187.33
其中	人　工　费（元）			112.84	135.24	155.54
	材　料　费（元）			8.70	13.05	15.95
	机　械　费（元）			11.98	13.77	15.84
名　　　称		单位	单价（元）	消　　耗　　量		
人工	综合工日	工日	140.00	0.806	0.966	1.111
材料	枋材	m³	1449.97	0.006	0.009	0.011
机械	中小型机械	元	1.00	11.976	13.772	15.838

注：1.一跳构件尺寸:35cm×12cm×6.5cm以内，设计尺寸不同时，枋材按比例换算，其他不变；

2.二跳构件尺寸:55cm×12cm×6.5cm以内，设计尺寸不同时，枋材按比例换算，其他不变；

3.三跳构件尺寸:75cm×12cm×6.5cm以上，设计尺寸不同时，枋材按比例换算，其他不变。

工作内容：1.制作：翘、昂、耍头、撑头、桁椀、正心拱、单材拱及斗、升、销等全部部件制作及挖翘、拱眼，雕刻麻叶云、三幅云及草架摆验，做样板等；
2.安装：斗拱安装包括斗拱本身各部件及所有附件。

计量单位：座

定　额　编　号				F2-1-52	F2-1-53	F2-1-54
项　目　名　称				柱头		
				四铺作	五铺作	六铺作
基　　　　价（元）				1906.67	2845.24	3374.05
其中	人　工　费（元）			1579.90	2358.02	2711.66
	材　料　费（元）			322.99	481.58	654.71
	机　械　费（元）			3.78	5.64	7.68
名　　称		单位	单价（元）	消　　耗　　量		
人工	综合工日	工日	140.00	11.285	16.843	19.369
材料	枋材	m³	1449.97	0.222	0.331	0.450
	乳胶	kg	4.98	0.201	0.300	0.408
	铁钉	kg	3.56	0.027	0.040	0.054
机械	中小型机械	元	1.00	3.781	5.643	7.675

工作内容：1.制作：翘、昂、耍头、撑头、桁椀、正心拱、单材拱及斗、升、销等全部部件制作及挖翘、
拱眼，雕刻麻叶云、三幅云及草架摆验，做样板等；
2.安装：斗拱安装包括斗拱本身各部件及所有附件。　　　　　　　　　　　计量单位：座

定 额 编 号			F2-1-55	F2-1-56	F2-1-57
项 目 名 称			补间		
			四铺作	五铺作	六铺作
基 价 （元）			2047.86	3057.11	3633.86
其中	人 工 费（元）		1669.92	2492.42	2866.22
	材 料 费（元）		373.74	558.42	759.11
	机 械 费（元）		4.20	6.27	8.53
名 称		单位	单价（元）	消　　耗	量
人工	综合工日	工日	140.00	11.928	17.803	20.473
材料	枋材	m³	1449.97	0.257	0.384	0.522
	乳胶	kg	4.98	0.201	0.300	0.408
	铁钉	kg	3.56	0.027	0.040	0.054
机械	中小型机械	元	1.00	4.201	6.270	8.527

工作内容：1.制作：翘、昂、耍头、撑头、桁椀、正心拱、单材拱及斗、升、销等全部部件制作及挖翘、拱眼，雕刻麻叶云、三幅云及草架摆验，做样板等；
2.安装：斗拱安装包括斗拱本身各部件及所有附件。

计量单位：座

定 额 编 号				F2-1-58	F2-1-59	F2-1-60
项 目 名 称				转角		
				四铺作	五铺作	六铺作
基 价（元）				5977.55	8921.41	10707.32
其中	人 工 费（元）			4550.56	6791.96	7810.74
	材 料 费（元）			1411.12	2105.77	2864.37
	机 械 费（元）			15.87	23.68	32.21
名 称		单位	单价(元)	消	耗	量
人工	综合工日	工日	140.00	32.504	48.514	55.791
材料	枋材	m³	1449.97	0.971	1.449	1.971
	乳胶	kg	4.98	0.603	0.900	1.224
	铁钉	kg	3.56	0.054	0.080	0.109
机械	中小型机械	元	1.00	15.866	23.680	32.205

462

第二节 木装修
1.门

工作内容：1.制作：门扇、门闩、过墙板，伸入墙内部分刷水柏油；
2.安装：门窗、门闩、过墙板，装配铁件五金。

计量单位：m²

定 额 编 号				F2-1-61	F2-1-62
项 目 名 称				串带门制安	
				厚3.5cm	厚每±0.5cm
基 价 （元）				109.08	12.60
其中	人 工 费 （元）			38.36	3.78
	材 料 费 （元）			69.95	8.74
	机 械 费 （元）			0.77	0.08
名 称		单位	单价（元）	消 耗 量	
人工	综合工日	工日	140.00	0.274	0.027
材料	枋材	m³	1449.97	0.048	0.006
	其他材料费占材料费	%	—	0.500	0.500
机械	其他机械费占人工费	%	—	2.000	2.000

463

2.博风板、木楼板、木楼梯

工作内容：1.制作：包括截配料、企口、拼缝、穿带、刨光、试配装、边缝压条等；
2.安装：挂线、找平、钉牢、钉边缝压条及挖檩窝等。

计量单位：m²

定 额 编 号				F2-1-63	F2-1-64	F2-1-65
项 目 名 称				博风板制安		
				悬山厚4cm	歇山4cm	悬山每增减±1cm
基 价（元）				288.33	281.79	27.82
其中	人 工 费（元）			172.20	165.34	8.40
	材 料 费（元）			116.13	116.45	19.42
	机 械 费（元）			—	—	—
	名 称	单位	单价（元）	消 耗		量
人工	综合工日	工日	140.00	1.230	1.181	0.060
材料	枋材	m³	1449.97	0.077	0.077	0.013
	乳胶	kg	4.98	0.700	0.700	0.100
	铁钉	kg	3.56	0.280	0.370	0.020

464

工作内容：制作：包括截配料、企口、拼缝、穿带、刨光、试配装、边缝压条等。　计量单位：m²

定　额　编　号				F2-1-66	F2-1-67
项　目　名　称				木楼板制安	
				厚4cm	厚每增减±1cm厚
基　　　价（元）				167.03	23.19
其中	人　工　费（元）			78.54	4.06
	材　料　费（元）			88.49	19.13
	机　械　费（元）			—	—
名　　称		单位	单价（元）	消　耗　量	
人工	综合工日	工日	140.00	0.561	0.029
材料	枋材	m³	1449.97	0.060	0.013
	铁钉	kg	3.56	0.420	0.080

工作内容：制作：包括截配料、企口、拼缝、穿带、刨光、试配装、边缝压条等。　　　　　　　计量单位：㎡

定　额　编　号					F2-1-68	F2-1-69
项　目　名　称					木楼板安装	古式木楼梯
					后净面磨平	制安
基　　　　价（元）					16.80	780.67
其中	人　工　费（元）				16.80	470.40
	材　料　费（元）				—	310.27
	机　械　费（元）				—	—
名　　　　称		单位	单价（元）	消　　耗　　　　量		
人工	综合工日	工日	140.00	0.120		3.360
材料	枋材	m³	1449.97	—		0.213
	铁钉	kg	3.56	—		0.400

466

3. 五金、铁件

工作内容：定位画线、钻孔安装、调试校正。　　　　　　　　　　　　　　　　　计量单位：只

定　额　编　号		F2-1-70	F2-1-71	F2-1-72	F2-1-73
项　目　名　称		门环安装		门闩安装	
		φ＜80cm	φ＞80cm	长＜40cm	长＞40cm
基　　　　　价（元）		9.38	9.80	16.80	17.64
其中	人　工　费（元）	9.38	9.80	16.80	17.64
	材　料　费（元）	—	—	—	—
	机　械　费（元）	—	—	—	—
名　　称	单位	单价（元）	消　　耗　　量		
人工　综合工日　工	工日	140.00	0.067	0.070	0.120	0.126

注：设计安装在铁皮面上人工、其他机械费乘以系数1.2，安装在方砖面上人工、其他机械费乘以系数1.6。

467

工作内容：定位画线、钻孔安装、调试校正。 计量单位：只

定 额 编 号				F2-1-74	F2-1-75
项 目 名 称				灯钩	铁拉钎
				安装	
基 价（元）				5.46	3.64
其中	人 工 费（元）			5.46	3.64
	材 料 费（元）			—	—
	机 械 费（元）			—	—
名 称	单位	单价（元）	消 耗 量		
人 工	综合工日	工日	140.00	0.039	0.026

468

工作内容：定位画线、钻孔安装、调试校正。   计量单位：个

定　额　编　号	F2-1-76
项　目　名　称	鼓钉
	安装
基　　　价（元）	0.84

其中	人　工　费（元）	0.84
	材　料　费（元）	—
	机　械　费（元）	—

	名　　　　　称	单位	单价（元）	消　　耗　　量
人 工	综合工日	工日	140.00	0.006

注：设计安装在铁皮面上人工、其他机械费乘以系数1.2，安装在方砖面上人工、其他机械费乘以系数
1.6。

469

工作内容：定位画线、钻孔安装、调试校正。 计量单位：付

定 额 编 号				F2-1-77		
项 目 名 称				骨钉扣		
				安装		
基 价（元）				8.82		
其中	人 工 费（元）			8.82		
	材 料 费（元）			—		
	机 械 费（元）			—		
名 称		单位	单价(元)	消 耗 量		
人工	综合工日	工日	140.00	0.063		

470

第二章 钢筋及混凝土工程

说　明

一、混凝土及钢筋混凝土工程

1．混凝土构件分为现浇混凝土构件、现场预制混凝土构件、钢筋、预制钢筋混凝土构件安装、构件制品运输五部分。

2．混凝土石子粒径取定，设计有规定的按设计规定，无设计规定按下表规定计算：

石子粒径	构件名称
5～16mm	预制板类构件、预制小型构件。
5～31.5mm	现浇构件：矩形柱 （构造柱除外）、圆形、多边形柱、框架梁、单梁、异形梁、挑梁。 预制构件：柱、梁。
5～40mm	基础垫层、各种基础、道路、挡土墙。
5～20mm	除以上构件外均用此粒径。

注：本表规定也适用于其他分部。

3．现浇柱子目已按规范规定综合考虑了底部铺垫 1:2 水泥砂浆的用量。

4．室内净高超过 8m 的现浇注、梁、板（各种板）的人工工日分别乘以下系数：净高在 12m 内 1.18；净高在 18m 内 1.25。

5．现场预制构件，如在加工厂制作，混凝土配合比按加工厂配合比计算；加工厂构件及商品混凝土改在现场制作，混凝土配合比按现场配合比计算，其工料、机械台班不调整。

6．小型混凝土构件，系指单位体积在 0.05 m³ 以内未列出子目的构件。

7．混凝土养护中的草袋子改用塑料薄膜。

8．构筑物中混凝土、抗渗混凝土已按常用的强度等级列入基价，设计与子目取定不符综合单价调整。

9．泵送混凝土子目中已综合考虑了输送泵车台班，布拆管及清洗人工、泵管摊消费、冲洗费。当输送高度超过 30m 时，输送泵车台班乘以 1.10，输送高度超过 50m 时，输送泵车台班乘以 1.25。当泵送混凝土价格中已包含输送泵车台班以及泵管摊消费时，应扣除定额中相应项目费用。

10．商品混凝土用量：每次 10 m³（含 10 m³）以内，用量乘以系数 1.1，5.0 m³（含 5.0 m³）内用量乘以系数 1.20。

11．钢筋以手工绑扎，部分焊接及点焊编制，实际施工与定额不符者仍执行本定额。

12．非预应力钢筋不包含冷加工，如需进行冷拉时，冷拉费用不予增加，钢筋的延伸率也不考虑。

13. 用盘圆加工冷拔钢丝的加工费，已考虑在材料预算价格中，其冷拔钢材损耗率 3%，可增加在钢材供应计划内。

14. 粗钢筋接头采用电渣压力焊、套管接头、镦粗直螺纹等接头者，应分别执行钢筋接头定额。计算了钢筋接头不能再计算钢筋搭接长度。

15. 各种钢筋、铁件损耗率如下：普通钢筋 2%，铁件 1%，设计图纸未注明的钢筋搭接用量已包括在钢筋损耗率内。

16. 预制构件如采用蒸汽养护时每立方米增加养护费 64 元。

17. 混凝土构件未考虑早强剂的费用，如需提高强度，渗入早强剂时，其费用另行计算。

18. 构件运输定额不分构件名称、类别，均按定额执行，运输距离应由构件堆放地（或构件加工厂）至施工现场的实际距离确定。

19. 构件吊装定额包括场内运距 150 米以内的运输费，如超过时，按 1km 以内的运输定额执行，同时扣去定额中的运输费。

二、模板工程

本章分现浇构件模板、现场预制构件模板两个部分，使用时应分别套用。为便于施工企业快速报价，本定额在附录中列出了混凝土构件的模板含量表，供使用单位参考。按设计图纸计算模板接触面积或使用混凝土含模量折算模板面积，两种方法仅能使用其中一种，相互不得混用。使用含模量者，竣工结算时模板面积不得调整。

1. 现浇构件模板子目按不同构件分别编制了复合木模板配钢支撑、木模板配木支撑，使用时，任选一种套用。

2. 现场预制构件模板子目，按不同构件，分别以复合木模板、木模板，同时配以标准砖底模或混凝土底模编制，使用其他模板时，不予换算。

3. 模板工作内容包括清理、场内运输、安装、刷隔离剂、浇灌混凝土时的模板维护、拆模、集中堆放、场外运输。木模板包括制作（预制构件包括刨光、现浇构件不包括刨光），复合木模板包括装箱。

4. 现场钢筋混凝土柱、梁、板的支模高度以净高（底层无地下室者高需另加室内外高差）在 3.6m 以内为准，净高超过 3.6m 的构件其钢支撑、零星卡具及模板人工分别乘以下系数。

增加内容	层高在			
	5m 以内	8m 以内	12m 以内	12m 以上
独立柱、梁、板钢支撑及零星卡具	1.10	1.30	1.50	2.00
框架柱（墙）、梁、板钢支撑及零星卡具	1.07	1.15	1.40	1.60
模板人工（不分框架和独立柱梁板）	1.05	1.15	1.30	1.40

注：轴线未形成封闭框架的柱、梁、板称独立柱、梁、板。

5．支模高度净高：

（1）柱：无地下室底层是指设计室外地面至上层板底面、楼层板顶面至上层板底面（无板时至柱顶）；

（2）梁、枋、桁：无地下室底层是指设计室外地面至上层板底面、楼层板顶面至上层板底面（无板时至梁、枋、桁顶面）；

（3）板：无地下室底层是指设计室外地面至上层板底面、楼层板顶面至上层板底面。

6．模板项目中，仅列出周转木材而无钢支撑项目，其支撑量已含在周转木材中。

7．模板材料已包含砂浆垫块与钢筋绑扎用的 22 号镀锌铁丝在内，现浇构件和现场预制构件不用砂浆垫块，而改用塑料卡，每 10 ㎡模板另加塑料卡费用每只 0.2 元，计 30 只，合计 6.00 元。

8．有梁板中的弧形梁模板按弧形梁定额执行（含模量=肋形板含模量）其弧形板部分的模板按板定额执行。砖墙基上带形混凝土防潮层模板按圈梁定额执行。

9．现浇板底面设计不抹灰者，增加模板缝贴胶带纸人工费 1 元/㎡。

工程量计算规则

一、现浇混凝土工程量，按以下规定计算

1. 混凝土工程量除另有规定者外，均按图示尺寸实体积以立方米计算。不扣除构件内钢筋、支架、螺栓孔、螺栓、预埋铁件及墙、板中 0.3 ㎡内的孔洞所占体积。留洞所增加工、料不再另增费用。

2. 柱：分矩形、圆形、多边形等，使用定额时应分别按各种规格套用项目。

（1）柱高按柱基上表面到楼板下表面高度计算。

（2）有梁板的柱高应按柱基上表面到楼板下表面计算柱高。

（3）有楼隔层的柱高按柱基上表面或楼板上表面至上层楼板下表面的高度分层计算。

（4）依附在柱上的云头、梁垫、蒲鞋头的体积另列计算。

（5）多边形圆柱按相应的圆柱定额执行，其规格按断面对角线长套用定额。

（6）构造柱按全高计算，应扣除与现浇板、梁相交部分的体积，与砖墙嵌接部分的混凝土体积并入柱身体积内计算。

3. 梁：按图示断面尺寸乘梁长以立方米计算，梁长按下列规定确定：

（1）梁与柱连接时，梁长算至柱侧面。

（2）主梁与次梁连接时，次梁长算至主梁侧面。伸入砖墙内的梁头、梁垫体积并入梁体积内计算。

（3）依附于梁（包括阳台梁、圈过梁）上的混凝土线条（包括弧形线条）按延长米另行计算（梁宽算至线条内侧）。

（4）现浇挑梁按挑梁计算，其压入墙身部分按圈梁计算；挑梁与单、框架梁连接时，其挑梁应并入相应梁内计算。

（5）老戗嫩戗按设计图示尺寸，按实体积以立方米计算。

4. 板：按图示面积乘板厚以立方米计算（梁板交接处不得重复计算）。其中：

（1）有梁板按梁（包括主、次梁）、板体积之和计算。

（2）平板按实体积计算。

（3）各类板伸入墙内的板头并入板体积内计算。

（4）预制板缝宽度在 100mm 以上的现浇板缝按平板计算。

（5）有多种平板连接时，以墙中心线为界，伸入墙内的板头并入板内计算。

（6）戗翼板系指古典建筑中的翘角部位，并连有摔网椽的翼角板。其工程量（包括摔网椽和板体积之和）按图示尺寸，以实体积立方米计算。

（7）橼望板系指古典建筑中在飞檐部位，并连有飞檐和出檐橼重叠之板。其工程量（包括飞橼、檐橼和板体积之和）按设计图示尺寸，以实体积立方米计算。

（8）亭屋面板（曲面形）系指古典建筑亭面板，为曲形状。其工程量按图示尺寸，以实体积立方米计算。

5. 中式屋架系指古典建筑中立帖式屋架。其工程量（包括立柱、童柱、大梁，双步体积之和）按设计图示尺寸，以实体积立方米计算。

6. 枋、桁：

（1）枋子（看枋）、桁条、梓桁、连机、梁垫、蒲鞋头、云头、斗拱、橼子等构件，均按设计图示尺寸，以实体积立方米计算。

（2）枋子与柱交接时，枋的长度应按柱间净距计算。

7. 吴王靠，挂落按延长米计算。

8. 古式零件系指梁垫、蒲鞋头、云头、水浪机、插角、宝顶、莲花头子、花饰块等以及单件体积小于 0.05 立方米未列入的古式小构件。

二、现场预制混凝土工程量，按以下规定计算

1. 混凝土工程量均按图示尺寸实体积以立方米计算，不扣除构件内钢筋、铁件、板内小于 0.3 ㎡孔洞面积所占的体积。

2. 装配式构件制作

（1）装配式构件一律按施工图示尺寸以实际体积计算，空腹构件应扣除空腹体积。

（2）预制混凝土板间需补现浇板缝时，按平板定额执行（5mm 宽以内的板缝、混凝土灌缝已包括在定额内）。

（3）预留部位浇捣系指柱、枋、云头交叉部位需电焊后浇制混凝土部分，其工程量按实际体积以立方米计算。

（4）预制混凝土花窗，按其外围面积以平方米计算，边框线抹灰另按抹灰工程规定计算。

3. 预制混凝土构件安装及灌缝工程量的计算方法，与构件制作的工程量计算方法相同。

三、钢筋工程量，按以下规定计算

（一）一般规则：

1. 钢筋工程应区别现浇构件、现场预制构件等，以及不同规格分别按设计展开长度（展开长度、保护层、搭接长度应符合规范规定）乘理论重量以吨计算。

2. 计算钢筋工程量时，搭接长度按规范规定计算。当梁、板（包括整板基础）Φ8 以上的通筋未设计搭接位置时，预算书暂按 8m 一个双面电焊接头考虑，结算时应按钢筋实际尺寸调整搭接个数，搭接方式按已审定的施工组织设计确定。

3. 电渣压力焊、锥螺纹、镦粗直螺纹、套管挤压等接头以"个"计算。预算书中，底板、梁暂按 8m 长一个接头的 50%计算；柱按自然层每根钢筋 1 个接头计算。结算时应按钢筋实际接头个数计算。

4. 桩顶部破碎混凝土后主筋与底板钢筋焊接分别分为灌注桩、方桩（离心管桩按方桩）以桩的根数计算。每根桩端焊接钢筋根数不调整。

5. 各种砌体内的钢筋加固分绑扎、不绑扎按吨计算。

（1）预埋铁件、螺栓按设计图纸以吨计算，执行铁件制安定额。

（2）预制柱上钢牛腿按铁件以吨计算。

（二）钢筋直（弯）、弯钩、圆柱、柱螺旋箍筋及其他长度的计算：

1. 梁、板为简支，钢筋为Ⅱ、Ⅲ级钢时，可按下列规定计算：

（1）直钢筋净长=L-2c

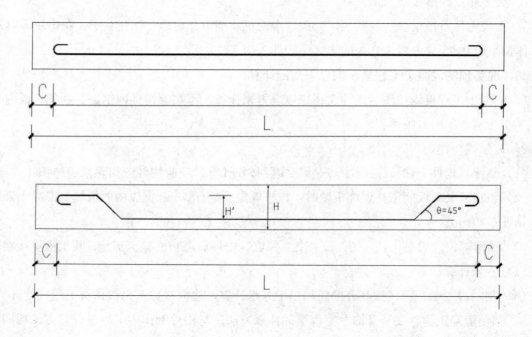

（2）弯起钢筋两端带直钩净长=L-2c+2H′+2×0.414H

当 θ 为 30° 时，公式内 0.414H 改为 0.268H

当 θ 为 60° 时，公式内 0.414H 改为 0.577H

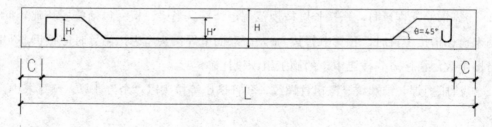

（3）末端需作 90°、135° 弯折时，其弯起部分长度按设计尺寸计算。

（4）当（1）（2）（3）采用 Ⅰ 级钢时，除按上述计算长度外，在钢筋末端应设弯钩，每只弯钩增加 $6.25d$。

2. 箍筋末端应作 135° 弯钩，弯钩平直部分的长度 e，一般不应小于箍筋直径的 5 倍；对有抗震要求的结构不应小于箍筋直径的 10 倍。

当平直部分为 $5d$ 时，

箍筋长度 $L=（a-2c+2d）\times 2+（b-2c+2d）\times 2+14d$;

当平直部分为 $10d$ 时，

箍筋长度 $L=（a-2c+2d）\times 2+（b-2c+2d）\times 2+24d$。

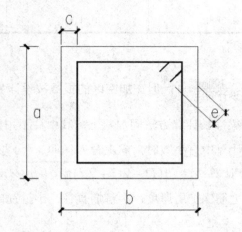

3. 弯起钢筋终弯点外应留有锚固长度，在受拉区不应小于 $20d$；在受压区不应小于 $10d$。弯起钢筋斜长按下表系数计算。

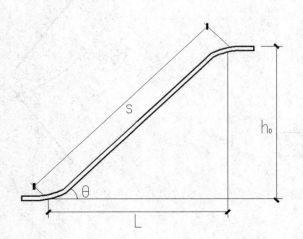

弯起角度	$\theta = 30°$	$\theta = 45°$	$\theta = 60°$
斜边长度 s	$2h_0$	$1.414h_0$	$1.155h_0$
底边长度 L	$1.732h_0$	H_0	$0.577h_0$
斜长比底长增加	$0.268h_0$	$0.414h_0$	$0.577h_0$

4. 箍筋、板筋排列根数 $= \dfrac{L-100mm}{设计间距} + 1$，但在加密区的根数按设计另增。

上式中 L=柱、梁、板净长。柱梁净长计算方法同混凝土，其中柱不扣板厚。板净长指主（次）梁与主（次）梁之间的净长。计算中有小数时，向上舍入（如：4.1 取 5）。

5. 圆桩、柱螺旋箍筋长度计算：$L = \sqrt{[(D-2C+2d)\pi]^2 + h^2} \times n$

上式中：D=圆柱、柱直径；C=主筋保护层厚度；d=箍筋直径；h=箍筋间距；n=箍筋道数=柱；桩中箍筋配置长度÷h+1。

6. 其他：有设计者按设计要求，当设计无具体要求时，按下列规定计算：

（1）柱底插筋　　　　　　　　　　　　　　（2）斜筋挑钩

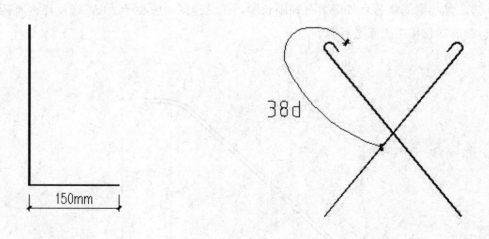

四、构件制品场外运输

1. 预制混凝土构件场外运输工程量计算方法与构件制作工程量计算方法相同。但板类及厚度在 50mm 内薄型构件由于在运输、安装过程中易发生损耗，应增加构件损耗率为：场外运输 0.8%，场内运输 0.5%，安装损耗 0.5%；工程量按下列规定计算：

$$制作、场外运输工程量=设计工程量×1.018$$

$$安装工程量=设计工程量×1.01$$

2. 成型钢筋场外运输工程量同制作绑扎钢筋工程量以吨计算。

3. 零星金属构件（含铁件）场外运输工程量与零星金属构件安装工程量相同，以吨计算。

4. 砖件场外运输按实际运输数量以块计算。

5. 加工后石制品场外运输工程量按设计体积以立方米计算。

6. 木构件场外运输工程量与木构件安装工程量相同，以立方米计算。

7. 门窗场外运输按门窗洞口的面积（包括框、扇在内）以平方米计算，带纱扇时，工程量乘系数 1.4。

五、模板工程量按以下计算工程量

（一）现浇混凝土及钢筋混凝土模板工程量，按以下规定计算：

1. 现浇混凝土及钢筋混凝土模板工程量除另有规定者外，均按混凝土与模板的接触面积以平方米计算。若使用含模量计算模板接触面积者，其工程量=构件体积×相应项目含模量（含模量表详见附录一）。

2. 钢筋混凝土板上单孔面积在 0.3 ㎡ 以内的孔洞，不予扣除，洞侧壁模板不另增加，但突出墙面的侧壁模板应相应增加。单孔面积在 0.3 ㎡ 以外的孔洞，应予扣除，洞侧壁模板面积并入板模板工程量之内计算。

3. 现浇钢筋混凝土框架分别按柱、梁、板有关规定计算，墙上单面附墙柱并入墙内工程量计算，双面附墙柱按柱计算。

4. 预制混凝土板间或边补现浇板缝，缝宽在 100mm 以上者，模板按平板定额计算。

5. 构造柱外露均应按图示外露部分计算面积，构造柱与墙接触面不计算模板面积。

6. 现浇圆弧形构件除定额已注明者外，均按垂直圆弧形的面积计算。

7. 栏杆按扶手的延长米计算，扶手、栏板的斜长按水平投影长度乘系数 1.18 计算。

8. 砖侧模分别不同厚度，按实砌面积以平方米计算。

9. 斗拱、古式零件按照构件混凝土体积以立方米计算。

10．古式栏板、吴王靠按照设计图示尺寸以延长米计算。

11．拱圈石拱模按拱圈石底面弧形面积以平方米计算。

（二）现场预制钢筋混凝土构件模板工程量，按以下规定计算：

1．现场预制构件模板工程量，除另有规定者外，均按模板接触面积以平方米计算。若使用含模量计算模板面积者，其工程量=构件体积×相应项目的含模量。砖与混凝土地模费用已包括在定额含量中，不再另行计算。

2．漏空花格窗、花格芯按外围以平方米面积计算。

3．斗拱、古式零件按照构件混凝土体积以立方米计算。

4．挂落按设计水平长度以延长米计算。

5．栏杆件、吴王靠构件按设计图示垂直投影面积以平方米计算。

附录　混凝土及钢筋混凝土构件模板、钢筋含量表

构件类别	项目名称			混凝土计量单位	模板含量（m³）	钢筋含量（t）
（一）现浇构件						
柱	矩形柱	断面周长（mm）	700 以内	m³	25.00	0.126
			1000 以内	m³	18.18	0.126
			1500 以内	m³	11.43	0.165
			1500 以内	m³	9.30	0.165
	圆形柱、多边形柱	断面周长（mm）	200 以内	m³	22.24	0.147
			300 以内	m³	16.02	0.147
			300 以外	m³	10.00	0.147
	构造柱			m³	11.10	0.126
	T、L＋异形柱每边宽		500mm 以内	m³	13.33	0.160
			500mm 以外	m³	12.00	0.160
梁	预留部分浇捣			m³	17.10	0.034
	矩形梁	梁高（mm）	200 以内	m³	19.84	0.143
			300 以内	m³	14.00	0.143
			300 以外	m³	9.67	0.143

构件类别	项目名称			混凝土计量单位	模板含量（m³）	钢筋含量（t）
梁	圆形梁	直径（mm）	200 以内	m³	17.79	0.156
			300 以内	m³	12.82	0.156
			300 以外	m³	9.00	0.156
	老嫩戗			m³	17.79	0.156
桁、枋、机	矩形桁条梓桁	断面高（mm）	200 以内	m³	23.62	0.143
			200 以上	m³	13.78	0.143
	圆形桁条梓桁	直径（mm）	150 以内	m³	22.94	0.156
			150 以上	m³	16.46	0.156
	枋子			m³	25.00	0.143
	连机			m³	35.71	0.143
板	有梁板厚（mm）		100 以内	m³	10.70	0.100
			100 以外	m³	8.07	0.141
	平板厚（mm）		100 以内	m³	12.06	0.075
			100 以外	m³	8.04	0.065
	钢防水屋面			10 m²	0.10	0.011
	椽望板			m³	28.73	0.084
	戗翼板			m³	30.15	0.084
	亭屋面板厚（mm）		60 以内	m³	22.00	0.084
			60 以上	m³	14.00	0.084
	钢丝网屋面板	厚 40		m³	25.30	0.210
其他	栏板、竖向挑板			m³	25.00	0.039
	钢丝网封沿板			10 m²	5.40	0.005
	细头混凝土找平面			10 m²		0.011
	压顶扶手	有筋		m³	11.10	0.057
		无筋		m³	11.10	
	小型构件			m³	18.00	0.080
	古式	栏板		10 m²	21.01	0.025
		栏杆			8.13	0.023

构件类别	项目名称			混凝土计量单位	模板含量（m³）	钢筋含量（t）
其他	吴王靠		简式	10 m²	5.90	0.023
			繁式	10 m²	5.90	0.023
	斗拱			m³	(37.50)	0.092
	梁垫、蒲鞋头、短机云头等古式零件			m³	(37.72)	0.092
	其他古式零星构件			m³	(26.45)	0.092
（二）预制构件						
柱	矩形柱	断面周长（mm）	700 以内	m³	12.50	0.158
			1000 以内	m³	9.09	0.158
			1000 以外	m³	5.71	0.158
	圆形柱	直径（mm）	200 以内	m³	17.80	0.170
			300 以内	m³	12.81	0.170
			300 以外	m³	9.00	0.170
梁	矩形梁	梁高（mm）	200 以内	m³	14.29	0.136
			300 以内	m³	10.00	0.136
			300 以外	m³	8.00	0.136
	圆形梁	直径（mm）	200 以内	m³	17.80	0.170
			300 以内	m³	12.82	0.170
			300 以外	m³	9.00	0.170
	异(拱)形梁			m³	22.06	0.170
	老嫩戗			m³	17.79	0.170
屋架	人字			m³	14.40	0.146
	中式			m³	15.12	0.146
桁、枋、机	桁条样桁	矩形高（mm）	200 以内	m³	17.25	0.219
			200 以外	m³	12.33	0.219
		圆形直径（mm）	150 以内	m³	22.94	0.219
			150 以外	m³	16.46	0.219
	枋子			m³	25.00	0.219
	连机			m³	30.14	0.219

构件类别	项目名称			混凝土计量单位	模板含量（m³）	钢筋含量（t）
板	平板			m³	6.10	0.056
	椽望板			m³	28.71	0.082
	戗翼板			m³	30.15	0.082
椽子	方直形高（mm）	80 以内		m³	40.00	0.219
		80 以上		m³	25.00	0.219
	圆直形直径（mm）	80 以内		m³	50.00	0.219
		80 以上		m³	33.33	0.219
	弯形椽			m³	37.98	0.219
其他	有框漏空花格窗			10 m² 外形面积		0.030
	花格芯					0.036
	栏杆芯			m³	44.75	0.139
	斗拱			m³	(37.50)	0.057
	梁垫、蒲鞋头、短机、云头等古式零件			m³	(37.72)	0.057
	挂落			10m	7.65	0.035
	栏杆件			10 m²	19.46	0.046
	吴王靠构件			10 m²	16.81	0.046
	地面块	矩形		m³	24.00	
		异形		m³	30.00	
		席纹		m³	24.00	
	假方砖			m³	24.00	0.043
	小型构件			m³	13.3	0.056

第一节 现浇钢筋混凝土
1.柱

工作内容：1.混凝土搅拌、水平运输、浇捣、养护；
2.泵送、浇捣、养护。

计量单位：m³

定　额　编　号				F2-2-1	F2-2-2
项　目　名　称				C25现浇混凝土	C25商品混凝土
				矩形柱	
基　　　价（元）				662.75	555.64
其中	人　工　费（元）			322.56	127.68
	材　料　费（元）			321.50	404.46
	机　械　费（元）			18.69	23.50
名　　称		单位	单价（元）	消　　耗　　量	
人工	综合工日	工日	140.00	2.304	0.912
材料	泵管摊销费	元	1.00	—	0.240
	电	kW•h	0.68	0.402	0.404
	商品混凝土 C25(泵送)	m³	389.11	—	0.990
	水	m³	7.96	1.220	1.250
	水泥砂浆 1:2	m³	281.46	0.031	0.031
	塑料薄膜	m²	0.20	0.280	0.280
	现浇混凝土 C25	m³	307.34	0.985	—
机械	灰浆搅拌机 200L	台班	215.26	0.008	0.008
	混凝土输送泵车 75m³/h	台班	1555.75	—	0.014
	双锥反转出料混凝土搅拌机 350L	台班	253.32	0.067	—

工作内容：木模板及复合模板制作、安装、拆除、刷润滑剂、模板场外运输。 计量单位：10m²

定 额 编 号				F2-2-3		
项 目 名 称				矩形柱		
				复合木模板		
基 价（元）				692.89		
其中	人 工 费（元）			540.96		
	材 料 费（元）			91.35		
	机 械 费（元）			60.58		
名 称		单位	单价（元）	消 耗 量		
人工	综合工日	工日	140.00	3.864		
材 料	镀锌铁丝 22号	kg	3.57	0.030		
	复合木模板	m²	29.06	2.200		
	钢支撑	kg	3.50	3.570		
	回库修理、保养费	元	1.00	1.520		
	零星卡具	kg	5.56	1.770		
	铁钉	kg	3.56	0.970		
机 械	卷扬机带40m塔 50kN	台班	247.20	0.117		
	木工圆锯机 500mm	台班	25.33	0.070		
	汽车式起重机 8t	台班	763.67	0.022		
	载重汽车 4t	台班	408.97	0.032		

488

工作内容：1.混凝土搅拌、水平运输、浇捣、养护；
　　　　　2.泵送、浇捣、养护。

计量单位：m³

定　额　编　号				F2-2-4	F2-2-5
项　目　名　称				C25现浇混凝土	C25商品混凝土
				圆形柱	
基　　价（元）				686.16	563.94
其中	人　工　费（元）			346.08	136.08
	材　料　费（元）			321.39	404.36
	机　械　费（元）			18.69	23.50
名　　称		单位	单价（元）	消　　耗　　量	
人工	综合工日	工日	140.00	2.472	0.972
材料	泵管摊销费	元	1.00	—	0.240
	电	kW·h	0.68	0.402	0.404
	商品混凝土 C25（泵送）	m³	389.11	—	0.990
	水	m³	7.96	1.210	1.240
	水泥砂浆 1：2	m³	281.46	0.031	0.031
	塑料薄膜	m²	0.20	0.140	0.140
	现浇混凝土 C25	m³	307.34	0.985	
机械	灰浆搅拌机 200L	台班	215.26	0.008	0.008
	混凝土输送泵车 75m³/h	台班	1555.75	—	0.014
	双锥反转出料混凝土搅拌机 350L	台班	253.32	0.067	—

工作内容：木模板及复合模板制作、安装、拆除、刷润滑剂、模板场外运输。　　　　　计量单位：10m²

定　额　编　号				F2-2-6	
项　目　名　称				圆、多边形柱	
				木模板	
基　　　价（元）				1119.18	
其中	人　工　费（元）			821.52	
	材　料　费（元）			251.00	
	机　械　费（元）			46.66	
名　　　称	单位	单价（元）	消　　　耗　　　量		
人工	综合工日	工日	140.00	5.868	
材料	镀锌铁丝 22号	kg	3.57	0.030	
	镀锌铁丝 8号	kg	3.57	3.000	
	铁钉	kg	3.56	2.250	
	周转成材	m³	1065.00	0.218	
机械	卷扬机带40m塔 50kN	台班	247.20	0.096	
	木工圆锯机 500mm	台班	25.33	0.308	
	载重汽车 4t	台班	408.97	0.037	

注：有收势圆柱(即上小下大)模板：人工、铁钉乘系数1.75，周转木材乘系数1.2，木工圆锯机 φ500mm乘系数1.2。

工作内容：1.混凝土搅拌、水平运输、浇捣、养护；
　　　　　2.泵送、浇捣、养护。

计量单位：m³

定　额　编　号					F2-2-7	F2-2-8
项　目　名　称					C25现浇混凝土	C25商品混凝土
					异形柱	
					截面＜0.0625m	
基　　价（元）					718.55	577.85
其中	人　工　费（元）				378.00	149.52
	材　料　费（元）				321.86	404.83
	机　械　费（元）				18.69	23.50
名　　称		单位	单价（元）		消　　耗　　量	
人工	综合工日	工日	140.00		2.700	1.068
材料	泵管摊销费	元	1.00		—	0.240
	电	kW·h	0.68		0.402	0.404
	商品混凝土 C25(泵送)	m³	389.11		—	0.990
	水	m³	7.96		1.260	1.290
	水泥砂浆 1:2	m³	281.46		0.031	0.031
	塑料薄膜	m²	0.20		0.510	0.510
	现浇混凝土 C25	m³	307.34		0.985	—
机械	灰浆搅拌机 200L	台班	215.26		0.008	0.008
	混凝土输送泵车 75m³/h	台班	1555.75		—	0.014
	双锥反转出料混凝土搅拌机 350L	台班	253.32		0.067	—

注：除矩形柱和圆形柱以外，均为异形柱。

工作内容：木模板及复合模板制作、安装、拆除、刷润滑剂、模板场外运输。　　　　　计量单位：10m²

定　额　编　号					F2-2-9	
项　目　名　称					异形柱	
					复合木模板	
基　　　　价（元）					938.58	
其中	人　工　费（元）				813.40	
	材　料　费（元）				90.05	
	机　械　费（元）				35.13	
名　　　称		单位	单价（元）	消　　　耗　　　量		
人工	综合工日	工日	140.00	5.810		
材料	镀锌铁丝 22号	kg	3.57	0.030		
	复合木模板	m²	29.06	2.200		
	钢支撑	kg	3.50	3.570		
	回库修理、保养费	元	1.00	1.670		
	零星卡具	kg	5.56	2.130		
机械	木工圆锯机 500mm	台班	25.33	0.082		
	汽车式起重机 8t	台班	763.67	0.024		
	载重汽车 4t	台班	408.97	0.036		

492

工作内容：1.混凝土搅拌、水平运输、浇捣、养护；
2.泵送、浇捣、养护。

计量单位：m³

定 额 编 号	F2-2-10
项 目 名 称	C25现浇混凝土
	构造柱
基　　　价（元）	886.02

其中	人　工　费（元）	546.00
	材　料　费（元）	321.33
	机　械　费（元）	18.69

	名　　　　称	单位	单价(元)	消　　耗　　量
人工	综合工日	工日	140.00	3.900
材料	电	kW·h	0.68	0.402
	水	m³	7.96	1.200
	水泥砂浆 1:2	m³	281.46	0.031
	塑料薄膜	m²	0.20	0.230
	现浇混凝土 C25	m³	307.34	0.985
机械	灰浆搅拌机 200L	台班	215.26	0.008
	双锥反转出料混凝土搅拌机 350L	台班	253.32	0.067

工作内容：木模板及复合模板制作、安装、拆除、刷润滑剂、模板场外运输。　　　　　　　计量单位：10m²

定　额　编　号				F2-2-11	
项　目　名　称				构造柱	
				复合木模板	
基　　　　　价（元）				785.60	
其中	人　工　费（元）			675.36	
	材　料　费（元）			75.46	
	机　械　费（元）			34.78	
名　　称		单位	单价（元）	消　　耗　　量	
人工	综合工日	工日	140.00	4.824	
材料	镀锌铁丝 22号	kg	3.57	0.030	
	复合木模板	m²	29.06	2.200	
	钢支撑	kg	3.50	1.020	
	回库修理、保养费	元	1.00	1.070	
	零星卡具	kg	5.56	0.420	
	铁钉	kg	3.56	1.250	
机械	卷扬机带40m塔 50kN	台班	247.20	0.064	
	木工圆锯机 500mm	台班	25.33	0.096	
	汽车式起重机 8t	台班	763.67	0.012	
	载重汽车 4t	台班	408.97	0.018	

494

工作内容：1.混凝土搅拌、水平运输、浇捣、养护；
　　　　　2.泵送、浇捣、养护。

计量单位：m³

定　额　编　号				F2-2-12	
项　目　名　称				C25现浇混凝土预留部分	
				浇捣	
基　　　　价（元）				856.92	
其中	人　工　费（元）			516.60	
	材　料　费（元）			312.45	
	机　械　费（元）			27.87	
名　　　称		单位	单价（元）	消　　耗　　量	
人工	综合工日	工日	140.00	3.690	
材料	水	m³	7.96	0.060	
	塑料薄膜	m²	0.20	0.130	
	现浇混凝土 C25	m³	307.34	1.015	
机械	双锥反转出料混凝土搅拌机 350L	台班	253.32	0.110	

工作内容：木模板及复合模板制作、安装、拆除、刷润滑剂、模板场外运输。　　　　　　计量单位：10m²

定　额　编　号				F2-2-13	
项　目　名　称				预留部分浇捣	
				木模板	
基　　　　价（元）				1846.40	
其中	人　工　费（元）			1481.20	
	材　料　费（元）			279.50	
	机　械　费（元）			85.70	
	名　　　称	单位	单价（元）	消　　耗　　量	
人工	综合工日	工日	140.00	10.580	
材料	镀锌铁丝 8号	kg	3.57	5.220	
	铁钉	kg	3.56	4.770	
	周转成材	m³	1065.00	0.229	
机械	卷扬机带40m塔 50kN	台班	247.20	0.226	
	木工圆锯机 500mm	台班	25.33	0.322	
	载重汽车 4t	台班	408.97	0.053	

2.梁

工作内容：1.混凝土搅拌、水平运输、浇捣、养护；
2.泵送、浇捣、养护。

计量单位：m³

定　额　编　号				F2-2-14	F2-2-15
项　目　名　称				C25现浇混凝土	C25商品混凝土
				矩形梁	
基　　　　价（元）				577.09	525.96
其中	人　工　费（元）			235.20	94.08
	材　料　费（元）			324.66	410.10
	机　械　费（元）			17.23	21.78
名　　称		单位	单价（元）	消　　耗　　　　量	
人工	综合工日	工日	140.00	1.680	0.672
材料	泵管摊销费	元	1.00	—	0.250
	电	kW·h	0.68	0.414	0.416
	商品混凝土 C25(泵送)	m³	389.11	—	1.020
	水	m³	7.96	1.530	1.560
	塑料薄膜	m²	0.20	1.270	1.270
	现浇混凝土 C25	m³	307.34	1.015	—
机械	混凝土输送泵车 75m³/h	台班	1555.75	—	0.014
	双锥反转出料混凝土搅拌机 350L	台班	253.32	0.068	—

注：1.弧形梁按相应的直梁子目执行；
2.大于10°的斜梁按相应子目人工乘系数1.10，其余不变。

工作内容：木模板及复合模板制作、安装、拆除、刷润滑剂、模板场外运输。　　　　计量单位：10m²

定　　额　　编　　号			F2-2-16	
项　目　名　称			矩形梁	
			复合木模板	
基　　　　　　价（元）			734.50	
其中	人　工　费（元）		534.24	
	材　料　费（元）		117.48	
	机　械　费（元）		82.78	
名　　　称	单位	单价（元）	消　　耗　　量	
人工	综合工日	工日	140.00	3.816
材料	镀锌铁丝 22号	kg	3.57	0.030
	复合木模板	m²	29.06	2.200
	钢支撑	kg	3.50	6.530
	回库修理、保养费	元	1.00	1.820
	零星卡具	kg	5.56	1.660
	铁钉	kg	3.56	1.000
	周转成材	m³	1065.00	0.015
机械	卷扬机带40m塔 50kN	台班	247.20	0.161
	木工圆锯机 500mm	台班	25.33	0.082
	汽车式起重机 8t	台班	763.67	0.030
	载重汽车 4t	台班	408.97	0.044

注：斜梁坡度大于10度时，人工乘系数1.15，支撑乘系数1.20，其他不变。

498

工作内容：1.混凝土搅拌、水平运输、浇捣、养护；
2.泵送、浇捣、养护。

计量单位：m³

定　额　编　号				F2-2-17	F2-2-18
项　目　名　称				C25现浇混凝土	C25商品混凝土
				圆形梁	
基　　　　价（元）				652.24	539.23
其中	人　工　费（元）			312.20	109.20
	材　料　费（元）			322.81	408.25
	机　械　费（元）			17.23	21.78
名　　　称		单位	单价(元)	消　　耗　　量	
人工	综合工日	工日	140.00	2.230	0.780
材料	泵管摊销费	元	1.00	—	0.250
	电	kW·h	0.68	0.414	0.416
	商品混凝土 C25(泵送)	m³	389.11	—	1.020
	水	m³	7.96	1.300	1.330
	塑料薄膜	m²	0.20	1.170	1.170
	现浇混凝土 C25	m³	307.34	1.015	—
机械	混凝土输送泵车 75m³/h	台班	1555.75	—	0.014
	双锥反转出料混凝土搅拌机 350L	台班	253.32	0.068	—

注：1.弧形梁按相应的直梁子目执行；
2.大于10°的斜梁按相应子目人工乘系数1.10，其余不变。

工作内容：木模板及复合模板制作、安装、拆除、刷润滑剂、模板场外运输。　　　　　　　　　　计量单位：10m²

定　额　编　号	F2-2-19
项　目　名　称	圆形梁
	木模板
基　　　价（元）	1341.62

其中	人　工　费（元）	1037.40
	材　料　费（元）	240.26
	机　械　费（元）	63.96

	名　　　称	单位	单价（元）	消　　耗　　量
人工	综合工日	工日	140.00	7.410
材料	铁钉	kg	3.56	3.170
	周转成材	m³	1065.00	0.215
机械	卷扬机带40m塔 50kN	台班	247.20	0.194
	木工圆锯机 500mm	台班	25.33	0.083
	载重汽车 4t	台班	408.97	0.034

注：斜梁坡度大于10度时，人工乘系数1.15，支撑乘系数1.20，其他不变。

500

工作内容：1. 混凝土搅拌、水平运输、浇捣、养护；
　　　　　2. 泵送、浇捣、养护。

计量单位：m³

定　额　编　号				F2-2-20	F2-2-21
项　目　名　称				C25现浇混凝土	C25商品混凝土
				异形梁、挑梁	
基　　价（元）				591.40	530.18
其中	人　工　费（元）			248.64	97.44
	材　料　费（元）			325.53	410.96
	机　械　费（元）			17.23	21.78
名　　称		单位	单价（元）	消　　耗　　量	
人工	综合工日	工日	140.00	1.776	0.696
材料	泵管摊销费	元	1.00	—	0.250
	电	kW·h	0.68	0.414	0.416
	商品混凝土 C25（泵送）	m³	389.11	—	1.020
	水	m³	7.96	1.640	1.670
	塑料薄膜	m²	0.20	1.230	1.230
	现浇混凝土 C25	m³	307.34	1.015	—
机械	混凝土输送泵车 75m³/h	台班	1555.75	—	0.014
	双锥反转出料混凝土搅拌机 350L	台班	253.32	0.068	—

注：1. 弧形梁按相应的直梁子目执行；
　　2. 大于10°的斜梁按相应子目人工乘系数1.10，其余不变。

工作内容：木模板及复合模板制作、安装、拆除、刷润滑剂、模板场外运输。 计量单位：10m²

定 额 编 号				F2-2-22
项 目 名 称				异形梁
				复合模板
基 价 （元）				873.52
其中	人 工 费 （元）			685.44
	材 料 费 （元）			110.80
	机 械 费 （元）			77.28
名 称	单位	单价（元）		消 耗 量
人工	综合工日	工日	140.00	4.896
材料	镀锌铁丝 22号	kg	3.57	0.030
	复合木模板	m²	29.06	2.200
	钢支撑	kg	3.50	5.460
	回库修理、保养费	元	1.00	1.530
	零星卡具	kg	5.56	0.870
	铁钉	kg	3.56	1.490
	周转成材	m³	1065.00	0.015
机械	卷扬机带40m塔 50kN	台班	247.20	0.145
	木工圆锯机 500mm	台班	25.33	0.146
	汽车式起重机 8t	台班	763.67	0.028
	载重汽车 4t	台班	408.97	0.040

注：斜梁坡度大于10度时，人工乘系数1.15，支撑乘系数1.20，其他不变。

502

工作内容：1.混凝土搅拌、水平运输、浇捣、养护；
　　　　　2.泵送、浇捣、养护。

计量单位：m³

定　额　编　号				F2-2-23	F2-2-24
项　目　名　称				C25现浇混凝土	C25商品混凝土
				拱形、弧形梁	
基　　　　价（元）				661.03	556.13
其中	人　工　费（元）			322.56	127.68
	材　料　费（元）			321.24	406.67
	机　械　费（元）			17.23	21.78
名　　称		单位	单价（元）	消　　耗　　量	
人工	综合工日	工日	140.00	2.304	0.912
材料	泵管摊销费	元	1.00	—	0.250
	电	kW·h	0.68	0.414	0.416
	商品混凝土 C25（泵送）	m³	389.11	—	1.020
	水	m³	7.96	1.090	1.120
	塑料薄膜	m²	0.20	1.670	1.670
	现浇混凝土 C25	m³	307.34	1.015	—
机械	混凝土输送泵车 75m³/h	台班	1555.75	—	0.014
	双锥反转出料混凝土搅拌机 350L	台班	253.32	0.068	—

工作内容：木模板及复合模板制作、安装、拆除、刷润滑剂、模板场外运输。 计量单位：10m²

定　额　编　号			F2-2-25	F2-2-26
项　目　名　称			拱形梁	弧形梁
			复合木模板	
基　　　　价（元）			1228.46	1031.89
其中	人　工　费（元）		929.04	799.68
	材　料　费（元）		216.64	149.43
	机　械　费（元）		82.78	82.78
名　　　称	单位	单价（元）	消　耗　　量	
人工	综合工日	工日	140.00	6.636	5.712
材料	镀锌铁丝 22号	kg	3.57	0.030	0.030
	复合木模板	m²	29.06	3.670	2.200
	钢支撑	kg	3.50	6.530	6.530
	回库修理、保养费	元	1.00	1.820	1.820
	零星卡具	kg	5.56	1.660	1.660
	铁钉	kg	3.56	1.000	1.000
	周转成材	m³	1065.00	0.068	0.045
机械	卷扬机带40m塔 50kN	台班	247.20	0.161	0.161
	木工圆锯机 500mm	台班	25.33	0.082	0.082
	汽车式起重机 8t	台班	763.67	0.030	0.030
	载重汽车 4t	台班	408.97	0.044	0.044

注：斜梁坡度大于10度时，人工乘系数1.15，支撑乘系数1.20，其他不变。

3.古式构件

工作内容：1.混凝土搅拌、水平运输、浇捣、养护；
　　　　　2.泵送、浇捣、养护。

计量单位：m³

定　额　编　号			F2-2-27	F2-2-28
项　目　名　称			C25现浇混凝土	C25商品混凝土
			老嫩戗	
基　　价（元）			784.45	587.91
其中	人　工　费（元）		438.20	154.00
	材　料　费（元）		324.72	410.57
	机　械　费（元）		21.53	23.34
名　　称	单位	单价（元）	消　　耗　　量	
人工	综合工日	工日	140.00	3.130	1.100
材料	泵管摊销费	元	1.00	—	0.250
	电	kW•h	0.68	0.416	0.418
	商品混凝土 C25(泵送)	m³	389.11	—	1.025
	水	m³	7.96	1.330	1.360
	塑料薄膜	m²	0.20	1.840	1.840
	现浇混凝土 C25	m³	307.34	1.020	—
机械	混凝土输送泵车 75m³/h	台班	1555.75	—	0.015
	双锥反转出料混凝土搅拌机 350L	台班	253.32	0.085	—

工作内容：木模制作、安装、拆除、模板场外运输。 计量单位：10㎡

定　额　编　号				F2-2-29	
项　目　名　称				老嫩戗	
				木模板	
基　　　　价（元）				1414.94	
其中	人　工　费（元）			1106.42	
	材　料　费（元）			244.56	
	机　械　费（元）			63.96	
名　　　称	单位	单价（元）	消　　　耗　　　量		
人工	综合工日	工日	140.00	7.903	
材料	铁钉	kg	3.56	3.180	
	周转成材	m³	1065.00	0.219	
机械	卷扬机带40m塔 50kN	台班	247.20	0.194	
	木工圆锯机 500mm	台班	25.33	0.083	
	载重汽车 4t	台班	408.97	0.034	

工作内容：1.混凝土搅拌、水平运输、浇捣、养护；
　　　　　2.泵送、浇捣、养护。

计量单位：m³

定　额　编　号					F2-2-30	F2-2-31
项　目　名　称					C25现浇混凝土	C25商品混凝土
					矩形桁条、梓桁	
					断面高(cm)20以内	
基　　　　价（元）					623.56	531.03
其中	人　工　费（元）				277.20	97.02
	材　料　费（元）				324.83	410.67
	机　械　费（元）				21.53	23.34
名　　称		单位	单价（元）	消　　耗　　量		
人工	综合工日	工日	140.00	1.980		0.693
材料	泵管摊销费	元	1.00	—		0.250
	电	kW·h	0.68	0.416		0.418
	商品混凝土 C25(泵送)	m³	389.11	—		1.025
	水	m³	7.96	1.300		1.330
	塑料薄膜	m²	0.20	3.570		3.570
	现浇混凝土 C25	m³	307.34	1.020		—
机械	混凝土输送泵车 75m³/h	台班	1555.75	—		0.015
	双锥反转出料混凝土搅拌机 350L	台班	253.32	0.085		—

工作内容：1.混凝土搅拌、水平运输、浇捣、养护；
　　　　　2.泵送、浇捣、养护。

计量单位：m³

定　额　编　号					F2-2-32	F2-2-33
项　目　名　称					C25现浇混凝土	C25商品混凝土
					矩形桁条、梓桁	
					断面高(cm)20以上	
基　　　价（元）					612.08	526.83
其中	人　工　费（元）				266.00	93.10
	材　料　费（元）				324.55	410.39
	机　械　费（元）				21.53	23.34
名　　称		单位	单价(元)		消　　耗　　量	
人工	综合工日	工日	140.00		1.900	0.665
材料	泵管摊销费	元	1.00		—	0.250
	电	kW·h	0.68		0.416	0.418
	商品混凝土 C25(泵送)	m³	389.11		—	1.025
	水	m³	7.96		1.300	1.330
	塑料薄膜	m²	0.20		2.150	2.150
	现浇混凝土 C25	m³	307.34		1.020	—
机械	混凝土输送泵车 75m³/h	台班	1555.75		—	0.015
	双锥反转出料混凝土搅拌机 350L	台班	253.32		0.085	—

508

工作内容：木模制作、安装、拆除、模板场外运输。 计量单位：10m²

定　额　编　号				F2-2-34
项　目　名　称				矩形桁条、梓桁
				复合模板
基　　　　价（元）				943.39
其中	人　工　费（元）			754.04
	材　料　费（元）			112.07
	机　械　费（元）			77.28
名　　称	单位	单价（元）	消　　耗　　量	
人工	综合工日	工日	140.00	5.386
材料	镀锌铁丝 22号	kg	3.57	0.030
	复合木模板	m²	29.06	2.244
	钢支撑	kg	3.50	5.460
	回库修理、保养费	元	1.00	1.530
	零星卡具	kg	5.56	0.870
	铁钉	kg	3.56	1.490
	周转成材	m³	1065.00	0.015
机械	卷扬机带40m塔 50kN	台班	247.20	0.145
	木工圆锯机 500mm	台班	25.33	0.146
	汽车式起重机 8t	台班	763.67	0.028
	载重汽车 4t	台班	408.97	0.040

工作内容：1.混凝土搅拌、水平运输、浇捣、养护；
　　　　　2.泵送、浇捣、养护。

计量单位：m³

定　额　编　号					F2-2-35	F2-2-36
项　目　名　称					C25现浇混凝土	C25商品混凝土
					圆形桁条、檩桁	
					φ15cm以内	
基　　　　价（元）					670.45	547.96
其中	人　工　费（元）				323.40	113.26
	材　料　费（元）				325.52	411.36
	机　械　费（元）				21.53	23.34
名　　　称		单位	单价（元）		消　　　耗　　　量	
人工	综合工日	工日	140.00		2.310	0.809
材料	泵管摊销费	元	1.00		—	0.250
	电	kW·h	0.68		0.416	0.418
	商品混凝土 C25（泵送）	m³	389.11		—	1.025
	水	m³	7.96		1.330	1.360
	塑料薄膜	m²	0.20		5.820	5.820
	现浇混凝土 C25	m³	307.34		1.020	—
机械	混凝土输送泵车 75m³/h	台班	1555.75		—	0.015
	双锥反转出料混凝土搅拌机 350L	台班	253.32		0.085	—

工作内容：1.混凝土搅拌、水平运输、浇捣、养护；　　　　　　　　　　　　　　计量单位：m³
　　　　　2.泵送、浇捣、养护。

定　额　编　号				F2-2-37	F2-2-38
项　目　名　称				C25现浇混凝土	C25商品混凝土
				圆形桁条、梓桁	
				φ15cm以上	
基　　　　价　（元）				658.69	534.10
其中	人　工　费（元）			312.20	99.96
	材　料　费（元）			324.96	410.80
	机　械　费（元）			21.53	23.34
名　　称		单位	单价（元）	消　　耗　　量	
人工	综合工日	工日	140.00	2.230	0.714
材料	泵管摊销费	元	1.00	—	0.250
	电	kW·h	0.68	0.416	0.418
	商品混凝土 C25（泵送）	m³	389.11	—	1.025
	水	m³	7.96	1.330	1.360
	塑料薄膜	m²	0.20	3.020	3.020
	现浇混凝土 C25	m³	307.34	1.020	—
机械	混凝土输送泵车 75m³/h	台班	1555.75	—	0.015
	双锥反转出料混凝土搅拌机 350L	台班	253.32	0.085	—

工作内容：木模制作、安装、拆除、模板场外运输。 计量单位：10m²

定 额 编 号	F2-2-39
项 目 名 称	桁条、梓桁圆形
	木模板
基 价（元）	1300.12

其中	人 工 费（元）	1037.40
	材 料 费（元）	198.76
	机 械 费（元）	63.96

	名 称	单位	单价（元）	消 耗 量
人工	综合工日	工日	140.00	7.410
材料	铁钉	kg	3.56	3.180
	周转成材	m³	1065.00	0.176
机械	卷扬机带40m塔 50kN	台班	247.20	0.194
	木工圆锯机 500mm	台班	25.33	0.083
	载重汽车 4t	台班	408.97	0.034

工作内容：1.混凝土搅拌、水平运输、浇捣、养护；
　　　　　2.泵送、浇捣、养护。

计量单位：m³

定　额　编　号					F2-2-40	F2-2-41
项　目　名　称					C25现浇混凝土	C25商品混凝土
					枋子、连机	
基　　　价（元）					623.40	530.87
其中	人　工　费（元）				277.20	97.02
	材　料　费（元）				324.67	410.51
	机　械　费（元）				21.53	23.34
名　　　称		单位	单价(元)		消　　耗　　　量	
人工	综合工日	工日	140.00		1.980	0.693
材料	泵管摊销费	元	1.00		—	0.250
	电	kW·h	0.68		0.416	0.418
	商品混凝土 C25(泵送)	m³	389.11		—	1.025
	水	m³	7.96		1.300	1.330
	塑料薄膜	m²	0.20		2.750	2.750
	现浇混凝土 C25	m³	307.34		1.020	—
机械	混凝土输送泵车 75m³/h	台班	1555.75		—	0.015
	双锥反转出料混凝土搅拌机 350L	台班	253.32		0.085	—

工作内容：木模制作、安装、拆除、模板场外运输。 计量单位：10㎡

定 额 编 号				F2-2-42
项 目 名 称				枋子、连机
				复合模板
基 价（元）				980.54
其中	人 工 费（元）			788.20
	材 料 费（元）			115.06
	机 械 费（元）			77.28
名 称	单位	单价（元）	消	耗 量
人工 综合工日	工日	140.00		5.630
材料 镀锌铁丝 22号	kg	3.57		0.030
复合木模板	㎡	29.06		2.310
钢支撑	kg	3.50		5.460
回库修理、保养费	元	1.00		1.530
零星卡具	kg	5.56		0.870
铁钉	kg	3.56		1.490
周转成材	m³	1065.00		0.016
机械 卷扬机带40m塔 50kN	台班	247.20		0.145
木工圆锯机 500mm	台班	25.33		0.146
汽车式起重机 8t	台班	763.67		0.028
载重汽车 4t	台班	408.97		0.040

工作内容：1.混凝土搅拌、水平运输、浇捣、养护；　　　　　　　　　　　　计量单位：m³
　　　　　2.泵送、浇捣、养护。

定　额　编　号				F2-2-43	F2-2-44
项　目　名　称				C25现浇混凝土	C25商品混凝土
				橡望板	
基　　　　价（元）				850.13	616.93
其中	人　工　费（元）			501.20	175.42
	材　料　费（元）			336.28	413.92
	机　械　费（元）			12.65	27.59
名　　　称		单位	单价（元）	消　　耗　　量	
人工	综合工日	工日	140.00	3.580	1.253
材料	泵管摊销费	元	1.00	—	0.230
	电	kW·h	0.68	0.375	0.377
	商品混凝土 C25(泵送)	m³	389.11	—	0.925
	水	m³	7.96	2.560	2.590
	水泥砂浆 1∶1	m³	304.25	0.100	0.100
	塑料薄膜	m²	0.20	12.340	12.340
	现浇混凝土 C25	m³	307.34	0.920	—
机械	灰浆搅拌机 200L	台班	215.26	0.027	0.027
	混凝土输送泵车 75m³/h	台班	1555.75	—	0.014
	双锥反转出料混凝土搅拌机 350L	台班	253.32	0.027	—

工作内容：木模制作、安装、拆除、模板场外运输。 计量单位：10m²

定　额　编　号				F2-2-45
项　目　名　称				橡望板
				木模板
基　　　价（元）				1086.51
其中	人　工　费（元）			844.20
	材　料　费（元）			166.78
	机　械　费（元）			75.53
名　　称		单位	单价（元）	消　　耗　　量
人工	综合工日	工日	140.00	6.030
材料	铁钉	kg	3.56	3.470
	周转成材	m³	1065.00	0.145
机械	卷扬机带40m塔 50kN	台班	247.20	0.246
	木工圆锯机 500mm	台班	25.33	0.226
	载重汽车 4t	台班	408.97	0.022

516

工作内容：1.混凝土搅拌、水平运输、浇捣、养护；
2.泵送、浇捣、养护。

计量单位：m³

定 额 编 号					F2-2-46	F2-2-47
项 目 名 称					C25现浇混凝土	C25商品混凝土
					戗翼板	
基 价（元）					878.45	622.64
其中	人 工 费（元）				516.60	180.88
	材 料 费（元）				336.53	414.17
	机 械 费（元）				25.32	27.59
名 称		单位	单价（元）		消 耗 量	
人工	综合工日	工日	140.00		3.690	1.292
材料	泵管摊销费	元	1.00		—	0.230
	电	kW·h	0.68		0.375	0.377
	商品混凝土 C25(泵送)	m³	389.11		—	0.925
	水	m³	7.96		2.560	2.590
	水泥砂浆 1:1	m³	304.25		0.100	0.100
	塑料薄膜	m²	0.20		13.580	13.580
	现浇混凝土 C25	m³	307.34		0.920	—
机械	灰浆搅拌机 200L	台班	215.26		0.027	0.027
	混凝土输送泵车 75m³/h	台班	1555.75		—	0.014
	双锥反转出料混凝土搅拌机 350L	台班	253.32		0.077	—

工作内容：木模制作、安装、拆除、模板场外运输。 计量单位：10m²

定 额 编 号	F2-2-48
项 目 名 称	钹翼板
	木模板
基 价（元）	1125.95

其 中	人 工 费（元）	844.20
	材 料 费（元）	206.22
	机 械 费（元）	75.53

	名 称	单位	单价（元）	消 耗 量
人 工	综合工日	工日	140.00	6.030
材 料	铁钉	kg	3.56	3.480
	周转成材	m³	1065.00	0.182
机 械	卷扬机带40m塔 50kN	台班	247.20	0.246
	木工圆锯机 500mm	台班	25.33	0.226
	载重汽车 4t	台班	408.97	0.022

518

工作内容：1.混凝土搅拌、水平运输、浇捣、养护；
　　　　　2.泵送、浇捣、养护。

计量单位：m³

定　额　编　号				F2-2-49	F2-2-50
项　目　名　称				C25现浇混凝土	C25商品混凝土
				亭子屋面板	
				板厚(cm)10以内	
基　　　价（元）				842.28	615.07
其中	人　工　费（元）			484.40	169.54
	材　料　费（元）			336.35	422.19
	机　械　费（元）			21.53	23.34
名　　　称		单位	单价（元）	消　　耗　　量	
人工	综合工日	工日	140.00	3.460	1.211
材料	泵管摊销费	元	1.00	—	0.250
	电	kW·h	0.68	0.416	0.418
	商品混凝土 C25(泵送)	m³	389.11	—	1.025
	水	m³	7.96	2.560	2.590
	塑料薄膜	m²	0.20	11.000	11.000
	现浇混凝土 C25	m³	307.34	1.020	—
机械	混凝土输送泵车 75m³/h	台班	1555.75	—	0.015
	双锥反转出料混凝土搅拌机 350L	台班	253.32	0.085	—

工作内容：1.混凝土搅拌、水平运输、浇捣、养护；　　　　　　　　　　　　　　计量单位：m³
　　　　　2.泵送、浇捣、养护。

定　额　编　号				F2-2-51	F2-2-52
项　目　名　称				C25现浇混凝土	C25商品混凝土
				亭子屋面板	
				板厚(cm)10以上	
基　　　　　价（元）				824.65	608.36
其中	人　工　费（元）			467.60	163.66
	材　料　费（元）			335.52	421.36
	机　械　费（元）			21.53	23.34
名　　　称	单位	单价(元)		消　　耗　　量	
人工	综合工日	工日	140.00	3.340	1.169
材料	泵管摊销费	元	1.00	—	0.250
	电	kW·h	0.68	0.416	0.418
	商品混凝土 C25(泵送)	m³	389.11	—	1.025
	水	m³	7.96	2.560	2.590
	塑料薄膜	m²	0.20	6.880	6.880
	现浇混凝土 C25	m³	307.34	1.020	—
机械	混凝土输送泵车 75m³/h	台班	1555.75	—	0.015
	双锥反转出料混凝土搅拌机 350L	台班	253.32	0.085	—

工作内容：木模制作、安装、拆除、模板场外运输。 计量单位：10m²

定　额　编　号				F2-2-53	
项　目　名　称				亭子屋面板	
				木模板	
基　　　价（元）				1093.25	
其中	人　工　费（元）			845.60	
	材　料　费（元）			172.14	
	机　械　费（元）			75.51	
名　　称		单位	单价（元）	消　　耗　　量	
人工	综合工日	工日	140.00	6.040	
材料	铁钉	kg	3.56	3.480	
	周转成材	m³	1065.00	0.150	
机械	卷扬机带40m塔 50kN	台班	247.20	0.246	
	木工圆锯机 500mm	台班	25.33	0.225	
	载重汽车 4t	台班	408.97	0.022	

定　额　编　号				F2-2-54		
项　目　名　称				C25商品混凝土		
				古式栏板		
基　　　价（元）				713.22		
其中	人　工　费（元）			323.40		
	材　料　费（元）			366.77		
	机　械　费（元）			23.05		
名　　　称		单位	单价（元）	消	耗	量
人工	综合工日	工日	140.00		2.310	
材料	电	kW·h	0.68		0.279	
	商品混凝土 C25（泵送）	m³	389.11		0.684	
	水	m³	7.96		1.110	
	塑料薄膜	m²	0.20		0.660	
	预制古式零件（莲花头）	m³	1829.15		0.050	
机械	双锥反转出料混凝土搅拌机 350L	台班	253.32		0.091	

注：栏杆、栏板，包括现浇轴线柱、扶手及下坎，栏杆轴线柱子之间的预制栏杆件，如设计为金属栏杆及砖砌栏杆时，可按有关定额进行换算，其他不变。

工作内容：木模制作、安装、拆除、模板场外运输。 计量单位：10m

定 额 编 号	F2-2-55
项 目 名 称	古式栏板
	木模板
基 价（元）	1563.24

其中	人 工 费（元）	1038.80
	材 料 费（元）	394.48
	机 械 费（元）	129.96

	名 称	单位	单价（元）	消 耗 量
人工	综合工日	工日	140.00	7.420
材料	铁钉	kg	3.56	7.900
	周转成材	m³	1065.00	0.344
机械	卷扬机带40m塔 50kN	台班	247.20	0.430
	木工圆锯机 500mm	台班	25.33	0.240
	载重汽车 4t	台班	408.97	0.043

工作内容：1. 混凝土搅拌、水平运输、浇捣、养护；
　　　　　2. 水平运输、浇捣、养护。

计量单位：10m

定　额　编　号					F2-2-56	
项　目　名　称					C25商品混凝土 古式栏杆	
基　　　价（元）					1429.30	
其中	人　工　费（元）				427.00	
	材　料　费（元）				989.38	
	机　械　费（元）				12.92	
	名　　　称	单位	单价(元)	消　　　耗　　　量		
人工	综合工日	工日	140.00	3.050		
材料	电	kW·h	0.68	0.155		
	商品混凝土 C25(泵送)	m³	389.11	0.381		
	水	m³	7.96	0.710		
	塑料薄膜	m²	0.20	0.990		
	预制古式零件(栏杆件)	10m²	1288.30	0.600		
	预制古式零件(莲花头)	m³	1829.15	0.034		
机械	双锥反转出料混凝土搅拌机 350L	台班	253.32	0.051		

注：栏杆、栏板，包括现浇轴线柱、扶手及下坎，栏杆轴线柱子之间的预制栏杆件，如设计为金属栏杆及砖砌栏杆时，可按有关定额进行换算，其他不变。

524

工作内容：木模制作、安装、拆除、模板场外运输。 计量单位：10m

定 额 编 号	F2-2-57
项 目 名 称	古式栏杆
	木模板
基 价（元）	3155.03

其中	人 工 费（元）	2814.00
	材 料 费（元）	186.71
	机 械 费（元）	154.32

	名 称	单位	单价（元）	消 耗 量
人工	综合工日	工日	140.00	20.100
材料	铁钉	kg	3.56	4.880
	周转成材	m³	1065.00	0.159
机械	卷扬机带40m塔 50kN	台班	247.20	0.447
	木工圆锯机 500mm	台班	25.33	0.858
	载重汽车 4t	台班	408.97	0.054

525

工作内容：1.混凝土搅拌、水平运输、浇捣、养护；
　　　　　2.水平运输、浇捣、养护。

计量单位：10m

定　额　编　号				F2-2-58	
项　目　名　称				C25商品混凝土	
				吴王靠	
				简式	
基　　　　价（元）				558.83	
其中	人　工　费（元）			189.00	
	材　料　费（元）			365.52	
	机　械　费（元）			4.31	
名　　　称		单位	单价（元）	消　　耗　　量	
人工	综合工日	工日	140.00	1.350	
材料	电	kW·h	0.68	0.051	
	商品混凝土 C25(泵送)	m³	389.11	0.126	
	水	m³	7.96	0.710	
	塑料薄膜	m²	0.20	1.100	
	预制吴王靠件	10m²	1071.00	0.290	
机械	双锥反转出料混凝土搅拌机 350L	台班	253.32	0.017	

注：本定额不包括坐身板与坐身板脚，坐身板按平板定额计算，坐身板脚按小型构件定额计算。

526

工作内容：木模制作、安装、拆除、模板场外运输。 计量单位：10m

定 额 编 号	F2-2-59
项 目 名 称	吴王靠简式
	模板
基 价（元）	2657.61

其中	人 工 费（元）	2409.40
	材 料 费（元）	136.14
	机 械 费（元）	112.07

	名 称	单位	单价（元）	消 耗 量
人工	综合工日	工日	140.00	17.210
材料	铁钉	kg	3.56	3.540
	周转成材	m³	1065.00	0.116
机械	卷扬机带40m塔 50kN	台班	247.20	0.325
	木工圆锯机 500mm	台班	25.33	0.623
	载重汽车 4t	台班	408.97	0.039

工作内容：1.混凝土搅拌、水平运输、浇捣、养护；
　　　　　2.水平运输、浇捣、养护。

计量单位：10m

定　额　编　号	F2-2-60
项　目　名　称	C25商品混凝土
	吴王靠
	繁式
基　　价（元）	596.63

其中	人　工　费（元）	226.80
	材　料　费（元）	365.52
	机　械　费（元）	4.31

	名　　称	单位	单价（元）	消　　耗　　量
人工	综合工日	工日	140.00	1.620
材料	电	kW·h	0.68	0.051
	商品混凝土 C25（泵送）	m³	389.11	0.126
	水	m³	7.96	0.710
	塑料薄膜	m²	0.20	1.100
	预制吴王靠件	10m²	1071.00	0.290
机械	双锥反转出料混凝土搅拌机 350L	台班	253.32	0.017

注：本定额不包括坐身板与坐身板脚，坐身板按平板定额计算，坐身板脚按小型构件定额计算。

工作内容：木模制作、安装、拆除、模板场外运输。 计量单位：10m

定　额　编　号	F2-2-61
项　目　名　称	吴王靠繁式
	模板
基　　　价（元）	3139.21

其中	人　工　费（元）	2891.00
	材　料　费（元）	136.14
	机　械　费（元）	112.07

	名　　称	单位	单价（元）	消　　耗　　量
人工	综合工日	工日	140.00	20.650
材料	铁钉	kg	3.56	3.540
	周转成材	m³	1065.00	0.116
机械	卷扬机带40m塔 50kN	台班	247.20	0.325
	木工圆锯机 500mm	台班	25.33	0.623
	载重汽车 4t	台班	408.97	0.039

工作内容：1.混凝土搅拌、水平运输、浇捣、养护；
2.水平运输、浇捣、养护。

计量单位：m³

定　额　编　号				F2-2-62	
项　目　名　称				C25商品混凝土	
				斗拱	
基　　　价（元）				1190.69	
其中	人　工　费（元）			711.20	
	材　料　费（元）			445.04	
	机　械　费（元）			34.45	
名　　　称		单位	单价(元)	消　　耗　　量	
人工	综合工日	工日	140.00	5.080	
材料	电	kW·h	0.68	0.416	
	商品混凝土 C25(泵送)	m³	389.11	1.020	
	水	m³	7.96	5.900	
	塑料薄膜	m²	0.20	4.510	
机械	双锥反转出料混凝土搅拌机 350L	台班	253.32	0.136	

工作内容：木模制作、安装、拆除、模板场外运输。 计量单位：m³

定 额 编 号	F2-2-63
项 目 名 称	斗拱
	木模板
基 价（元）	5432.55
其中 人 工 费（元）	4527.60
材 料 费（元）	813.97
机 械 费（元）	90.98

	名 称	单位	单价（元）	消 耗 量
人工	综合工日	工日	140.00	32.340
材料	铁钉	kg	3.56	31.200
	周转成材	m³	1065.00	0.660
机械	木工圆锯机 500mm	台班	25.33	0.201
	载重汽车 4t	台班	408.97	0.210

注：斗上口宽超过20cm时，工、料机械费乘系数0.7。

工作内容：1.混凝土搅拌、水平运输、浇捣、养护；
2.水平运输、浇捣、养护。

计量单位：m³

定 额 编 号					F2-2-64	
项 目 名 称					C25商品混凝土	
					梁垫、蒲鞋头、短机等古式零件	
基 价（元）					1119.29	
其中	人 工 费（元）				639.80	
	材 料 费（元）				445.04	
	机 械 费（元）				34.45	
名 称		单位	单价（元）	消 耗 量		
人工	综合工日	工日	140.00	4.570		
材 料	电	kW•h	0.68	0.416		
	商品混凝土 C25(泵送)	m³	389.11	1.020		
	水	m³	7.96	5.900		
	塑料薄膜	m²	0.20	4.510		
机 械	双锥反转出料混凝土搅拌机 350L	台班	253.32	0.136		

532

工作内容：木模制作、安装、拆除、模板场外运输。 　　　　　　　　　　　　　　计量单位：10m²

定　额　编　号	F2-2-65
项　目　名　称	梁垫、蒲鞋头、短机、云头等古式零件
	模板
基　　　　　价（元）	5472.80

其中	人　工　费（元）	4097.80
	材　料　费（元）	1283.18
	机　械　费（元）	91.82

	名　　　　称	单位	单价（元）	消　　　耗　　　量
人工	综合工日	工日	140.00	29.270
材料	铁钉	kg	3.56	31.370
	周转成材	m³	1065.00	1.100
机械	木工圆锯机 500mm	台班	25.33	0.202
	载重汽车 4t	台班	408.97	0.212

工作内容：1.混凝土搅拌、水平运输、浇捣、养护；　　　　　　　　　　　　　　计量单位：m³
　　　　　2.水平运输、浇捣、养护。

定　额　编　号			F2-2-66
项　目　名　称			C25商品混凝土
			其他古式零星构件
基　　　　价（元）			905.09
其 中	人　工　费（元）		425.60
	材　料　费（元）		445.04
	机　械　费（元）		34.45
名　　　　称	单位	单价（元）	消　　耗　　量
人 工	综合工日	工日	140.00	3.040
材 料	电	kW·h	0.68	0.416
	商品混凝土 C25(泵送)	m³	389.11	1.020
	水	m³	7.96	5.900
	塑料薄膜	m²	0.20	4.510
机 械	双锥反转出料混凝土搅拌机 350L	台班	253.32	0.136

工作内容：木模制作、安装、拆除、模板场外运输。 计量单位：m³

定　额　编　号	F2-2-67
项　目　名　称	其他零星构件
	模板
基　　　价（元）	2727.21
其中 人　工　费（元）	1916.60
材　料　费（元）	746.08
机　械　费（元）	64.53

	名　　　称	单位	单价（元）	消　　耗　　量
人工	综合工日	工日	140.00	13.690
材料	铁钉	kg	3.56	22.000
	周转成材	m³	1065.00	0.627
机械	木工圆锯机 500mm	台班	25.33	0.142
	载重汽车 4t	台班	408.97	0.149

工作内容：1. 安、拆拱模；
　　　　　2. 拆除后材料场内堆放和材料场内、外运输。　　　　　　　　　　　计量单位：10m²

定　额　编　号			F2-2-68	F2-2-69	F2-2-70	F2-2-71
项　目　名　称			直径2m	直径4m	直径6m	直径9m
			跨拱圈石模板			
基　　　价（元）			2123.73	2065.36	2184.96	2521.47
其中	人　工　费（元）		1678.60	1313.20	1390.20	1587.60
	材　料　费（元）		313.34	583.71	604.22	680.64
	机　械　费（元）		131.79	168.45	190.54	253.23
名　　　称		单位	单价（元）	消　　耗　　量		
人工	综合工日	工日	140.00	11.990	9.380	9.930	11.340
材料	底座	个	5.13	0.290	0.250	0.280	0.400
	电	kW·h	0.68	0.126	0.265	0.265	0.233
	脚手架钢管	kg	3.68	4.740	10.540	13.160	20.840
	扣件	个	0.71	0.850	1.730	1.820	2.720
	商品混凝土 C15（非泵送）	m³	341.39	0.310	0.650	0.650	0.570
	水	m³	7.96	0.160	0.320	0.320	0.280
	铁钉	kg	3.56	2.760	2.210	2.210	2.210
	周转成材	m³	1065.00	0.166	0.291	0.301	0.371
机械	卷扬机带40m塔 50kN	台班	247.20	0.100	0.080	0.080	0.080
	木工圆锯机 500mm	台班	25.33	0.496	0.396	0.396	0.396
	汽车式起重机 8t	台班	763.67	0.036	0.028	0.028	0.028
	双锥反转出料混凝土搅拌机 350L	台班	253.32	0.024	0.048	0.048	0.042
	载重汽车 4t	台班	408.97	0.149	0.257	0.311	0.468

第二节 现场预制混凝土构件
1. 柱

工作内容：混凝土搅拌、水平运输、浇捣、养护、成品归堆。

计量单位：m³

定 额 编 号				F2-2-72	F2-2-73
项 目 名 称				C25现浇混凝土	C25商品混凝土
				现场预制	
				矩形柱	
基 价（元）				510.76	458.17
其 中	人 工 费（元）			152.88	60.48
	材 料 费（元）			323.24	383.69
	机 械 费（元）			34.64	14.00
名 称		单位	单价（元）	消 耗 量	
人 工	综合工日	工日	140.00	1.092	0.432
材 料	电	kW·h	0.68	0.414	0.416
	商品混凝土 C25（非泵送）	m³	364.86	—	1.020
	水	m³	7.96	1.360	1.390
	塑料薄膜	m²	0.20	0.920	0.920
	现浇混凝土 C25	m³	307.34	1.015	—
机 械	混凝土输送泵车 75m³/h	台班	1555.75	—	0.009
	机动翻斗车 1t	台班	220.18	0.109	—
	双锥反转出料混凝土搅拌机 350L	台班	253.32	0.042	—

注：围墙柱按矩形柱人工乘系数1.4，其他不变。

工作内容：模板场外运输、砌筑、清理胎模。 计量单位：10m²

定 额 编 号					F2-2-74	
项 目 名 称					现场预制矩形柱	
					复合木模板	
基 价（元）					438.20	
其中	人 工 费（元）				357.84	
	材 料 费（元）				63.23	
	机 械 费（元）				17.13	
名 称		单位	单价（元）	消 耗 量		
人工	综合工日	工日	140.00	2.556		
材料	标准砖底模	m²	10.00	2.390		
	镀锌铁丝 22号	kg	3.57	0.030		
	复合木模板	m²	29.06	1.100		
	钢支撑	kg	3.50	0.960		
	回库修理、保养费	元	1.00	0.450		
	零星卡具	kg	5.56	0.370		
	铁钉	kg	3.56	0.390		
机械	木工圆锯机 500mm	台班	25.33	0.024		
	汽车式起重机 8t	台班	763.67	0.012		
	载重汽车 4t	台班	408.97	0.018		

工作内容：混凝土搅拌、水平运输、浇捣、养护、成品归堆。　　　　　　　　　　　　　　　计量单位：m³

定　额　编　号				F2-2-75	F2-2-76
项　目　名　称				C25现浇混凝土	C25商品混凝土
				现场预制	
				圆形柱	
基　　　　价（元）				602.45	483.08
其中	人　工　费（元）			245.00	85.82
	材　料　费（元）			322.81	383.26
	机　械　费（元）			34.64	14.00
名　　称		单位	单价（元）	消　　耗　　量	
人工	综合工日	工日	140.00	1.750	0.613
材料	电	kW·h	0.68	0.414	0.416
	商品混凝土 C25(非泵送)	m³	364.86	—	1.020
	水	m³	7.96	1.300	1.330
	塑料薄膜	m²	0.20	1.170	1.170
	现浇混凝土 C25	m³	307.34	1.015	—
机械	混凝土输送泵车 75m³/h	台班	1555.75	—	0.009
	机动翻斗车 1t	台班	220.18	0.109	—
	双锥反转出料混凝土搅拌机 350L	台班	253.32	0.042	—

注：多边形柱按圆形柱定额计算。

定 额 编 号				F2-2-77	
项 目 名 称				现场预制圆形柱	
				木模板	
基 价（元）				637.97	
其中	人 工 费（元）			520.80	
	材 料 费（元）			107.86	
	机 械 费（元）			9.31	
	名 称	单位	单价（元）	消 耗 量	
人工	综合工日	工日	140.00	3.720	
材料	标准砖底模	m²	10.00	2.390	
	铁钉	kg	3.56	0.550	
	周转成材	m³	1065.00	0.077	
机械	木工单面压刨床 600mm	台班	31.27	0.020	
	木工圆锯机 500mm	台班	25.33	0.020	
	载重汽车 4t	台班	408.97	0.020	

540

2.梁

工作内容：混凝土搅拌、水平运输、浇捣、养护、成品归堆。 计量单位：m³

定 额 编 号				F2-2-78	F2-2-79
项 目 名 称				C25现浇混凝土	C25商品混凝土
				现场预制	
				矩形梁	
基 价 （元）				521.50	466.01
其中	人 工 费 （元）			161.28	63.84
	材 料 费 （元）			323.05	383.50
	机 械 费 （元）			37.17	18.67
名 称		单位	单价（元）	消 耗 量	
人工	综合工日	工日	140.00	1.152	0.456
材料	电	kW•h	0.68	0.414	0.416
	商品混凝土 C25（非泵送）	m³	364.86	—	1.020
	水	m³	7.96	1.340	1.370
	塑料薄膜	m²	0.20	0.770	0.770
	现浇混凝土 C25	m³	307.34	1.015	—
机械	混凝土输送泵车 75m³/h	台班	1555.75	—	0.012
	机动翻斗车 1t	台班	220.18	0.109	—
	双锥反转出料混凝土搅拌机 350L	台班	253.32	0.052	—

注：1. 基础梁按矩形梁子目执行；
　　2. 弧形梁按相应子目执行。

工作内容：模板场外运输、砌筑、清理胎模。 计量单位：10m²

定　额　编　号				F2-2-80
项　目　名　称				现场预制矩形梁
				复合木模板
基　　　　价（元）				415.71
其中	人　工　费（元）			337.68
	材　料　费（元）			59.22
	机　械　费（元）			18.81
名　　　　称	单位	单价(元)	消　　耗　　量	
人工	综合工日	工日	140.00	2.412
材料	标准砖底模	m²	10.00	1.990
	镀锌铁丝 22号	kg	3.57	0.030
	复合木模板	m²	29.06	1.100
	钢支撑	kg	3.50	1.030
	回库修理、保养费	元	1.00	0.480
	零星卡具	kg	5.56	0.390
	铁钉	kg	3.56	0.280
机械	木工圆锯机 500mm	台班	25.33	0.030
	汽车式起重机 8t	台班	763.67	0.014
	载重汽车 4t	台班	408.97	0.018

542

工作内容：混凝土搅拌、水平运输、浇捣、养护、成品归堆。 计量单位：m³

定 额 编 号				F2-2-81	F2-2-82
项 目 名 称				C25现浇混凝土	C25商品混凝土
				现场预制	
				圆形梁	
基 价（元）				613.38	490.69
其中	人 工 费（元）			253.40	88.76
	材 料 费（元）			322.81	383.26
	机 械 费（元）			37.17	18.67
名 称		单位	单价（元）	消 耗 量	
人工	综合工日	工日	140.00	1.810	0.634
材料	电	kW·h	0.68	0.414	0.416
	商品混凝土 C25（非泵送）	m³	364.86	—	1.020
	水	m³	7.96	1.300	1.330
	塑料薄膜	m²	0.20	1.170	1.170
	现浇混凝土 C25	m³	307.34	1.015	—
机械	混凝土输送泵车 75m³/h	台班	1555.75	—	0.012
	机动翻斗车 1t	台班	220.18	0.109	—
	双锥反转出料混凝土搅拌机 350L	台班	253.32	0.052	—

注：1.基础梁按矩形梁子目执行；
　　2.弧形梁按相应子目执行。

工作内容：模板场外运输、砌筑、清理胎模。 计量单位：10m²

定 额 编 号	F2-2-83		
项 目 名 称	现场预制圆形梁		
	木模板		
基 价（元）	552.18		
其中	人 工 费（元）	421.40	
	材 料 费（元）	111.65	
	机 械 费（元）	19.13	
名 称	单位	单价（元）	消 耗 量
人工 综合工日	工日	140.00	3.010
材料 铁钉	kg	3.56	0.550
周转成材	m³	1065.00	0.103
机械 木工单面压刨床 600mm	台班	31.27	0.020
木工圆锯机 500mm	台班	25.33	0.020
载重汽车 4t	台班	408.97	0.044

工作内容：混凝土搅拌、水平运输、浇捣、养护、成品归堆。 计量单位：m³

定 额 编 号				F2-2-84	F2-2-85
项 目 名 称				C25现浇混凝土	C25商品混凝土
				现场预制	
				拱形梁、异形梁	
基 价（元）				578.57	489.48
其中	人 工 费（元）			216.72	85.68
	材 料 费（元）			324.68	385.13
	机 械 费（元）			37.17	18.67
名 称		单位	单价（元）	消 耗 量	
人工	综合工日	工日	140.00	1.548	0.612
材料	电	kW·h	0.68	0.414	0.416
	商品混凝土 C25(非泵送)	m³	364.86	—	1.020
	水	m³	7.96	1.540	1.570
	塑料薄膜	m²	0.20	0.950	0.950
	现浇混凝土 C25	m³	307.34	1.015	—
机械	混凝土输送泵车 75m³/h	台班	1555.75	—	0.012
	机动翻斗车 1t	台班	220.18	0.109	—
	双锥反转出料混凝土搅拌机 350L	台班	253.32	0.052	—

注：1.基础梁按矩形梁子目执行；
    2.弧形梁按相应子目执行。

工作内容：模板场外运输、砌筑、清理胎模。 计量单位：10m²

定 额 编 号				F2-2-86	
项 目 名 称				现场预制拱形梁、异形梁	
				木模板	
基 价（元）				751.25	
其中	人 工 费（元）			633.36	
	材 料 费（元）			103.92	
	机 械 费（元）			13.97	
名 称		单位	单价(元)	消 耗 量	
人工	综合工日	工日	140.00	4.524	
材料	标准砖底模	m²	10.00	2.500	
	镀锌铁丝 22号	kg	3.57	0.030	
	铁钉	kg	3.56	0.600	
	周转成材	m³	1065.00	0.072	
机械	木工单面压刨床 600mm	台班	31.27	0.030	
	木工圆锯机 500mm	台班	25.33	0.030	
	载重汽车 4t	台班	408.97	0.030	

3.屋架

工作内容：混凝土搅拌、水平运输、浇捣、养护、成品归堆。 计量单位：m³

定　额　编　号				F2-2-87
项　目　名　称				现场预制混凝土
				人字
基　　　价（元）				667.08
其中	人　工　费（元）			242.20
	材　料　费（元）			387.23
	机　械　费（元）			37.65
名　　称		单位	单价（元）	消　　耗　　量
人工	综合工日	工日	140.00	1.730
材料	电	kW•h	0.68	0.416
	商品混凝土 C25(非泵送)	m³	364.86	1.020
	水	m³	7.96	1.840
	塑料薄膜	m²	0.20	0.730
机械	机动翻斗车 1t	台班	220.18	0.110
	双锥反转出料混凝土搅拌机 350L	台班	253.32	0.053

工作内容：模板场外运输、砌筑、清理胎模。 计量单位：10m²

定　额　编　号					F2-2-88
项　目　名　称					现场预制屋架人字
					木模板
基　　　　价（元）					706.36
其中	人　工　费（元）				581.00
	材　料　费（元）				101.42
	机　械　费（元）				23.94
名　　称		单位	单价（元）	消　耗　量	
人工	综合工日	工日	140.00	4.150	
材料	地模摊销费	元	1.00	5.210	
	铁钉	kg	3.56	0.400	
	周转成材	m³	1065.00	0.089	
机械	木工单面压刨床 600mm	台班	31.27	0.040	
	木工圆锯机 500mm	台班	25.33	0.040	
	载重汽车 4t	台班	408.97	0.053	

工作内容：混凝土搅拌、水平运输、浇捣、养护、成品归堆。　　　　　　　　　　　计量单位：m³

定　额　编　号	F2-2-89
项　目　名　称	现场预制混凝土
	中式
基　　价（元）	727.28

其中	人　工　费（元）	302.40
	材　料　费（元）	387.23
	机　械　费（元）	37.65

	名　　称	单位	单价（元）	消　　耗　　量
人工	综合工日	工日	140.00	2.160
材料	电	kW·h	0.68	0.416
	商品混凝土 C25（非泵送）	m³	364.86	1.020
	水	m³	7.96	1.840
	塑料薄膜	m²	0.20	0.730
机械	机动翻斗车 1t	台班	220.18	0.110
	双锥反转出料混凝土搅拌机 350L	台班	253.32	0.053

工作内容：模板场外运输、砌筑、清理胎模。

计量单位：10㎡

定 额 编 号				F2-2-90	
项 目 名 称				现场预制屋架中式	
				木模板	
基 价（元）				851.71	
其中	人 工 费（元）			726.60	
	材 料 费（元）			101.17	
	机 械 费（元）			23.94	
名 称		单位	单价（元）	消 耗 量	
人工	综合工日	工日	140.00	5.190	
材料	地模摊销费	元	1.00	4.960	
	铁钉	kg	3.56	0.400	
	周转成材	m³	1065.00	0.089	
机械	木工单面压刨床 600mm	台班	31.27	0.040	
	木工圆锯机 500mm	台班	25.33	0.040	
	载重汽车 4t	台班	408.97	0.053	

4. 板

工作内容：混凝土搅拌、水平运输、浇捣、养护、成品归堆。

计量单位：m³

定　额　编　号				F2-2-91		
项　目　名　称				C25商品混凝土 橡望板、戗翼板		
基　　　价（元）				831.76		
其中	人　工　费（元）			371.00		
	材　料　费（元）			417.47		
	机　械　费（元）			43.29		
名　　称		单位	单价(元)	消　　耗　　量		
人工	综合工日	工日	140.00	2.650		
材料	电	kW·h	0.68	0.416		
	商品混凝土 C25(泵送)	m³	389.11	1.020		
	水	m³	7.96	2.360		
	塑料薄膜	m²	0.20	7.560		
机械	机动翻斗车 1t	台班	220.18	0.123		
	双锥反转出料混凝土搅拌机 350L	台班	253.32	0.064		

工作内容：1.木模制作、安装、刷润滑剂；
　　　　　2.拆除、模板场外运输；
　　　　　3.砌筑清理地胎膜；
　　　　　4.成品堆放。

计量单位：10m²

定　额　编　号				F2-2-92	F2-2-93
项　目　名　称				现场预制	
				椽望板	戗翼板
				木模板	
基　　　　　价（元）				391.68	466.63
其中	人　工　费（元）			319.20	320.60
	材　料　费（元）			62.86	136.35
	机　械　费（元）			9.62	9.68
名　　　称		单位	单价（元）	消　　耗　　量	
人工	综合工日	工日	140.00	2.280	2.290
材料	混凝土胎模	m²	169.77	0.070	0.070
	铁钉	kg	3.56	0.260	0.260
	周转成材	m³	1065.00	0.047	0.116
机械	木工单面压刨床 600mm	台班	31.27	0.170	0.171
	木工圆锯机 500mm	台班	25.33	0.170	0.171

工作内容：混凝土搅拌、水平运输、浇捣、养护、成品归堆。 计量单位：m³

定　额　编　号	F2-2-94
项　目　名　称	C25商品混凝土
	现场预制
	亭、斜屋面板
基　　　价（元）	728.83

其中	人　工　费（元）	294.00
	材　料　费（元）	397.18
	机　械　费（元）	37.65

	名　　　称	单位	单价（元）	消　　耗　　量
人工	综合工日	工日	140.00	2.100
材料	电	kW・h	0.68	0.416
	商品混凝土 C25（非泵送）	m³	364.86	1.020
	水	m³	7.96	2.960
	塑料薄膜	m²	0.20	5.900
机械	机动翻斗车 1t	台班	220.18	0.110
	双锥反转出料混凝土搅拌机 350L	台班	253.32	0.053

工作内容：木模制作、安装、刷隔离润滑剂、拆除、模板场外运输。 计量单位：10m²

定 额 编 号			F2-2-95		
项 目 名 称			现场预制亭、斜屋面板		
			木模板		
基 价（元）			211.82		
其中	人 工 费（元）		161.28		
	材 料 费（元）		49.97		
	机 械 费（元）		0.57		
名 称	单位	单价（元）	消 耗 量		
人工	综合工日	工日	140.00	1.152	
材料	标准砖底模	m²	10.00	1.500	
	镀锌铁丝 22号	kg	3.57	0.180	
	铁钉	kg	3.56	0.070	
	周转成材	m³	1065.00	0.032	
机械	木工单面压刨床 600mm	台班	31.27	0.010	
	木工圆锯机 500mm	台班	25.33	0.010	

554

定　额　编　号				F2-2-96	F2-2-97
项　目　名　称				C25现浇混凝土	C25商品混凝土
				现场预制	
				平板	
基　　　价（元）				670.16	602.99
其中	人　工　费（元）			294.00	179.76
	材　料　费（元）			338.51	399.01
	机　械　费（元）			37.65	24.22
名　　称		单位	单价（元）	消　　耗　　量	
人工	综合工日	工日	140.00	2.100	1.284
材料	电	kW·h	0.68	0.416	0.418
	商品混凝土 C25（非泵送）	m³	364.86	—	1.025
	水	m³	7.96	2.960	2.960
	塑料薄膜	m²	0.20	5.900	5.900
	现浇混凝土 C25	m³	307.34	1.020	—
机械	机动翻斗车 1t	台班	220.18	0.110	0.110
	双锥反转出料混凝土搅拌机 350L	台班	253.32	0.053	—

工作内容：木模制作、安装、刷隔离润滑剂、拆除、模板场外运输。　　　　　　　　　计量单位：10m²

定　额　编　号				F2-2-98	
项　目　名　称				现场预制平板、地沟盖板	
				木模板	
基　　　价（元）				211.82	
其中	人　工　费（元）			161.28	
	材　料　费（元）			49.97	
	机　械　费（元）			0.57	
	名　　　称	单位	单价（元）	消　　耗　　　　量	
人工	综合工日	工日	140.00	1.152	
材料	标准砖底模	m²	10.00	1.500	
	镀锌铁丝 22号	kg	3.57	0.180	
	铁钉	kg	3.56	0.070	
	周转成材	m³	1065.00	0.032	
机械	木工单面压刨床 600mm	台班	31.27	0.010	
	木工圆锯机 500mm	台班	25.33	0.010	

556

5.花格窗、栏杆芯、小型构件

工作内容：混凝土搅拌、水平运输、浇捣、养护、成品归堆。 计量单位：10m²

定 额 编 号				F2-2-99
项 目 名 称				C25商品混凝土
				漏空花格窗、花格芯
基 价（元）				2171.18
其中	人 工 费（元）			1970.64
	材 料 费（元）			183.92
	机 械 费（元）			16.62
名 称		单位	单价（元）	消 耗 量
人工	综合工日	工日	140.00	14.076
材料	电	kW·h	0.68	0.184
	商品混凝土 C25(泵送)	m³	389.11	0.450
	水	m³	7.96	1.000
	塑料薄膜	m²	0.20	3.670
机械	机动翻斗车 1t	台班	220.18	0.049
	双锥反转出料混凝土搅拌机 350L	台班	253.32	0.023

工作内容：砂浆搅拌、水平运输、浇捣、养护、成品归堆。　　　　　　　　　　　　　　　　计量单位：10m²

定　额　编　号	F2-2-100
项　目　名　称	漏空花格窗、花格芯
	自拌(水泥砂浆1：2)
基　　　　　价（元）	2141.10

其中	人　工　费（元）	1970.64
	材　料　费（元）	135.35
	机　械　费（元）	35.11

	名　　　称	单位	单价(元)	消　　耗　　量
人工	综合工日	工日	140.00	14.076
材料	水	m³	7.96	1.000
	水泥砂浆 1：2	m³	281.46	0.450
	塑料薄膜	m²	0.20	3.670
机械	灰浆搅拌机 200L	台班	215.26	0.113
	机动翻斗车 1t	台班	220.18	0.049

工作内容：1.混凝土搅拌、水平运输、浇捣、养护、成品归堆；
2.水平运输、浇捣、养护、成品归堆。

计量单位：m³

定 额 编 号				F2-2-101	
项 目 名 称				栏杆芯	
				自拌	
基 价（元）				2546.25	
其中	人 工 费（元）			2251.20	
	材 料 费（元）			295.05	
	机 械 费（元）			—	
名 称		单位	单价（元）	消 耗 量	
人工	综合工日	工日	140.00	16.080	
材料	水	m³	7.96	1.000	
	水泥砂浆 1:2	m³	281.46	1.020	

工作内容：木模制作、安装、刷隔离润滑剂、拆除、模板场外运输。　　　　　　　　　　　　计量单位：10m²

定　额　编　号				F2-2-102
项　目　名　称				现场预制栏杆芯
				木模板
基　　　　价（元）				133.20
其中	人　工　费（元）			119.28
	材　料　费（元）			13.92
	机　械　费（元）			—
名　　称	单位	单价（元）	消　　耗　　量	
人工	综合工日	工日	140.00	0.852
材料	标准砖底模	m²	10.00	0.930
	镀锌铁丝 22号	kg	3.57	0.030
	铁钉	kg	3.56	0.070
	周转成材	m³	1065.00	0.004

560

工作内容：混凝土搅拌、水平运输、浇捣、养护、成品归堆。 计量单位：m³

定 额 编 号	F2-2-103
项 目 名 称	混凝土小型构件
基 价（元）	976.63

其中	人 工 费（元）	527.52
	材 料 费（元）	411.46
	机 械 费（元）	37.65

	名 称	单位	单价（元）	消 耗 量
人工	综合工日	工日	140.00	3.768
材料	电	kW·h	0.68	0.416
	商品混凝土 C25（泵送）	m³	389.11	1.020
	水	m³	7.96	1.730
	塑料薄膜	m²	0.20	2.570
机械	机动翻斗车 1t	台班	220.18	0.110
	双锥反转出料混凝土搅拌机 350L	台班	253.32	0.053

561

工作内容：木模制作、安装、刷隔离润滑剂、拆除、模板场外运输。　　　　　　　　计量单位：10m²

定　额　编　号			F2-2-104
项　目　名　称			现场预制小型构件
			木模板
基　　　价（元）			362.97
其中	人　工　费（元）		320.88
	材　料　费（元）		41.18
	机　械　费（元）		0.91
名　　　称	单位	单价（元）	消　　耗　　量
人工	综合工日	工日	140.00	2.292
材料	标准砖底模	m²	10.00	1.260
	镀锌铁丝 22号	kg	3.57	0.040
	铁钉	kg	3.56	0.210
	周转成材	m³	1065.00	0.026
机械	木工单面压刨床 600mm	台班	31.27	0.016
	木工圆锯机 500mm	台班	25.33	0.016

562

6.古式构件

工作内容：混凝土搅拌、水平运输、浇捣、养护、成品归堆。　　　　　　　　　　　　　　　计量单位：m³

定　额　编　号			F2-2-105
项　目　名　称			现场预制
			老嫩戗
基　　　价（元）			719.99
其中	人　工　费（元）		292.60
	材　料　费（元）		384.10
	机　械　费（元）		43.29
名　　　称	单位	单价（元）	消　　耗　　量
人工	综合工日	工日	140.00	2.090
材料	电	kW·h	0.68	0.416
	商品混凝土 C25（非泵送）	m³	364.86	1.020
	水	m³	7.96	1.300
	塑料薄膜	m²	0.20	1.220
	周转成材	m³	1065.00	0.001
机械	机动翻斗车 1t	台班	220.18	0.123
	双锥反转出料混凝土搅拌机 350L	台班	253.32	0.064

工作内容：1.木模制作、安装、刷润滑剂；
　　　　　2.拆除、模板场外运输；
　　　　　3.砌筑清理地胎膜；
　　　　　4.成品堆放。

计量单位：10m²

定　额　编　号				F2-2-106		
项　目　名　称				现场预制老嫩戗		
				模板		
基　　　　价（元）				652.27		
其中	人　工　费（元）			469.00		
	材　料　费（元）			169.12		
	机　械　费（元）			14.15		
	名　　　称	单位	单价（元）	消　　耗　　　量		
人工	综合工日	工日	140.00	3.350		
材料	地模摊销费	元	1.00	4.220		
	铁钉	kg	3.56	0.550		
	周转成材	m³	1065.00	0.153		
机械	木工单面压刨床 600mm	台班	31.27	0.250		
	木工圆锯机 500mm	台班	25.33	0.250		

工作内容：混凝土搅拌、水平运输、浇捣、养护、成品归堆。 计量单位：m³

定 额 编 号			F2-2-107
项 目 名 称			现场预制
			矩形桁条、梓桁
基 价（元）			690.31
其中	人 工 费（元）		257.60
	材 料 费（元）		389.42
	机 械 费（元）		43.29
名 称	单位	单价（元）	消 耗 量
人工	综合工日	工日	140.00	1.840
材料	电	kW·h	0.68	0.416
	商品混凝土 C25(非泵送)	m³	364.86	1.020
	水	m³	7.96	1.940
	塑料薄膜	m²	0.20	2.380
	周转成材	m³	1065.00	0.001
机械	机动翻斗车 1t	台班	220.18	0.123
	双锥反转出料混凝土搅拌机 350L	台班	253.32	0.064

工作内容：1.木模制作、安装、刷润滑剂；
　　　　　2.拆除、模板场外运输；
　　　　　3.砌筑清理地胎膜；
　　　　　4.成品堆放。

计量单位：10m²

定　额　编　号		F2-2-108
项　目　名　称		现场预制矩形桁条、梓桁
		模板
基　　　　价（元）		314.78
其中	人　工　费（元）	282.80
	材　料　费（元）	23.49
	机　械　费（元）	8.49

	名　　　称	单位	单价（元）	消　　耗　　量
人工	综合工日	工日	140.00	2.020
材料	标准砖底模	m²	10.00	0.020
	铁钉	kg	3.56	0.260
	周转成材	m³	1065.00	0.021
机械	木工单面压刨床 600mm	台班	31.27	0.150
	木工圆锯机 500mm	台班	25.33	0.150

工作内容：混凝土搅拌、水平运输、浇捣、养护、成品归堆。 计量单位：m³

定　额　编　号	F2-2-109
项　目　名　称	现场预制
	圆形桁条、檩桁
基　　　　价（元）	692.01

其中	人　工　费（元）	259.00
	材　料　费（元）	389.72
	机　械　费（元）	43.29

	名　　　　称	单位	单价(元)	消　　　耗　　　量
人工	综合工日	工日	140.00	1.850
材料	电	kW·h	0.68	0.416
	商品混凝土 C25（非泵送）	m³	364.86	1.020
	水	m³	7.96	1.940
	塑料薄膜	m²	0.20	3.880
	周转成材	m³	1065.00	0.001
机械	机动翻斗车 1t	台班	220.18	0.123
	双锥反转出料混凝土搅拌机 350L	台班	253.32	0.064

工作内容：1. 木模制作、安装、刷润滑剂；
2. 拆除、模板场外运输；
3. 砌筑清理地胎膜；
4. 成品堆放。

计量单位：10㎡

定　额　编　号				F2-2-110	
项　目　名　称				现场预制圆形桁条、梓桁	
				模板	
基　　　　　价（元）				530.18	
其中	人　工　费（元）			407.40	
	材　料　费（元）			110.55	
	机　械　费（元）			12.23	
	名　称	单位	单价(元)	消　耗　量	
人工	综合工日	工日	140.00	2.910	
材料	铁钉	kg	3.56	0.540	
	周转成材	m³	1065.00	0.102	
机械	木工单面压刨床 600mm	台班	31.27	0.216	
	木工圆锯机 500mm	台班	25.33	0.216	

568

工作内容：混凝土搅拌、水平运输、浇捣、养护、成品归堆。 计量单位：m³

定 额 编 号	F2-2-111
项 目 名 称	现场预制椽子方直形
	高度8cm以内
基 价（元）	717.51

其中	人 工 费（元）	289.80
	材 料 费（元）	381.63
	机 械 费（元）	46.08

	名 称	单位	单价(元)	消 耗 量
人工	综合工日	工日	140.00	2.070
材料	电	kW•h	0.68	0.375
	商品混凝土 C25(非泵送)	m³	364.86	0.920
	水	m³	7.96	1.940
	水泥砂浆 1：2	m³	281.46	0.100
	塑料薄膜	m²	0.20	5.240
	周转成材	m³	1065.00	0.001
机械	灰浆搅拌机 200L	台班	215.26	0.020
	机动翻斗车 1t	台班	220.18	0.123
	双锥反转出料混凝土搅拌机 350L	台班	253.32	0.058

569

工作内容：1. 木模制作、安装、刷润滑剂；
　　　　　2. 拆除、模板场外运输；
　　　　　3. 砌筑清理地胎膜；
　　　　　4. 成品堆放。

计量单位：10m²

定　额　编　号				F2-2-112
项　目　名　称				现场预制椽子方直形
				断面高8cm以内
				模板
基　　　价（元）				317.18
其中	人　工　费（元）			282.80
	材　料　费（元）			28.66
	机　械　费（元）			5.72
名　　称	单位	单价(元)	消　　耗　　量	
人工	综合工日	工日	140.00	2.020
材料	标准砖底模	m²	10.00	0.020
	杉木成材	m³	1311.37	0.021
	铁钉	kg	3.56	0.260
机械	木工单面压刨床 600mm	台班	31.27	0.101
	木工圆锯机 500mm	台班	25.33	0.101

570

工作内容：混凝土搅拌、水平运输、浇捣、养护、成品归堆。　　　　　　　　　　　　　　　　　　　　　　计量单位：m³

定　额　编　号			F2-2-113
项　目　名　称			现场预制橡子方直形
			高度8cm以上
基　　　　　价（元）			707.27
其中	人　工　费（元）		280.00
	材　料　费（元）		381.19
	机　械　费（元）		46.08
名　　称	单位	单价（元）	消　　耗　　量
人工	综合工日	工日	140.00	2.000
材料	电	kW·h	0.68	0.375
	商品混凝土 C25（非泵送）	m³	364.86	0.920
	水	m³	7.96	1.940
	水泥砂浆 1：2	m³	281.46	0.100
	塑料薄膜	m²	0.20	3.060
	周转成材	m³	1065.00	0.001
机械	灰浆搅拌机 200L	台班	215.26	0.020
	机动翻斗车 1t	台班	220.18	0.123
	双锥反转出料混凝土搅拌机 350L	台班	253.32	0.058

工作内容：1.木模制作、安装、刷润滑剂；
　　　　　2.拆除、模板场外运输；
　　　　　3.砌筑清理地胎膜；
　　　　　4.成品堆放。

计量单位：10m²

定　额　编　号				F2-2-114
项　目　名　称				现场预制橡子方直形
				断面高8cm以上
				模板
基　　价（元）				362.72
其中	人　工　费（元）			323.40
	材　料　费（元）			32.81
	机　械　费（元）			6.51
名　　称	单位	单价(元)	消　耗	量
人工	综合工日	工日	140.00	2.310
材料	标准砖底模	m²	10.00	0.030
	杉木成材	m³	1311.37	0.024
	铁钉	kg	3.56	0.290
机械	木工单面压刨床 600mm	台班	31.27	0.115
	木工圆锯机 500mm	台班	25.33	0.115

572

工作内容：混凝土搅拌、水平运输、浇捣、养护、成品归堆。　　　　　　　　　　　　计量单位：m³

定　额　编　号	F2-2-115
项　目　名　称	现场预制椽子圆直形
	直径8cm以内
基　　　　价（元）	741.21

其中	人　工　费（元）	312.20
	材　料　费（元）	382.93
	机　械　费（元）	46.08

	名　　称	单位	单价（元）	消　　耗　　量
人工	综合工日	工日	140.00	2.230
材料	电	kW·h	0.68	0.375
	商品混凝土 C25（非泵送）	m³	364.86	0.920
	水	m³	7.96	1.940
	水泥砂浆 1：2	m³	281.46	0.100
	塑料薄膜	m²	0.20	11.730
	周转成材	m³	1065.00	0.001
机械	灰浆搅拌机 200L	台班	215.26	0.020
	机动翻斗车 1t	台班	220.18	0.123
	双锥反转出料混凝土搅拌机 350L	台班	253.32	0.058

工作内容：1. 木模制作、安装、刷润滑剂；
　　　　　2. 拆除、模板场外运输；
　　　　　3. 砌筑清理地胎膜；
　　　　　4. 成品堆放。

计量单位：10㎡

定　额　编　号				F2-2-116		
项　目　名　称				现场预制椽子圆直形		
				直径8cm以内		
				模板		
基　　　价（元）				341.43		
其中	人　工　费（元）			306.60		
	材　料　费（元）			28.66		
	机　械　费（元）			6.17		
名　　称		单位	单价（元）	消　　耗　　量		
人工	综合工日	工日	140.00	2.190		
材料	标准砖底模	㎡	10.00	0.020		
	杉木成材	㎥	1311.37	0.021		
	铁钉	kg	3.56	0.260		
机械	木工单面压刨床 600mm	台班	31.27	0.109		
	木工圆锯机 500mm	台班	25.33	0.109		

574

工作内容：混凝土搅拌、水平运输、浇捣、养护、成品归堆。　　　　　　　　　计量单位：m³

定　额　编　号	F2-2-117
项　目　名　称	现场预制橡子圆直形
	直径8cm以上
基　　　价（元）	729.22

其中	人　工　费（元）	301.00
	材　料　费（元）	382.14
	机　械　费（元）	46.08

	名　　称	单位	单价（元）	消　　耗　　量
人工	综合工日	工日	140.00	2.150
材料	电	kW·h	0.68	0.375
	商品混凝土 C25（非泵送）	m³	364.86	0.920
	水	m³	7.96	1.940
	水泥砂浆 1：2	m³	281.46	0.100
	塑料薄膜	m²	0.20	7.780
	周转成材	m³	1065.00	0.001
机械	灰浆搅拌机 200L	台班	215.26	0.020
	机动翻斗车 1t	台班	220.18	0.123
	双锥反转出料混凝土搅拌机 350L	台班	253.32	0.058

工作内容：1. 木模制作、安装、刷润滑剂；
　　　　　2. 拆除、模板场外运输；
　　　　　3. 砌筑清理地胎膜；
　　　　　4. 成品堆放。

计量单位：10m²

定　额　编　号				F2-2-118	
项　目　名　称				现场预制橡子圆直形	
				直径8cm以上	
				模板	
基　　　价（元）				332.25	
其中	人　工　费（元）			306.60	
	材　料　费（元）			19.48	
	机　械　费（元）			6.17	
名　　称		单位	单价(元)	消　　耗　　　　量	
人工	综合工日	工日	140.00	2.190	
材料	标准砖底模	m²	10.00	0.020	
	杉木成材	m³	1311.37	0.014	
	铁钉	kg	3.56	0.260	
机械	木工单面压刨床 600mm	台班	31.27	0.109	
	木工圆锯机 500mm	台班	25.33	0.109	

576

工作内容：混凝土搅拌、水平运输、浇捣、养护、成品归堆。 计量单位：m³

定　额　编　号				F2-2-119	
项　目　名　称				现场预制弯形椽	
基　　　　　价（元）				857.85	
其中	人　工　费（元）			429.80	
	材　料　费（元）			381.97	
	机　械　费（元）			46.08	
名　　　称		单位	单价（元）	消　耗 量	
人工	综合工日	工日	140.00	3.070	
材料	电	kW·h	0.68	0.375	
	商品混凝土 C25（非泵送）	m³	364.86	0.920	
	水	m³	7.96	1.940	
	水泥砂浆 1:2	m³	281.46	0.100	
	塑料薄膜	m²	0.20	6.950	
	周转成材	m³	1065.00	0.001	
机械	灰浆搅拌机 200L	台班	215.26	0.020	
	机动翻斗车 1t	台班	220.18	0.123	
	双锥反转出料混凝土搅拌机 350L	台班	253.32	0.058	

工作内容：1.木模制作、安装、刷润滑剂；
2.拆除、模板场外运输；
3.砌筑清理地胎膜；
4.成品堆放。

计量单位：10m²

定 额 编 号	F2-2-120		
项 目 名 称	现场预制弯形橡		
	模板		
基 价（元）	510.75		
其中	人 工 费（元）	470.40	
	材 料 费（元）	30.95	
	机 械 费（元）	9.40	
名 称	单位	单价(元)	消 耗 量
人工 综合工日	工日	140.00	3.360
材料 标准砖底模	m²	10.00	0.020
铁钉	kg	3.56	0.260
周转成材	m³	1065.00	0.028
机械 木工单面压刨床 600mm	台班	31.27	0.166
木工圆锯机 500mm	台班	25.33	0.166

578

工作内容：混凝土搅拌、水平运输、浇捣、养护、成品归堆。 计量单位：m³

定　额　编　号			F2-2-121			
项　目　名　称			现场预制枋子、连机			
基　　　价（元）			690.35			
其中	人　工　费（元）		257.60			
	材　料　费（元）		389.46			
	机　械　费（元）		43.29			
名　　称		单位	单价（元）	消　　耗　　量		
人工	综合工日	工日	140.00	1.840		
材料	电	kW·h	0.68	0.416		
	商品混凝土 C25（非泵送）	m³	364.86	1.020		
	水	m³	7.96	1.940		
	塑料薄膜	m²	0.20	2.550		
	周转成材	m³	1065.00	0.001		
机械	机动翻斗车 1t	台班	220.18	0.123		
	双锥反转出料混凝土搅拌机 350L	台班	253.32	0.064		

工作内容：1.木模制作、安装、刷润滑剂；
2.拆除、模板场外运输；
3.砌筑清理地胎膜；
4.成品堆放。

计量单位：10m²

定 额 编 号				F2-2-122
项 目 名 称				现场预制枋子、连机
				模板
基 价（元）				314.84
其中	人 工 费（元）			282.80
	材 料 费（元）			23.49
	机 械 费（元）			8.55
名 称		单位	单价（元）	消 耗 量
人工	综合工日	工日	140.00	2.020
材料	标准砖底模	m²	10.00	0.020
	铁钉	kg	3.56	0.260
	周转成材	m³	1065.00	0.021
机械	木工单面压刨床 600mm	台班	31.27	0.151
	木工圆锯机 500mm	台班	25.33	0.151

580

工作内容：混凝土搅拌、水平运输、浇捣、养护、成品归堆。 计量单位：m³

定　额　编　号			F2-2-123	
项　目　名　称			混凝土斗拱	
基　　　价（元）			1296.62	
其中	人　工　费（元）		842.80	
	材　料　费（元）		402.93	
	机　械　费（元）		50.89	
名　　　称		单位	单价（元）	消　耗　量
人工	综合工日	工日	140.00	6.020
材料	电	kW·h	0.68	0.375
	商品混凝土 C25（泵送）	m³	389.11	0.920
	水	m³	7.96	1.950
	水泥砂浆 1：2	m³	281.46	0.100
	塑料薄膜	m²	0.20	3.010
	周转成材	m³	1065.00	0.0004
机械	灰浆搅拌机 200L	台班	215.26	0.020
	机动翻斗车 1t	台班	220.18	0.123
	双锥反转出料混凝土搅拌机 350L	台班	253.32	0.077

工作内容：1.木模制作、安装、刷润滑剂；
2.拆除、模板场外运输；
3.砌筑清理地胎膜；
4.成品堆放。 计量单位：m³

定　额　编　号				F2-2-124	
项　目　名　称				现场预制斗拱	
				木模板	
基　　　价（元）				2875.39	
其中	人　工　费（元）			2637.60	
	材　料　费（元）			235.87	
	机　械　费（元）			1.92	
名　　称		单位	单价（元）	消　　耗　　量	
人工	综合工日	工日	140.00	18.840	
材料	混凝土底模	m²	182.05	0.110	
	铁钉	kg	3.56	0.800	
	周转成材	m³	1065.00	0.200	
机械	木工单面压刨床 600mm	台班	31.27	0.034	
	木工圆锯机 500mm	台班	25.33	0.034	

582

工作内容：砂浆搅拌、水平运输、浇捣、养护、成品归堆。 计量单位：10m

定　额　编　号	F2-2-125
项　目　名　称	挂落
	自拌
基　　　　价（元）	439.73

其中	人　工　费（元）	389.20
	材　料　费（元）	42.93
	机　械　费（元）	7.60

	名　　称	单位	单价（元）	消　　耗　　量
人工	综合工日	工日	140.00	2.780
材料	水	m³	7.96	1.000
	水泥砂浆 1：2	m³	281.46	0.112
	塑料薄膜	m²	0.20	1.280
	周转成材	m³	1065.00	0.003
机械	灰浆搅拌机 200L	台班	215.26	0.022
	机动翻斗车 1t	台班	220.18	0.013

工作内容：1.木模制作、安装、刷润滑剂；
　　　　　2.拆除、模板场外运输；
　　　　　3.砌筑清理地胎膜；
　　　　　4.成品堆放。

计量单位：10m

定　额　编　号					F2-2-126	
项　目　名　称					现场预制挂落	
					木模板	
基　　　　价（元）					1364.39	
其中	人　工　费（元）				1286.60	
	材　料　费（元）				76.49	
	机　械　费（元）				1.30	
名　　　　称		单位	单价(元)	消　　　耗　　　量		
人工	综合工日	工日	140.00	9.190		
材料	混凝土底模	m²	182.05	0.120		
	铁钉	kg	3.56	0.690		
	周转成材	m³	1065.00	0.049		
机械	木工单面压刨床 600mm	台班	31.27	0.023		
	木工圆锯机 500mm	台班	25.33	0.023		

584

工作内容：砂浆搅拌、水平运输、浇捣、养护、成品归堆。　　　　　　　　　计量单位：10m²

定　额　编　号			F2-2-127
项　目　名　称			栏杆件
			自拌
基　　　价（元）			627.43
其中	人　工　费（元）		487.20
	材　料　费（元）		112.44
	机　械　费（元）		27.79
名　　　称	单位	单价（元）	消　　耗　　量
人工	综合工日	工日	140.00	3.480
材料	水	m³	7.96	1.000
	水泥砂浆 1∶3	m³	250.74	0.401
	塑料薄膜	m²	0.20	3.670
	周转成材	m³	1065.00	0.003
机械	灰浆搅拌机 200L	台班	215.26	0.080
	机动翻斗车 1t	台班	220.18	0.048

工作内容：1.木模制作、安装、刷润滑剂；
　　　　　2.拆除、模板场外运输；
　　　　　3.砌筑清理地胎膜；
　　　　　4.成品堆放。

计量单位：10m²投影面积

定　　额　　编　　号				F2-2-128		
项　目　名　称				现场预制栏杆		
				木模板		
基　　　　价（元）				1720.91		
其中	人　工　费（元）			1628.20		
	材　料　费（元）			91.01		
	机　械　费（元）			1.70		
	名　　　称	单位	单价（元）	消　　耗　　量		
人工	综合工日	工日	140.00	11.630		
材料	混凝土底模	m²	182.05	0.120		
	铁钉	kg	3.56	0.880		
	周转成材	m³	1065.00	0.062		
机械	木工单面压刨床 600mm	台班	31.27	0.030		
	木工圆锯机 500mm	台班	25.33	0.030		

工作内容：砂浆搅拌、水平运输、浇捣、养护、成品归堆。 计量单位：10m²

定 额 编 号	F2-2-129
项 目 名 称	吴王靠构件
	自拌
基 价 （元）	445.96

其中	人 工 费（元）	389.20
	材 料 费（元）	46.99
	机 械 费（元）	9.77

	名 称	单位	单价（元）	消 耗 量
人工	综合工日	工日	140.00	2.780
材料	水	m³	7.96	1.000
	水泥砂浆 1：3	m³	250.74	0.140
	塑料薄膜	m²	0.20	3.670
	周转成材	m³	1065.00	0.003
机械	灰浆搅拌机 200L	台班	215.26	0.028
	机动翻斗车 1t	台班	220.18	0.017

工作内容: 1. 木模制作、安装、刷润滑剂;
　　　　　2. 拆除、模板场外运输;
　　　　　3. 砌筑清理地胎膜;
　　　　　4. 成品堆放。

计量单位: 见表

定　额　编　号				F2-2-130	F2-2-131
项　目　名　称				现场预制吴王靠构件	现场预制古式零件
				木模板	
单　　　位				10m²投影面积	m³
基　　　价（元）				1446.07	2280.44
其中	人　工　费（元）			1363.60	1989.40
	材　料　费（元）			81.00	289.12
	机　械　费（元）			1.47	1.92
名　　　称		单位	单价（元）	消　　耗　　量	
人工	综合工日	工日	140.00	9.740	14.210
材料	混凝土底模	m²	182.05	0.120	0.110
	铁钉	kg	3.56	0.760	0.800
	周转成材	m³	1065.00	0.053	0.250
机械	木工单面压刨床 600mm	台班	31.27	0.026	0.034
	木工圆锯机 500mm	台班	25.33	0.026	0.034

工作内容：混凝土搅拌、水平运输、浇捣、养护、成品归堆。 计量单位：m³

定　额　编　号	F2-2-132
项　目　名　称	C20混凝土
	现场预制地面砖
	矩形
基　　　　价（元）	1376.20

其中	人　工　费（元）	967.40
	材　料　费（元）	354.27
	机　械　费（元）	54.53

	名　　称	单位	单价（元）	消　　耗　　量
人工	综合工日	工日	140.00	6.910
材料	商品混凝土 C20(非泵送)	m³	339.05	0.780
	水	m³	7.96	2.420
	水泥砂浆 1：2	m³	281.46	0.250
	铁钉	kg	3.56	0.050
机械	灰浆搅拌机 200L	台班	215.26	0.050
	机动翻斗车 1t	台班	220.18	0.124
	双锥反转出料混凝土搅拌机 350L	台班	253.32	0.065

工作内容：1.木模制作、安装、刷润滑剂；
　　　　　2.拆除、模板场外运输；
　　　　　3.砌筑清理地胎膜；
　　　　　4.成品堆放。

计量单位：10m²

定　额　编　号				F2-2-133	
项　目　名　称				现场预制混凝土地面块矩形	
				模板	
基　　　　价（元）				115.53	
其中	人　工　费（元）			100.10	
	材　料　费（元）			15.32	
	机　械　费（元）			0.11	
	名　　　称	单位	单价(元)	消　　耗　　量	
人工	综合工日	工日	140.00	0.715	
材料	混凝土底模	m²	182.05	0.050	
	模板夹具费	元	1.00	0.820	
	铁钉	kg	3.56	0.020	
	周转成材	m³	1065.00	0.005	
机械	木工单面压刨床 600mm	台班	31.27	0.002	
	木工圆锯机 500mm	台班	25.33	0.002	

工作内容：混凝土搅拌、水平运输、浇捣、养护、成品归堆。 计量单位：m³

定 额 编 号				F2-2-134
项 目 名 称				C20混凝土
				现场预制地面砖
				异形
基 价（元）				1709.50
其中	人 工 费（元）			1300.60
	材 料 费（元）			354.37
	机 械 费（元）			54.53
名 称	单位	单价（元）	消 耗 量	
人工	综合工日	工日	140.00	9.290
材料	商品混凝土 C20(非泵送)	m³	339.05	0.780
	水	m³	7.96	2.420
	水泥砂浆 1∶2	m³	281.46	0.250
	铁钉	kg	3.56	0.080
机械	灰浆搅拌机 200L	台班	215.26	0.050
	机动翻斗车 1t	台班	220.18	0.124
	双锥反转出料混凝土搅拌机 350L	台班	253.32	0.065

工作内容：1.木模制作、安装、刷润滑剂；
　　　　　2.拆除、模板场外运输；
　　　　　3.砌筑清理地胎膜；
　　　　　4.成品堆放。

计量单位：10m²

定　额　编　号				F2-2-135	
项　目　名　称				现场预制混凝土地面块异形	
				模板	
基　　　价（元）				130.18	
其中	人　工　费（元）			115.64	
	材　料　费（元）			14.43	
	机　械　费（元）			0.11	
	名　　　称	单位	单价（元）	消　　耗　　量	
人工	综合工日	工日	140.00	0.826	
材料	混凝土底模	m²	182.05	0.040	
	模板夹具费	元	1.00	0.650	
	铁钉	kg	3.56	0.030	
	周转成材	m³	1065.00	0.006	
机械	木工单面压刨床 600mm	台班	31.27	0.002	
	木工圆锯机 500mm	台班	25.33	0.002	

工作内容：混凝土搅拌、水平运输、浇捣、养护、成品归堆。 计量单位：m³

定　额　编　号			F2-2-136
项　目　名　称			C20混凝土
			现场预制地面砖
			席纹
基　　　　　价（元）			2136.50
其中	人　工　费（元）		1727.60
	材　料　费（元）		354.37
	机　械　费（元）		54.53
名　　　　称	单位	单价（元）	消　　耗　　量
人工	综合工日	工日	140.00	12.340
材　　料	商品混凝土 C20(非泵送)	m³	339.05	0.780
	水	m³	7.96	2.420
	水泥砂浆 1：2	m³	281.46	0.250
	铁钉	kg	3.56	0.080
机　　械	灰浆搅拌机 200L	台班	215.26	0.050
	机动翻斗车 1t	台班	220.18	0.124
	双锥反转出料混凝土搅拌机 350L	台班	253.32	0.065

工作内容：1. 木模制作、安装、刷润滑剂；
　　　　　2. 拆除、模板场外运输；
　　　　　3. 砌筑清理地胎膜；
　　　　　4. 成品堆放。

计量单位：10m²

定　额　编　号	F2-2-137
项　目　名　称	现场预制混凝土地面块席纹
	模板
基　　价（元）	157.00

其中	人　工　费（元）	141.54
	材　料　费（元）	15.35
	机　械　费（元）	0.11

	名　　称	单位	单价（元）	消　　耗　　量
人工	综合工日	工日	140.00	1.011
材料	混凝土底模	m²	182.05	0.050
	模板夹具费	元	1.00	0.820
	铁钉	kg	3.56	0.030
	周转成材	m³	1065.00	0.005
机械	木工单面压刨床 600mm	台班	31.27	0.002
	木工圆锯机 500mm	台班	25.33	0.002

594

工作内容：混凝土搅拌、水平运输、浇捣、养护、成品归堆。 计量单位：m³

定 额 编 号	F2-2-138
项 目 名 称	C20混凝土
	现场预制
	假方砖
基 价（元）	1658.82

其中	人 工 费（元）	1250.20
	材 料 费（元）	354.09
	机 械 费（元）	54.53

	名 称	单位	单价（元）	消 耗 量
人工	综合工日	工日	140.00	8.930
材料	商品混凝土 C20（非泵送）	m³	339.05	0.780
	水	m³	7.96	2.420
	水泥砂浆 1：2	m³	281.46	0.250
机械	灰浆搅拌机 200L	台班	215.26	0.050
	机动翻斗车 1t	台班	220.18	0.124
	双锥反转出料混凝土搅拌机 350L	台班	253.32	0.065

工作内容：1.木模制作、安装、刷润滑剂；
　　　　　2.拆除、模板场外运输；
　　　　　3.砌筑清理地胎膜；
　　　　　4.成品堆放。

计量单位：10m²

定　额　编　号				F2-2-139	
项　目　名　称				现场预制混凝土假方砖	
				模板	
基　　　价（元）				112.73	
其中	人　工　费（元）			97.30	
	材　料　费（元）			15.32	
	机　械　费（元）			0.11	
名　　称		单位	单价（元）	消　　耗　　量	
人工	综合工日	工日	140.00	0.695	
材　料	混凝土底模	m²	182.05	0.050	
	模板夹具费	元	1.00	0.820	
	铁钉	kg	3.56	0.020	
	周转成材	m³	1065.00	0.005	
机械	木工单面压刨床 600mm	台班	31.27	0.002	
	木工圆锯机 500mm	台班	25.33	0.002	

596

第三节 钢筋
1.现浇钢筋

工作内容：钢筋制作、绑扎、安装、焊接固定、浇捣混凝土时钢筋维护。　　　　　　　计量单位：t

定 额 编 号			F2-2-140	F2-2-141
项 目 名 称			现浇构件钢筋	
			直径(mm)φ12以内	直径(mm)φ12以外
基 价 （元）			5705.35	4737.17
其中	人 工 费（元）		1957.20	984.20
	材 料 费（元）		3554.90	3584.44
	机 械 费（元）		193.25	168.53
名 称	单位	单价（元）	消 耗 量	
人工	综合工日	工日	140.00	13.980	7.030
材料	电焊条	kg	5.98	1.860	9.620
	镀锌铁丝 22号	kg	3.57	6.850	1.950
	钢筋(综合)	t	3450.00	1.020	1.020
	水	m³	7.96	0.040	0.120
机械	电动单筒慢速卷扬机 50kN	台班	215.57	0.616	0.238
	对焊机 75kV·A	台班	106.97	0.054	0.168
	钢筋切断机 40mm	台班	41.21	0.228	0.192
	钢筋调直机 14mm	台班	36.65	0.002	—
	钢筋弯曲机 40mm	台班	25.58	0.916	0.392
	交流弧焊机 32kV·A	台班	83.14	0.262	0.978

注：1.层高超过3.6m在8m内人工乘系数1.03，12m内人工乘系数1.08，12m以上人工乘系数1.13；
　　2.刚性屋面、细石混凝土楼面中的冷拔钢丝按相应的冷轧带肋钢筋子目执行、钢筋单价换算、其他不变。

工作内容：钢筋制作、绑扎、安装、焊接固定、浇捣混凝土时钢筋维护。　　　　　　　计量单位：t

定　额　编　号				F2-2-142	
项　目　名　称				冷轧带肋钢筋	
基　　　　　价（元）				6557.27	
其中	人　工　费（元）			2709.00	
	材　料　费（元）			3714.48	
	机　械　费（元）			133.79	
	名　　　称	单位	单价（元）	消　　耗　　量	
人工	综合工日	工日	140.00	19.350	
材料	镀锌铁丝 22号	kg	3.57	11.900	
	冷轧带肋钢筋	t	3600.00	1.020	
机械	电动单筒慢速卷扬机 50kN	台班	215.57	0.496	
	钢筋切断机 40mm	台班	41.21	0.260	
	钢筋调直机 14mm	台班	36.65	0.308	
	钢筋弯曲机 40mm	台班	25.58	0.190	

注：1. 层高超过3.6m在8m内人工乘系数1.03，12m内人工乘系数1.08，12m以上人工乘系数1.13；
　　2. 刚性屋面、细石混凝土楼面中的冷拔钢丝按相应的冷轧带肋钢筋子目执行、钢筋单价换算、其他不变。

598

2.预制构件

工作内容:钢筋制作、绑扎、安装、拼装、点焊。   计量单位:t

定　额　编　号				F2-2-143	F2-2-144
项　目　名　称				现场预制混凝土构件钢筋	
				直径(mm)φ20以内	直径(mm)φ20以外
基　　　价（元）				5567.31	4538.33
其中	人　工　费（元）			1811.60	800.80
	材　料　费（元）			3563.62	3580.83
	机　械　费（元）			192.09	156.70
名　　称		单位	单价(元)	消　　耗　　量	
人工	综合工日	工日	140.00	12.940	5.720
材料	电焊条	kg	5.98	4.550	9.380
	镀锌铁丝 22号	kg	3.57	4.700	1.430
	钢筋(综合)	t	3450.00	1.020	1.020
	水	m³	7.96	0.080	0.080
机械	电动单筒慢速卷扬机 50kN	台班	215.57	0.470	0.244
	对焊机 75kV・A	台班	106.97	0.120	0.120
	钢筋切断机 40mm	台班	41.21	0.230	0.160
	钢筋调直机 14mm	台班	36.65	0.046	—
	钢筋弯曲机 40mm	台班	25.58	0.712	0.320
	交流弧焊机 32kV・A	台班	83.14	0.584	0.920

3.其他

工作内容：钢筋、钢丝、制作及安装。

计量单位：10m²

定 额 编 号				F2-2-145	F2-2-146
项 目 名 称				钢丝网屋面	
				2网1筋	每±1层钢丝网
基 价（元）				842.11	207.38
其中	人 工 费（元）			415.80	154.00
	材 料 费（元）			412.15	53.38
	机 械 费（元）			14.16	—
名 称		单位	单价（元）	消 耗 量	
人工	综合工日	工日	140.00	2.970	1.100
材料	电焊条	kg	5.98	1.000	—
	镀锌铁丝 22号	kg	3.57	0.300	0.100
	钢丝网	m²	5.05	22.000	10.500
	螺纹钢筋 HRB400 φ10以内	t	3500.00	0.084	—
机械	电动单筒慢速卷扬机 50kN	台班	215.57	0.051	—
	钢筋切断机 40mm	台班	41.21	0.019	—
	钢筋弯曲机 40mm	台班	25.58	0.025	—
	交流弧焊机 32kV·A	台班	83.14	0.021	

工作内容：钢筋、钢丝、制作及安装。

计量单位：10m

定 额 编 号				F2-2-147		
项 目 名 称				钢丝网封沿板		
基 价（元）				182.33		
其中	人 工 费（元）			134.40		
	材 料 费（元）			47.06		
	机 械 费（元）			0.87		
名 称	单位	单价（元）	消	耗		量
人工 综合工日	工日	140.00		0.960		
材料 电焊条	kg	5.98		0.250		
镀锌铁丝 22号	kg	3.57		0.080		
钢丝网	m²	5.05		5.500		
螺纹钢筋 HRB400 Φ10以内	t	3500.00		0.005		
机械 电动单筒慢速卷扬机 50kN	台班	215.57		0.003		
钢筋切断机 40mm	台班	41.21		0.001		
钢筋弯曲机 40mm	台班	25.58		0.004		
交流弧焊机 32kV·A	台班	83.14		0.001		

601

工作内容：制作、安装、埋设、焊接固定。 计量单位：t

定 额 编 号			F2-2-148	F2-2-149	F2-2-150
项 目 名 称			砌体、板缝内加固钢筋		铁件制作
			不绑扎	绑扎	
基 价（元）			6960.19	7692.06	10642.68
其中	人 工 费（元）		3263.40	3922.80	5544.00
	材 料 费（元）		3543.99	3616.46	4467.65
	机 械 费（元）		152.80	152.80	631.03
名 称	单位	单价（元）	消	耗	量
人工	综合工日	工日	140.00	23.310	28.020	39.600
材料	电焊条	kg	5.98	—	—	30.000
	镀锌铁丝 22号	kg	3.57	7.000	27.300	—
	防锈漆（铁红）	kg	9.00	—	—	3.030
	钢筋(综合)	t	3450.00	1.020	1.020	—
	型钢	t	3700.00	—	—	1.050
	氧气	m³	3.63	—	—	43.500
	乙炔气	m³	11.48	—	—	18.900
	油漆溶剂油	kg	2.62	—	—	0.420
机械	电动单筒慢速卷扬机 50kN	台班	215.57	0.640	0.640	—
	钢筋切断机 40mm	台班	41.21	0.360	0.360	—
	交流弧焊机 32kV·A	台班	83.14	—	—	7.590

注：墙转角和搭接处安放钢筋及通筋(包括抗震筋)，均按砌体内加固钢筋定额执行。

工作内容：制作、安装、埋设、焊接固定。 计量单位：每10个接头

定　额　编　号				F2-2-151	
项　目　名　称				电渣压力焊	
基　　　价（元）				287.88	
其中	人　工　费（元）			175.00	
	材　料　费（元）			30.41	
	机　械　费（元）			82.47	
名　　　称	单位	单价（元）	消　　耗　　量		
人工	综合工日	工日	140.00	1.250	
材料	电焊条	kg	5.98	1.510	
	钢筋(综合)	t	3450.00	0.001	
	焊剂	kg	3.25	4.350	
	石棉板	m²	18.16	0.200	
	水	m³	7.96	0.020	
机械	电渣焊机 1000A	台班	158.17	0.440	
	对焊机 75kV·A	台班	106.97	0.024	
	交流弧焊机 32kV·A	台班	83.14	0.124	

工作内容：制作、安装、埋设、焊接固定。 计量单位：每10个接头

定 额 编 号				F2-2-152	F2-2-153
项 目 名 称				锥螺纹、镦粗直螺纹、冷压套管接头	
				Φ25以内	Φ25以外
基 价（元）				272.99	371.76
其中	人 工 费（元）			109.20	175.00
	材 料 费（元）			132.25	156.91
	机 械 费（元）			31.54	39.85
名 称		单位	单价（元）	消 耗 量	
人工	综合工日	工日	140.00	0.780	1.250
材料	电焊条	kg	5.98	1.620	2.320
	内套管接头 Φ25mm	个	12.00	10.200	—
	水	m³	7.96	0.020	0.030
	外套管接头 Φ25mm	个	14.00	—	10.200
机械	对焊机 75kV·A	台班	106.97	0.024	0.036
	攻丝除锈机械费	元	1.00	17.000	21.200
	交流弧焊机 32kV·A	台班	83.14	0.144	0.178

4.钢筋、铁件增减调整表

定　额　编　号				F2-2-154	F2-2-155	F2-2-156
项　目　名　称				钢筋	冷拔低碳钢丝	铁件安装
				增减		
基　　价（元）				4803.37	5507.07	3918.30
其中	人　工　费（元）			1334.20	1694.00	3421.60
	材　料　费（元）			3469.17	3813.07	131.72
	机　械　费（元）			—	—	364.98
	名　　称	单位	单价（元）	消	耗	量
人工	综合工日	工日	140.00	9.530	12.100	24.440
材料	电焊条	kg	5.98	1.020	—	20.000
	镀锌铁丝 22号	kg	3.57	3.660	3.660	—
	钢筋(综合)	t	3450.00	1.000	—	—
	冷拔低碳钢丝 φ4	t	3800.00	—	1.000	—
	铁件制作	t	12.00	—	—	1.010
机械	交流弧焊机 32kV·A	台班	83.14	—	—	4.390

605

第四节 预制钢筋混凝土构件安装
1. 预制钢筋混凝土构件吊装

工作内容：1. 构件加固、吊装、校正、焊接；
　　　　　2. 构件场内运输。

计量单位：m³

定　额　编　号				F2-2-157
项　目　名　称				预制钢筋混凝土
				柱吊装
基　　　价（元）				208.41
其中	人　工　费（元）			107.80
	材　料　费（元）			4.80
	机　械　费（元）			95.81
名　称	单位	单价（元）	消　　　耗　　　量	
人工	综合工日	工日	140.00	0.770
材料	垫铁	kg	4.20	0.890
	周转成材	m³	1065.00	0.001
机械	场内运输费	元	1.00	20.060
	汽车式起重机 8t	台班	763.67	0.051
	载重汽车 4t	台班	408.97	0.090

工作内容：1.构件加固、吊装、校正、焊接、固定；
　　　　　2.拼装台的制作、搭设及拆除；
　　　　　3.构件场内运输。

计量单位：m³

定　额　编　号				F2-2-158	F2-2-159
项　目　名　称				预制钢筋混凝土	
				矩、圆形梁吊装	
				有电焊	无电焊
基　　　　价（元）				316.51	230.71
其中	人　工　费（元）			175.00	127.40
	材　料　费（元）			10.46	—
	机　械　费（元）			131.05	103.31
名　　　称		单位	单价（元）	消　　　耗　　　量	
人工	综合工日	工日	140.00	1.250	0.910
材料	电焊条	kg	5.98	0.400	—
	垫铁	kg	4.20	1.920	—
机械	场内运输费	元	1.00	20.060	20.060
	交流弧焊机 32kV·A	台班	83.14	0.144	—
	汽车式起重机 8t	台班	763.67	0.067	0.056
	载重汽车 4t	台班	408.97	0.117	0.099

607

工作内容：1. 构件加固、吊装、校正、焊接、固定；
　　　　　2. 拼装台的制作、搭设及拆除；
　　　　　3. 构件场内运输。

计量单位：m³

定　额　编　号				F2-2-160	F2-2-161
项　目　名　称				预制钢筋混凝土	
				屋架中式	屋架人字
				吊装	
基　　　　　价（元）				665.43	335.73
其中	人　工　费（元）			435.40	124.60
	材　料　费（元）			32.39	13.55
	机　械　费（元）			197.64	197.58
名　　称		单位	单价（元）	消　　耗　　量	
人工	综合工日	工日	140.00	3.110	0.890
材料	电焊条	kg	5.98	2.250	1.040
	垫铁	kg	4.20	0.110	0.110
	镀锌铁丝 8号	kg	3.57	0.790	0.790
	拼装台搭拆材料摊销费	元	1.00	10.540	—
	原木	m³	1491.00	0.002	0.002
	周转成材	m³	1065.00	0.002	0.001
机械	场内运输费	元	1.00	20.060	20.060
	汽车式起重机 8t	台班	763.67	0.119	0.120
	载重汽车 4t	台班	408.97	0.212	0.210

608

工作内容：1.构件加固、吊装、校正、焊接；
　　　　　2.构件场内运输。

计量单位：m³

定　额　编　号					F2-2-162
项　目　名　称					预制钢筋混凝土
					枋、桁、梓、连机、橡子
					吊装
基　　　价（元）					279.92
其中	人　工　费（元）				149.80
	材　料　费（元）				21.30
	机　械　费（元）				108.82
名　　称		单位	单价（元）	消　　耗　　量	
人工	综合工日	工日	140.00	1.070	
材料	电焊条	kg	5.98	1.530	
	垫铁	kg	4.20	2.640	
	周转成材	m³	1065.00	0.001	
机械	场内运输费	元	1.00	20.060	
	汽车式起重机 8t	台班	763.67	0.060	
	载重汽车 4t	台班	408.97	0.105	

工作内容：1.构件加固、吊装、校正、焊接；
　　　　　2.构件场内运输。

计量单位：m³

定　额　编　号				F2-2-163	F2-2-164	F2-2-165
项　目　名　称				预制钢筋混凝土		
				老嫩钺吊装	过梁吊装	平板
				有电焊	无电焊	吊装
基　　　价（元）				565.70	466.13	180.67
其中	人　工　费（元）			365.40	305.20	89.60
	材　料　费（元）			14.06	0.02	—
	机　械　费（元）			186.24	160.91	91.07
名　　　称		单位	单价（元）	消　　耗　　量		
人工	综合工日	工日	140.00	2.610	2.180	0.640
材料	安装架子材料摊销	元	1.00	0.950	—	—
	电焊条	kg	5.98	0.860	—	—
	垫铁	kg	4.20	0.120	—	—
	镀锌铁丝 8号	kg	3.57	—	0.005	—
	硬木成材	m³	1280.00	0.005	—	—
	周转成材	m³	1065.00	0.001	—	—
机械	场内运输费	元	1.00	20.060	20.060	20.060
	交流弧焊机 32kV·A	台班	83.14	0.120	—	—
	汽车式起重机 8t	台班	763.67	0.106	0.095	0.048
	载重汽车 4t	台班	408.97	0.184	0.167	0.084

工作内容：1. 构件加固、吊装、校正、焊接；
2. 构件场内运输。

计量单位：m³

定 额 编 号				F2-2-166
项 目 名 称				预制钢筋混凝土
				椽望板、战翼板、亭屋面板
				吊装
基 价（元）				512.90
其中	人 工 费（元）			327.60
	材 料 费（元）			16.13
	机 械 费（元）			169.17
	名 称	单位	单价（元）	消 耗 量
人工	综合工日	工日	140.00	2.340
材料	电焊条	kg	5.98	0.780
	垫铁	kg	4.20	2.020
	原木	m³	1491.00	0.002
机械	场内运输费	元	1.00	20.060
	汽车式起重机 8t	台班	763.67	0.101
	载重汽车 4t	台班	408.97	0.176

工作内容：1. 构件加固、吊装、校正、焊接；
　　　　　2. 构件场内运输。

计量单位：m³

定　额　编　号				F2-2-167	F2-2-168
项　目　名　称				预制钢筋混凝土	
				斗拱、梁垫、云头、短机等小型构件	
				吊装有电焊	吊装无电焊
基　　　　价（元）				595.32	494.63
其中	人　工　费（元）			443.80	400.40
	材　料　费（元）			20.24	—
	机　械　费（元）			131.28	94.23
名　　　称		单位	单价（元）	消　　耗　　量	
人工	综合工日	工日	140.00	3.170	2.860
材料	电焊条	kg	5.98	1.530	—
	垫铁	kg	4.20	2.640	—
机械	场内运输费	元	1.00	20.060	20.060
	交流弧焊机 32kV·A	台班	83.14	0.213	—
	汽车式起重机 8t	台班	763.67	0.063	0.050
	载重汽车 4t	台班	408.97	0.111	0.088

工作内容：1.构件加固、吊装、校正、焊接；
　　　　　2.构件场内运输。

计量单位：10m

定　额　编　号					F2-2-169	
项　目　名　称					预制钢筋混凝土	
					挂落吊装	
基　　　价（元）					632.09	
其中	人　工　费（元）				560.00	
	材　料　费（元）				11.07	
	机　械　费（元）				61.02	
名　　　称		单位	单价（元）	消　　耗　　量		
人工	综合工日	工日	140.00	4.000		
材料	电焊条	kg	5.98	1.500		
	垫铁	kg	4.20	0.500		
机械	场内运输费	元	1.00	5.010		
	汽车式起重机 8t	台班	763.67	0.038		
	载重汽车 4t	台班	408.97	0.066		

613

2.预制钢筋混凝土构件灌缝

工作内容：构件清理、混凝土(砂浆)搅拌、场内运输、接头灌缝、养护。 计量单位：m³

定　额　编　号				F2-2-170	F2-2-171
项　目　名　称				C20混凝土预制钢筋混凝土	
				柱	屋架中式
				灌缝	
基　　　　价（元）				83.25	51.53
其中	人　工　费（元）			54.60	39.20
	材　料　费（元）			26.37	11.54
	机　械　费（元）			2.28	0.79
名　　称		单位	单价(元)	消　　耗　　量	
人工	综合工日	工日	140.00	0.390	0.280
材料	镀锌铁丝 8号	kg	3.57	—	0.600
	商品混凝土 C20(泵送)	m³	363.30	0.070	0.010
	水	m³	7.96	0.110	0.010
	塑料薄膜	m²	0.20	0.320	0.040
	铁钉	kg	3.56	—	0.100
	周转成材	m³	1065.00	—	0.005
机械	木工圆锯机 500mm	台班	25.33	—	0.005
	双锥反转出料混凝土搅拌机 350L	台班	253.32	0.009	0.001
	载重汽车 4t	台班	408.97	—	0.001

614

工作内容：构件清理、混凝土(砂浆)搅拌、场内运输、接头灌缝、养护。 计量单位：m³

定 额 编 号				F2-2-172	F2-2-173
项 目 名 称				C20混凝土预制钢筋混凝土	
				老嫩戗	平板
				灌缝	
基 价（元）				72.14	236.15
其中	人 工 费（元）			63.00	135.80
	材 料 费（元）			7.73	82.06
	机 械 费（元）			1.41	18.29
名 称		单位	单价（元）	消 耗	量
人工	综合工日	工日	140.00	0.450	0.970
材料	镀锌铁丝 8号	kg	3.57	—	0.070
	商品混凝土 C20(泵送)	m³	363.30	0.020	0.156
	水	m³	7.96	0.030	0.620
	水泥砂浆 M10	m³	209.99	0.001	0.090
	塑料薄膜	m²	0.20	0.100	1.170
	周转成材	m³	1065.00	—	0.001
机械	灰浆搅拌机 200L	台班	215.26	0.003	0.024
	木工圆锯机 500mm	台班	25.33	—	0.002
	双锥反转出料混凝土搅拌机 350L	台班	253.32	0.003	0.050
	载重汽车 4t	台班	408.97	—	0.001

注：混凝土花窗安装执行小型构件安装定额，其体积按设计外形面积乘厚度以m³计算，不扣除空花体积

工作内容：构件清理、混凝土(砂浆)搅拌、场内运输、接头灌缝、养护。 计量单位：m³

定　额　编　号			F2-2-174	F2-2-175
项　目　名　称			M10预制钢筋混凝土	
			椽望板、戗翼板	斗拱、梁垫、云头、短机等小型构件
			灌缝	
基　　　价（元）			124.93	193.85
其中	人　工　费（元）		112.00	186.20
	材　料　费（元）		10.10	6.11
	机　械　费（元）		2.83	1.54
名　　称	单位	单价（元）	消　　耗　　量	
人工	综合工日	工日	140.00	0.800	1.330
材料	镀锌铁丝 8号	kg	3.57	0.040	0.060
	水	m³	7.96	0.060	0.070
	水泥砂浆 M10	m³	209.99	0.040	0.020
	塑料薄膜	m²	0.20	—	0.280
	铁钉	kg	3.56	0.005	0.005
	周转成材	m³	1065.00	0.001	0.001
机械	灰浆搅拌机 200L	台班	215.26	0.011	0.005
	木工圆锯机 500mm	台班	25.33	0.002	0.002
	载重汽车 4t	台班	408.97	0.001	0.001

注：混凝土花窗安装执行小型构件安装定额，其体积按设计外形面积乘厚度以m³计算，不扣除空花体积

616

工作内容：构件清理、混凝土(砂浆)搅拌、场内运输、接头灌缝、养护。 计量单位：10m

定　额　编　号	F2-2-176
项　目　名　称	M10预制钢筋混凝土
	挂落
	灌缝
基　　　　　价（元）	282.91

其中	人　工　费（元）	280.00
	材　料　费（元）	2.26
	机　械　费（元）	0.65

	名　　　称	单位	单价（元）	消　　耗　　量
人工	综合工日	工日	140.00	2.000
材料	水	m³	7.96	0.020
	水泥砂浆 M10	m³	209.99	0.010
机械	灰浆搅拌机 200L	台班	215.26	0.003

注：混凝土花窗安装执行小型构件安装定额，其体积按设计外形面积乘厚度以m³计算，不扣除空花体积

第五节 构件、制品场外运输
1.混凝土构件、成型钢筋运输

工作内容：1.设置一般支架(垫方木)；
2.装车、绑扎，按指定地点卸车、堆放、支垫稳固。

计量单位：m³

定　额　编　号				F2-2-177	F2-2-178	F2-2-179
项　目　名　称				混凝土构件		
				运输距离		
				1km以内	5km以内	10km以内
基　　　　价（元）				306.10	444.59	618.05
其中	人　工　费（元）			33.60	49.00	68.60
	材　料　费（元）			5.04	5.04	5.04
	机　械　费（元）			267.46	390.55	544.41
名　　称		单位	单价(元)	消	耗	量
人工	综合工日	工日	140.00	0.240	0.350	0.490
材料	型钢	kg	3.70	0.210	0.210	0.210
	周转成材	m³	1065.00	0.004	0.004	0.004
机械	汽车式起重机 8t	台班	763.67	0.181	0.264	0.368
	载重汽车 4t	台班	408.97	0.316	0.462	0.644

注：构件的场外运输:如果板、枋、机、椽子及其他构件厚度在5cm以内的薄形构件，另加构件运输损耗0.008m³。

工作内容：1.设置一般支架(垫方木)；
2.装车、绑扎，按指定地点卸车、堆放、支垫稳固。

计量单位：m³

定 额 编 号				F2-2-180	F2-2-181
项 目 名 称				混凝土构件	
				运输距离	
				15km以内	15km以外每增加5km
基 价（元）				825.29	138.27
其中	人 工 费（元）			92.40	14.00
	材 料 费（元）			5.04	—
	机 械 费（元）			727.85	124.27
名 称		单位	单价(元)	消 耗 量	
人工	综合工日	工日	140.00	0.660	0.100
材料	型钢	kg	3.70	0.210	—
	周转成材	m³	1065.00	0.004	—
机械	汽车式起重机 8t	台班	763.67	0.492	0.084
	载重汽车 4t	台班	408.97	0.861	0.147

注：构件的场外运输:如果板、枋、机、橼子及其他构件厚度在5cm以内的薄形构件，另加构件运输损耗0.008m³。

619

工作内容：1.设置一般支架(垫方木)；
　　　　　2.装车、绑扎，按指定地点卸车、堆放、支垫稳固；
　　　　　3.整理、装车、运输、卸车、分规格堆放。

计量单位：t

定 额 编 号					F2-2-182	F2-2-183
项 目 名 称					成型钢筋场外运输	
					运距在5km以内	距离5km以外每增加5k
基 价（元）					184.97	4.49
其中	人 工 费（元）				50.40	—
	材 料 费（元）				—	—
	机 械 费（元）				134.57	4.49
	名 称	单位	单价（元）		消 耗 量	
人工	综合工日	工日	140.00		0.360	—
机械	载重汽车 6t	台班	448.55		0.300	0.010

注：构件的场外运输：如果板、枋、机、椽子及其他构件厚度在5cm以内的薄形构件，另加构件运输损耗0.008m³。

620

2.零星金属构件运输

工作内容：1.设置一般支架(垫方木)；
2.装车、绑扎，按指定地点卸车、堆放、支垫稳固。　　　　　　　计量单位：m³

定　额　编　号				F2-2-184	F2-2-185	F2-2-186
项　目　名　称				零星金属构件运输距离		
				5km以内	10km以内	15km以内
基　　　　价（元）				141.47	171.17	220.58
其中	人　工　费（元）			23.52	30.24	40.32
	材　料　费（元）			2.13	2.13	2.13
	机　械　费（元）			115.82	138.80	178.13
名　　　称		单位	单价（元）	消	耗	量
人工	综合工日	工日	140.00	0.168	0.216	0.288
材料	周转成材	m³	1065.00	0.002	0.002	0.002
机械	汽车式起重机 8t	台班	763.67	0.080	0.096	0.124
	载重汽车 6t	台班	448.55	0.122	0.146	0.186

工作内容：1. 设置一般支架(垫方木)；
2. 装车、绑扎，按指定地点卸车、堆放、支垫稳固。 计量单位：m³

定 额 编 号	F2-2-187
项 目 名 称	零星金属构件运输距离
	15km以外每增加5km
基 价（元）	27.05
其中	人 工 费（元）	6.72
	材 料 费（元）	—
	机 械 费（元）	20.33

	名 称	单位	单价（元）	消 耗 量
人工	综合工日	工日	140.00	0.048
机械	汽车式起重机 8t	台班	763.67	0.009
	载重汽车 6t	台班	448.55	0.030

622

3.砖件运输

工作内容：设置支架、装车、绑扎、卸车、堆放。

计量单位：百块

定 额 编 号				F2-2-188	F2-2-189	F2-2-190
项 目 名 称				大金砖、城砖运输距离		
				5km以内	10km以内	15km以内
基 价（元）				359.86	421.01	540.50
其中	人 工 费（元）			131.60	176.40	210.00
	材 料 费（元）			31.95	31.95	31.95
	机 械 费（元）			196.31	212.66	298.55
名 称		单位	单价（元）	消 耗 量		
人工	综合工日	工日	140.00	0.940	1.260	1.500
材料	周转成材	m³	1065.00	0.030	0.030	0.030
机械	载重汽车 4t	台班	408.97	0.480	0.520	0.730

工作内容：设置支架、装车、绑扎、卸车、堆放。 计量单位：百块

定 额 编 号			F2-2-191
项 目 名 称			大金砖、城砖运输距离
			15km以外每增加5km
基 价（元）			102.90
其中	人 工 费（元）		25.20
	材 料 费（元）		—
	机 械 费（元）		77.70
名 称	单位	单价(元)	消 耗 量
人工	综合工日	工日	140.00	0.180
机械	载重汽车 4t	台班	408.97	0.190

624

工作内容：设置支架、装车、绑扎、卸车、堆放。　　　　　　　　　　　　　　　　　计量单位：百块

定　额　编　号				F2-2-192	F2-2-193	F2-2-194
项　目　名　称				方砖运输距离		
				5km以内	10km以内	15km以内
基　　　　价（元）				301.17	378.24	448.43
其中	人　工　费（元）			86.80	114.80	140.00
	材　料　费（元）			42.60	42.60	42.60
	机　械　费（元）			171.77	220.84	265.83
名　　　称		单位	单价(元)	消	耗	量
人工	综合工日	工日	140.00	0.620	0.820	1.000
材料	周转成材	m³	1065.00	0.040	0.040	0.040
机械	载重汽车 4t	台班	408.97	0.420	0.540	0.650

定 额 编 号	F2-2-195
项 目 名 称	方砖运输距离
	15km以外每增加5km
基 价（元）	128.55

其中	人 工 费（元）	67.20
	材 料 费（元）	—
	机 械 费（元）	61.35

名 称	单位	单价(元)	消 耗 量
人工	综合工日	工日	140.00	0.480
机械	载重汽车 4t	台班	408.97	0.150

工作内容：设置支架、装车、绑扎、卸车、堆放。 计量单位：百块

定 额 编 号					F2-2-196	F2-2-197	F2-2-198
项 目 名 称					望砖等其他砖件或砖细构件运输距离		
					5km以内	10km以内	15km以内
基 价（元）					176.74	218.08	260.71
其中	人 工 费（元）				53.20	70.00	84.00
	材 料 费（元）				21.30	21.30	21.30
	机 械 费（元）				102.24	126.78	155.41
名 称		单位	单价（元）	消	耗		量
人工	综合工日	工日	140.00	0.380	0.500		0.600
材料	周转成材	m³	1065.00	0.020	0.020		0.020
机械	载重汽车 4t	台班	408.97	0.250	0.310		0.380

工作内容：设置支架、装车、绑扎、卸车、堆放。 计量单位：百块

定 额 编 号	F2-2-199
项 目 名 称	望砖等其他砖件或砖细构件运输距离
	15km以外每增加5km
基 价（元）	54.90

其中	人 工 费（元）	14.00
	材 料 费（元）	—
	机 械 费（元）	40.90

	名 称	单位	单价（元）	消 耗 量
人工	综合工日	工日	140.00	0.100
机械	载重汽车 4t	台班	408.97	0.100

628

4.石构件运输

工作内容：设置支架、装车、绑扎、卸车、堆放。 计量单位：m³

定　额　编　号				F2-2-200	F2-2-201	F2-2-202
项　目　名　称				石构件运输距离		
				5km以内	10km以内	15km以内
基　　　价（元）				369.65	457.73	558.05
其中	人　工　费（元）			33.60	42.00	50.40
	材　料　费（元）			4.26	4.26	4.26
	机　械　费（元）			331.79	411.47	503.39
名　　称		单位	单价（元）	消　　耗		量
人工	综合工日	工日	140.00	0.240	0.300	0.360
材料	周转成材	m³	1065.00	0.004	0.004	0.004
机械	汽车式起重机 8t	台班	763.67	0.224	0.278	0.340
	载重汽车 4t	台班	408.97	0.393	0.487	0.596

工作内容：设置支架、装车、绑扎、卸车、堆放。 计量单位：m³

定　额　编　号					F2-2-203	
项　目　名　称					石构件运输距离	
					15km以外每增加5km	
基　　　　　价（元）					157.51	
其中	人　工　费（元）				8.40	
	材　料　费（元）				—	
	机　械　费（元）				149.11	
名　　称		单位	单价（元）	消	耗	量
人工	综合工日	工日	140.00		0.060	
机械	汽车式起重机 8t	台班	763.67		0.101	
	载重汽车 4t	台班	408.97		0.176	

工作内容：设置支架、装车、绑扎、卸车、堆放。 计量单位：m³

定 额 编 号				F2-2-204	F2-2-205	F2-2-206
项 目 名 称				花岗岩栏板、柱头等运输距离		
				5km以内	10km以内	15km以内
基 价（元）				371.78	459.86	560.18
其中	人 工 费（元）			33.60	42.00	50.40
	材 料 费（元）			6.39	6.39	6.39
	机 械 费（元）			331.79	411.47	503.39
名 称	单位	单价（元）		消 耗 量		
人工	综合工日	工日	140.00	0.240	0.300	0.360
材料	周转成材	m³	1065.00	0.006	0.006	0.006
机械	汽车式起重机 8t	台班	763.67	0.224	0.278	0.340
	载重汽车 4t	台班	408.97	0.393	0.487	0.596

631

工作内容：设置支架、装车、绑扎、卸车、堆放。 计量单位：m³

定 额 编 号				F2-2-207		
项 目 名 称				花岗岩栏板、柱头等运输距离		
				15km以外每增加5km		
基 价（元）				157.51		
其中	人 工 费（元）			8.40		
	材 料 费（元）			—		
	机 械 费（元）			149.11		
名 称		单位	单价（元）	消 耗 量		
人工	综合工日	工日	140.00	0.060		
机械	汽车式起重机 8t	台班	763.67	0.101		
	载重汽车 4t	台班	408.97	0.176		

632

5. 木构件运输

工作内容：设置支架、装车、绑扎、卸车、堆放。　　　　　　　　　　　　　　　计量单位：m³

定　额　编　号			F2-2-208	F2-2-209	F2-2-210
项　目　名　称			木构件运输距离		
			5km以内	10km以内	15km以内
基　　　价（元）			190.57	233.45	281.99
其中	人　工　费（元）		22.40	25.20	30.80
	材　料　费（元）		2.13	2.13	2.13
	机　械　费（元）		166.04	206.12	249.06
名　　称	单位	单价（元）	消	耗	量
人工	综合工日	工日	140.00	0.160	0.180	0.220
材料	周转成材	m³	1065.00	0.002	0.002	0.002
机械	载重汽车 4t	台班	408.97	0.406	0.504	0.609

633

工作内容：设置支架、装车、绑扎、卸车、堆放。 计量单位：m³

定 额 编 号	F2-2-211
项 目 名 称	木构件运输距离
	15km以外每增加5km
基 价（元）	91.36
其中 人 工 费（元）	11.20
材 料 费（元）	—
机 械 费（元）	80.16

	名 称	单位	单价（元）	消 耗 量
人工	综合工日	工日	140.00	0.080
机械	载重汽车 4t	台班	408.97	0.196

634

工作内容：设置支架、装车、绑扎、卸车、堆放。 计量单位：10m²

定 额 编 号				F2-2-212	F2-2-213	F2-2-214
项 目 名 称				门窗运输距离		
				5km以内	10km以内	15km以内
基 价（元）				521.32	638.68	848.84
其中	人 工 费（元）			187.60	229.60	305.20
	材 料 费（元）			—	—	—
	机 械 费（元）			333.72	409.08	543.64
名 称		单位	单价（元）	消	耗	量
人工	综合工日	工日	140.00	1.340	1.640	2.180
机械	载重汽车 6t	台班	448.55	0.744	0.912	1.212

注：1. 单独运门框按基价乘系数0.6；
　　2. 运钢木大门或钢大门按综合单价乘系数1.5。

工作内容：设置支架、装车、绑扎、卸车、堆放。　　　　　　　　　　　　计量单位：10m²

定　额　编　号	F2-2-215
项　目　名　称	门窗运输距离
	15km以外每增加5km
基　　　价（元）	99.19

其中	人　工　费（元）	45.36
	材　料　费（元）	—
	机　械　费（元）	53.83

名　　　称	单位	单价（元）	消　　耗　　量
人工			
综合工日	工日	140.00	0.324
机械			
载重汽车 6t	台班	448.55	0.120

注：1. 单独运门框按基价乘系数0.6；
　　2. 运钢木大门或钢大门按综合单价乘系数1.5。

636

第三章 徽派马头墙

说　　明

一、本章定额马头墙顶均以平房檐高 3.6m 以内为准，檐高超过 3.6m 时，其人工乘以系数 1.05,二层楼房人工乘以系数 1.09,三层楼房人工乘以系数 1.13,四层楼房人工乘以系数 1.16, 五层楼房人工乘以系数 1.18，宝塔按五层楼房系数执行。瓦的规格不同可以换算，其他工料 不变。

二、本章马头墙垣三线、垛板按混水做法进入，设计为清水砖做法时，薄砖按砖细砖进行 换算，人工乘系数 1.3，其他不变。

工程量计算规则

徽派马头墙顶按座计算，马头墙垣按延长米计算。

1. 徽派马头墙顶

工作内容：放样、雕模、预制、调运砂浆、砌筑安装、刷色、画墨。 计量单位：座

定 额 编 号			F2-3-1	F2-3-2
项 目 名 称			徽派马头墙顶铺设	
			印头式脊头(全套)	鹊尾式脊头(全套)
基 价（元）			291.66	274.53
其中	人 工 费（元）		196.00	196.00
	材 料 费（元）		95.66	78.53
	机 械 费（元）		—	—
名 称	单位	单价(元)	消 耗 量	
人工	综合工日	工日	140.00	1.400	1.400
材料	包头脊头 12cm×12cm×12cm	块	10.36	—	1.000
	蓝灰色浆	kg	4.00	0.500	0.500
	六角墩 6cm×6cm×6cm	块	0.48	—	1.000
	鹊尾飞 18cm×24cm×4cm	块	10.36	—	1.000
	现浇混凝土 C20	m³	296.56	0.100	0.100
	印斗(四块组合) 18cm×18cm×2cm	组	8.48	4.000	—
	印斗盖 20cm×20cm×2cm	块	2.12	1.000	—
	印斗托 20cm×20cm×4cm	块	2.12	1.000	—
	遮封板 64cm×18cm×2cm	块	12.42	1.000	1.000
	遮封板披水 32cm×10cm×2cm	块	6.24	2.000	2.000
	其他材料费占材料费	%	—	1.000	1.000

工作内容：放样、雕模、预制、调运砂浆、砌筑安装、刷色、画墨。 计量单位：座

定 额 编 号				F2-3-3	
项 目 名 称				徽派马头墙顶铺设	
				兽吻式脊头(鳌鱼或哺鸡形)	
基 价（元）				239.12	
其中	人 工 费（元）			182.00	
	材 料 费（元）			57.12	
	机 械 费（元）			—	
名 称		单位	单价(元)	消 耗 量	
人工	综合工日	工日	140.00	1.300	
材料	蓝灰色浆	kg	4.00	0.500	
	现浇混凝土 C20	m³	296.56	0.100	
	遮封板 64cm×18cm×2cm	块	12.42	1.000	
	遮封板拔水 32cm×10cm×2cm	块	6.24	2.000	
	其他材料费占材料费	%	—	1.000	

2.徽派马头墙垣

工作内容：调运砂浆、砌筑安装、刷色画线。 计量单位：m

定 额 编 号			F2-3-4	F2-3-5
项 目 名 称			徽派马头墙垣做脊画墨	
			挑三线坐瓦三墙两面	刷垛板弹墨线单面
基 价（元）			562.85	108.76
其中	人 工 费（元）		182.00	98.00
	材 料 费（元）		380.85	10.76
	机 械 费（元）		—	—
名 称	单位	单价（元）	消 耗	量
人工	综合工日	工日	140.00	1.300	0.700
材料	薄砖 1×4×7(寸)	块	0.23	42.000	—
	滴水瓦 15cm×15cm×1cm	片	1.40	10.000	—
	沟头瓦 15cm×15cm×1cm	片	1.60	10.000	—
	花头瓦 15cm×15cm×1cm	块	1.40	100.000	—
	蓝灰色浆	kg	4.00	—	2.000
	墨汁	kg	13.25	—	0.200
	水泥砂浆 1∶2.5	m³	274.23	0.100	—
	小青瓦 15cm×15cm×1cm	块	0.85	200.000	—
	其他材料费占材料费	%	—	1.000	1.000